滴灌工程轮灌策略
优化方法研究

李 伟 著

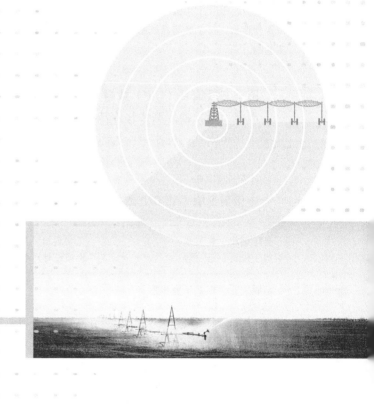

化学工业出版社
·北 京·

内容简介

本书专注于滴灌工程技术与管理优化，内容覆盖了滴灌工程从设计、计算、建设到优化管理的各个环节，旨在通过科学的方法提升滴灌系统的运行效率和节水效果。书中不仅详细阐述了滴灌工程的基本建设标准、性能评估指标以及工程建设路径，还深入分析了新疆等典型地区滴灌工程实践中遇到的挑战与问题，特别是针对轮灌策略的优化进行了深入探讨。通过构建和应用多种轮灌组模型，结合群体智能算法等现代优化技术，本书展示了如何在不同应用场景中实现轮灌组的精准布局与智能管控，从而满足各种灌溉需求。此外，书中还重点探讨了如何通过优化策略实现水资源的有效节约、降低运营成本，并提升计算效率，为滴灌系统的可持续发展提供了重要参考。同时，本书对遗传算法在滴灌系统优化中的应用进行了深入研究，构建了基于实际需求的多样化优化算法架构，为滴灌管理系统的设计与实施提供了理论基础和思路。

本书可为深入研究滴灌技术、探索滴灌系统优化路径的专家学者提供丰富的理论资源和实际案例，有助于推动滴灌技术的理论创新与实践应用；对于从事农业水利规划、设计、施工与管理工作的技术人员而言，本书能够帮助他们更好地掌握滴灌工程技术与管理要点，提升工作效率与灌溉效果；农业院校相关专业师生可将本书作为教学参考书或课外读物，以了解滴灌技术的最新进展与实际应用情况，为未来的学习与工作打下坚实基础。

图书在版编目（CIP）数据

滴灌工程轮灌策略优化方法研究 / 李伟著. -- 北京：
化学工业出版社，2024. 11. -- ISBN 978-7-122-46637
-2

Ⅰ. S275.6

中国国家版本馆 CIP 数据核字第 2024DK3409 号

责任编辑：郝英华　　　　　　　文字编辑：吴开亮
责任校对：王　静　　　　　　　装帧设计：张　辉

出版发行：化学工业出版社
　　　　　（北京市东城区青年湖南街 13 号　邮政编码 100011）
印　　装：北京科印技术咨询服务有限公司数码印刷分部
710mm×1000mm　1/16　印张 15　字数 266 千字
2024 年 11 月北京第 1 版第 1 次印刷

购书咨询：010-64518888　　　　　售后服务：010-64518899
网　　址：http://www.cip.com.cn

前言

我国虽是农业大国，但水资源短缺与分布不均的问题尤为突出。在干旱、半干旱地区，如新疆等地，农业灌溉用水需求巨大，而传统的大水漫灌方式不仅浪费严重，还易导致土壤盐碱化、生态环境恶化等问题。滴灌技术作为现代农业节水灌溉的典范，以其高效节水、精准施肥、提高作物产量与品质等优势，在全球范围内得到了广泛应用与推广。近年来，随着物联网、大数据、人工智能等先进技术的快速发展，以及滴灌工程规模的不断扩大与应用场景的日益复杂，如何根据作物生长需求、土壤水分状况、气候条件等因素，科学合理地制定轮灌策略，进一步优化滴灌系统的设计与运行策略，实现水资源的最大化利用，成为当前农业水利领域亟待解决的重要课题。

本书旨在通过系统深入的研究，为滴灌工程的优化设计与高效管理提供全面的理论支持与实践指导。本书共分为十章，内容涵盖滴灌工程的基础理论、设计建设、轮灌策略优化、自动控制、成本效益分析以及智慧农业建设等多个方面。第1章引言部分，详细阐述了研究的背景、目的和意义，以及国内外研究现状，为后续章节的展开奠定了基础。第2章至第4章重点介绍了滴灌工程的基本建设标准、设计原则、组织实施与运行管护等内容，并深入分析了手动控制场景中轮灌组划分与调度优化的方法与策略。第5章和第6章则进一步探讨了自动化滴灌系统的设计方案、轮灌组划分算法以及基于轮灌组的精准灌溉模型，展示了现代科技在滴灌工程优化管理中的应用成果。第7章至第9章，则从成本效益分析、智控用水决策系统研究以及智慧农业建设可行性等多个角度，对滴灌工程的综合效益与未来发展进行了深入探讨。最后一章，总结了全书的研究成果，并对未来的研究方向进行了展望。

本书的特色在于：一是理论与实践相结合，既注重滴灌工程基础理论的阐述，又紧密结合实际案例，提供了实践经验和操作指南；二是技术先进性与实用性并重，充分吸收了物联网、大数据、人工智能等先进技术的最新成果，为滴灌系统的优化管理提供了强有力的技术支持；三是研究视角广泛而深入，不仅关注滴灌工程本身的优化问题，还从成本效益、智慧农业建设等多个角度进行了综合考量，为滴灌技术的推广应用提供了全面的参考。

在编写过程中，获得了陈伟能教授、赵庆展教授，以及李宝珠、林萍、丁连军、曹兵等专家学者的宝贵意见与建议，本人深感荣幸；同时感谢邓红涛、黄文华等，他们提供的技术资料与数据使本书内容更加丰富、严谨且具有实际应用价值。在此，向所有为本书编写提供审阅与指导帮助的专家学者表示最诚挚的感谢。

因水平有限，书中疏漏之处在所难免，望广大读者批评指正。

李　伟

2024 年 9 月

目录

第 9 章
智慧农业建设可行性研究   182

第 10 章
研究结论与展望   221

第1章

引 言

1.1 研究背景

在全球气候变化背景下，干旱和半干旱地区的水资源短缺问题愈发尖锐，新疆地处内陆干旱区，水资源相对贫乏，农业是新疆经济的支柱产业。新疆是我国棉花、林果、畜牧业的主产区，随着新疆农业生产规模的持续扩张与水资源需求的不断增长，给当地农业的可持续发展带来了巨大挑战。新疆气候干燥，地表水资源有限，传统的大水漫灌方式不仅造成水资源的大量浪费，更易导致土壤盐碱化、板结等严重问题，严重制约了农业生产的可持续发展。如何在确保农业稳定发展的同时实现水资源的高效利用，已成为当前亟待解决的关键议题，这不仅依赖于农业节水技术的创新与发展，更需要全社会的共同参与和深入投入。因此，探索农业可持续发展的新路径，尤其是深入研究高效节水的灌溉技术，对满足新疆农业发展的迫切需求具有重要的研究价值和实践意义。

自1996年起，新疆生产建设兵团第八师（石河子市）便率先开始了棉花膜下滴灌技术的试验与推广。他们在大田棉花生产中，边试验、边生产，不断探索和完善膜下滴灌技术的应用模式，经过连续三年的努力，成功地将膜下滴灌技术应用于棉花栽培中，并取得了显著的节水增产效果。这一技术的成功应用，不仅为新疆乃至全国的农业生产带来了革命性的变化，更为我国农业现代化的发展奠定了坚实的基础。与此同时，新疆天业股份有限公司（以下简称"天业"）也积极投身于膜下滴灌技术的研发与推广中，通过引进、消化、改造国外先进的滴灌带生产设备，生产出适合我国国情的薄壁型滴灌带，这种滴灌带不仅具有成本低廉、耐用性强的特点，而且便于机械化作业，为铺膜、播种、铺管一体化作业创造了决定性的条件。在推广过程中，天业还不断对管网结构进行优化设计，对所需设备产品进行多次改进和更新，使管网系统更加合理、成本更加低廉，逐渐形成了农民用得起的"天业大田滴灌系统模式"，这一模式迅速赢得了广大农户的欢迎和认可，并在短时间内得到了大面积的应用和推广。棉花膜下滴灌技术的成功应用，不仅限于棉花作物，随着技术的不断发展和完善，该技术已逐渐拓展至其他机械化大田作物（如玉米、辣椒等）的栽培中。膜下滴灌技术作为一种先进的节水灌溉技术，融合了以色列滴灌技术的精确性与中国国内覆膜技术的实用性，形成一种针对新疆地区独特的规模化种植特点的适于机械化作业的现代化农业灌溉模式。新疆作为我国西部的重要农业基地，长期以来受到水资源紧缺的制约，在这一背景下，棉花膜下滴灌技术的诞生显得尤为重要，该技术将滴灌技术与棉花覆膜种植技术完美结合，通过精细的管道系统实现了水肥一体化的高效利用。在这个过程中，加压后的水经过精密的过滤设施进行净化处理，确保水质纯净，避免管道堵塞。随后，净化后的水与水溶性肥料进行充分混合，形成富含养分的肥水溶液，通过输水干管、支管流入铺设在地膜下方的毛管（灌溉带）。这些毛管上分布着滴水器，能够精准地控制水滴的流量和速度，确保肥水能均匀地滴入作物根系发育区以满足作物生长所需的水分和养分。研究表明：膜下滴灌技术相较于传统灌溉方式具有显著的节水增产效果，其平均用水量仅为传统灌溉方式的 12%，是喷灌的 50%，是一般滴灌的 70%；肥料利用率则由 30%～40% 提升至 50%～60%。此外，该技术还能使一般的低产棉花产量提高 30%，蔬菜增收 40%，西瓜、甜瓜增收 25%；同时每亩（1 亩＝667 平方米）农田能节省大约 10 个劳动力。截至 2019 年，全疆应用膜下滴灌技术的农田面积已超过 5000 万亩（含生产建设兵团 1500 万亩），占全国的 60% 左右。这一技术的广泛应用，不仅有效缓解了新疆地区水资源紧缺的问题，而且为农业可持续发展和边疆经济稳定发展提供了有力支持。未来，随着对膜下滴灌技术的进一步研究和规范，相信其将在我国农业现代化进程中发挥更加重要的作用。

膜下滴灌技术以其显著的节水效果和高效的生产力成为新疆农业灌溉的主流灌溉模式。然而，随着膜下滴灌技术的广泛应用，其在实际操作中所面临的一些问题和挑战也逐渐显现出来。特别是在轮灌组划分和灌溉制度制定方面，传统的人工调整方法已难以满足大规模、不规则农田的灌溉需求。轮灌组作为膜下滴灌系统中的重要组成部分，其划分的合理性直接影响到灌溉效率和系统的稳定性。在新疆的大田种植中，轮灌组通常是以一条或多条支管控制的灌溉面积为基本单元进行划分的。每个轮灌组在运行时，其内部的支管会同时开启，为农作物提供所需的水分和养分。当一组灌溉完成后，系统会自动切换到下一个轮灌组，同时关闭前一个轮灌组，从而确保所有地块都能得到均匀的灌溉。然而，在实际操作中，轮灌组的划分并非易事。首先，轮灌组的划分需要满足《微灌工程技术标准》（GB/T 50485—2020）中关于管网水力计算和流量均衡的要求，以确保整个系统能够稳定运行，避免因压力不均衡而导致的水头损失或管网破损。其次，由于新疆的农田地形复杂、规模庞大，传统的人工划分方法往往需要耗费大量的时间和精力，且难以得到最优的方案，这不仅增加了农民的工作负担，还可能导致灌溉效率低下、水资源浪费等问题。为了解决这些问题，我们需要借助先进的科学技术手段，对滴灌系统进行优化。近年来，群智能优化算法作为一种新兴的优化方法，受到了广泛的关注。这类算法通过模拟自然界中的群体行为，如遗传算法[1]、粒子群优化算法（简称粒子群算法）[2]、蚁群算法[3] 等，能够在复杂的问题空间中找到最优解。与传统的优化方法相比，群智能优化算法具有鲁棒性强、效率高、并行性好等优点，适用于解决大规模、复杂的优化问题[4,5]。在膜下滴灌系统的优化中，利用群智能优化算法对轮灌组进行科学的划分，首先需要建立一个合理的数学模型，将轮灌组的划分问题转化为一个优化问题。然后选择合适的群智能优化算法，如遗传算法或粒子群优化算法等对模型进行求解。在求解过程中需要利用领域知识来指导算法的运行，如根据农田的地形、土壤类型、作物种类等因素来设置算法的参数和约束条件，通过不断的迭代和优化得到合理的轮灌组划分方案，该方案能够确保灌溉系统的稳定性和高效性，同时降低农民的劳动强度和减少水资源的浪费。

综上所述，膜下滴灌技术在新疆地区的应用和发展面临着诸多挑战和机遇。通过优化轮灌组划分、制定合理的灌溉制度等措施，可以进一步提高灌溉效率、降低成本，为新疆地区农业的可持续发展提供有力支持。同时，还需要加强科研力量和技术创新，不断探索新的优化方法和技术手段以应对未来农业发展中的新挑战和新需求。本书的研究成果不仅为新疆地区节水灌溉技术的推广和应用提供了有益的借鉴和参考，也为其他地区农业灌溉技术的发展提供了宝贵的经验和启示。

1.2 研究目的和意义

随着滴灌技术的不断进步和普及，现有的大田滴灌系统已逐渐成熟并在农业生产中占据了举足轻重的地位，优化和改良现有滴灌技术不仅有利于提升农业生产的效率，还对促进新疆水资源的合理利用和农业具有重要的理论价值和实践意义。

1.2.1 研究目的

① 提升滴灌系统运行效率。通过对滴灌轮灌组制度的深入研究，旨在

优化轮灌组的划分和灌溉制度,减少水资源的浪费,提高灌溉效率,进而提升农业生产效益。

② 适应不同应用场景需求。针对新疆地区多样化的农业应用场景,如统筹经营场景和自动化场景,研究出更加灵活、高效的滴灌轮灌组制度,以满足不同农户和企业的实际需求。

③ 改进和优化算法。结合新疆地区滴灌系统的特点,扩展进化算法的应用场景,设计出耗时少、精度高的智能优化算法,为滴灌系统的优化提供强有力的技术支持。

1.2.2 研究意义

① 经济价值。通过优化滴灌轮灌组制度减少水资源的浪费、降低农业生产成本、提高农业生产效益,对新疆地区乃至全国的农业经济发展具有积极的推动作用。

② 社会价值。通过优化滴灌系统提高灌溉用水效率,有助于缓解新疆水资源短缺问题,促进农业的可持续发展,对维护社会稳定和生态环境具有重要意义。

③ 学术价值。本研究将结合新疆地区滴灌系统的实际情况,对轮灌组划分和灌溉制度进行深入研究,探索出更加科学、合理的优化方法,为滴灌技术的理论研究提供新的思路和方法,对推动滴灌技术的发展具有重要的学术价值。

④ 实践意义。本研究将针对新疆地区滴灌系统的不同应用场景,提出具体的优化方案和改进措施,为新疆地区滴灌系统的实际应用提供有益的借鉴和参考,对推动新疆地区农业现代化进程具有重要的实践意义。

综上所述,针对新疆地区滴灌轮灌组制度的研究具有重要的经济、社会和学术价值。通过深入研究和实践应用,提高滴灌系统的运行效率,促进农业生产的可持续发展,为新疆地区乃至全国的农业现代化进程做出积极贡献。

1.3 国内外研究综述

1.3.1 膜下滴灌研究现状

学者们从不同的角度和层面对滴灌技术进行了深入研究。从信息技术角度出发,学者们采用了物联网、遥感技术、优化算法等理论与技术进行研究,包括灌水器堵塞机理与优化[6]、水力参数优化[7]、管网布置优化[8]、精准滴灌系统[9]、滴灌智能控制[10,11]等，并取得较好研究成果。从农业角度出发，学者们研究了滴灌条件下大田作物生长机理[12]、精准施肥[13]、土壤含量变化[14,15]、滴灌施肥及其对作物养分吸收机理[16]、水肥一体化[17]等。这些研究进一步论证了采用膜下滴灌技术的大田作物（如棉花、玉米、辣椒等）产量和效益遥遥领先于其他灌溉方式。从用户使用角度出发，学者们提出新疆滴灌工程存在的问题，包括轮灌组土地种植承包方式[18]、水量计量设施缺失、后续运行费用、自动化设施质量等问题[19,20]。有学者从灌溉工作制度层面对滴灌进行了研究，即通过土壤水分入渗试验、大田试验以及模型模拟对灌溉制度进行优化[21]。有学者研究了滴灌水稻生产函数模型与灌溉工作制度的优化关系，指出优化灌溉制度对农作物生长具有显著的增产作用[22]。王玉才[23]研究了调亏灌溉制度优化条件下菘蓝的耗水特征对菘蓝产量及品质的影响机制，进一步证明灌溉制度对作物产量和水分利用效率有较大影响。

以上研究可以看出，学者们从信息技术、农业、用户使用、滴灌工作制度等角度对膜下滴灌领域进行了研究，取得了丰硕的成果，但是对膜下滴灌轮灌组划分问题研究较少，仅有一些学者从用户使用角度提出了轮灌组划分存在的问题，但是并没有给出模型和优化方法。

1.3.2 轮灌组研究现状

滴灌系统和渠系灌溉系统从结构和功能上具有一定相似性，即都是轮灌分组制度，虽然滴灌轮灌组模型相关文献较少，但针对灌溉渠系优化配水问题，目前已有大量理论研究以及数学模型[24]。渠系优化配水是指以某种目标最大化为目标，对配水渠道所辖的下级渠道进行编组排序（包括各级渠道或管道的配水水量、流量和配水次序），并将水源经配水系统输送至田间[25]。这类问题一般是通过优化渠道轮灌组合，以渠系总的配水时间最短或水量损失最小为目标建立模型进行求解。例如，吕宏兴等建立了"定流量、变历时"方式的 0-1 线性整数规划配水方案决策[26]。何春燕等将水分生产函数作为经济效益最大的目标，建立了"定流量，变历时"配水模型，研究结果可以为灌区带来更好的经济效益[27]。Suryavanshi 等在假定上级渠道是流管，且流量相等的情况下，上下级渠道输、配水流量相等，以渠道输水损失和工程造价最小为优化目标，建立了整数规划配水优化模型[28]。Anwar 等对渠道配水优化模型进行了改进，考虑了特殊田块灌水预定时间的要求，防止造成因关键生育期缺水而减产的问题[29]。又如，有学者[30]考虑到灌区地下水的不确定性，建立了基于排队论的灌区渠系水灌满管理模型，模型以最小灌溉历时作为目标，根据排队理论建立灌溉时间与地下水灌溉面积的函数关系。宋松柏等[31] 基于进水闸门调节次数最少，以各轮灌组引水持续时间差异最小作为优化目标，通过研究约束条件下 0-1 整数规划的求解来构建优化模型，采用了改进的遗传算法求解构建好的优化模型。赵文举等[32] 以上级与下级渠道的渗漏损失总量最小作为目标，并在研究中利用动态罚函数法来处理模型的约束条件，利用模拟退火遗传算法来求解模型，结果表明较之传统方法和自适应遗传算法，模拟退火遗传算法可以避免解集陷入局部最优，且精度较高、结果稳定。Qiao 等[33] 在研究中根据配水工作实际运行状况，考虑到上级供水渠道各个部分流量约束并不相同，基于并改进了 Wardlaw 等所构建的渠系优化配水模型，以闸门次数调节最少作为优化目标，并利用粒子群算法求得最优轮灌的组合。

上述研究是以总的配水时间最短，各个轮灌组之间持续引水差异最小，或以配水过程中水量损失最小来构建渠系优化配水模型，属于单目标优化的范畴。一些学者则同时考虑两个及以上的优化目标，例如，某学者[34] 选择总配水时间最短与轮灌组之间引水持续时间差异值最小同时作为优化目标，来构建多目标渠系优化配水模型，优化后轮灌周期可节约时间 32.44%。Nixon 等[35] 同时以闸门调节次数最少和上级配水渠道流量波动最小为目标建立优化模型。高伟增等[36] 以总的配水时间最少，各轮灌组之间配水时间差异最小，以及配水过程中上级和下级渠道的输水渗漏损失最小为优化目标。Peng 等[37] 以上级配水渠道的流量变化最小和上、下级渠道内的总水量损失最小为目标来建立优化模型，并利用多目标遗传算法对模型进行解算，且建立的模型也适合斗渠以下的轮灌组合优化。Hong 等[38] 考虑到闸门调节活动及其带来的被配水的渠道内流量的变化，同时以配水过程中水量损失最小，所需人力资源最少，以及制定的和实际所需的水量差异最小为目标，构建一种新的优化模型，求解模型可以在将灌溉水量优化配置至不同的用户时兼顾到公平性。

以上研究可以看出，学者们对渠系灌溉优化模型从初始的单目标、小规模的灌溉用水优化配置，发展到多目标、大规模的形式。此类问题模型搭建一般以总的配水时间最短或各个轮灌组引水持续时间差异最小为目标建立渠系优化配水模型，并通过一定的方法求解模型，从而得到最优的轮灌组。这些模型对本书膜下滴灌轮灌分组有一定理论借鉴意义，如在模型目标方面，渠系灌溉模型引水持续时间差异最小和膜下滴灌轮灌组流量差最小有相似之处。在模型约束条件方面，两者也同样包括水总量约束、时间约束、面积约束等。但渠系轮灌组与本书膜下滴灌有所区别，特别是现有渠系轮灌研究还没有涉及农户承包分块经营权、水肥一体化等自动化场景下轮灌组建模问题。

1.3.3 轮灌组优化算法研究

国内外学者对渠系的输配水优化算法也进行了大量研究，求解模型的优化方法也是由传统的线性规划法、动态规划法等向着精度更高、效率更高的智能算法演进。专利［39］采用冒泡排序算法和贪心算法相结合的方式，处理轮灌组流量及扬程综合均衡的问题，改进管网优化水平，缩短管网设计中轮灌组划分时间，提高管网设计效率。Bhaktikul 等基于下级渠道配水问题建立了优化模型，通过对比遗传算法和线性规划法的求解结果，发现遗传算法收敛速度快，寻优能力强，能够用于输配水系统求解[40]。李彬等采用了改进遗传算法，优化了下级渠道流量不等，并且保证上级渠道流量均匀为目标函数的优化模型，研究结果表明，上级渠道流量相对稳定，弃水最少[41]。Sun 等[42] 将遗传算法和回溯搜索算法相结合，提出了利用遗传回溯算法（GBSA）对渠系优化配水模型进行求解，发现可以更好地缩短配水时间以及优化剩余水量。刘照等采用双层粒子群算法，以渠道输水损失、轮灌组间引水持续时间差异值最小为目标函数，求解渠系优化配水模型，研究结果减少了渠系输水时间和输水损失，具有一定的实际意义[43]。专利［44］采用基于 Pareto 最优和随机轮盘赌方法相结合的方式，求解多目标水肥一体化轮灌组划分问题。张国华等应用粒子群优化算法求解渠系配水优化的 0-1 整数规划模型，并与遗传算法对比了优化结果，结果表明，模型合理，粒子群算法优势明显[45]。专利［46］采用双层粒子群方法优化渠系配水模型，将渠系层和流量层分开，解决了下级渠系流量不等时渠系优化配水模型中遗传算法设计复杂的问题，求解速度快，计算效率高。

从以上研究可以看出，学者们广泛采用粒子群算法、蚁群算法、遗传算法等对渠系建模问题进行求解，并取得较好效果，这些算法为本书算法研究提供了较好的参考价值，但是依然缺乏对滴灌轮灌组优化算法的研究。在现有渠系优化算法中，遗传算法、粒子群算法、蚁群算法等原理简单，在编程方面容易实现，算法精度高，技术也比较成熟，应用较为广泛，上述研究也表明进化算法已经成功地应用于渠系配水模型优化问题。因此，本书后续研究也选择遗传算法、粒子群算法和蚁群算法作为模型求解的技术方法，并综合比对后确定最优方案。渠系配水相关模型和算法研究为本书轮灌分组研究提供了较好的理论参考价值，如何借鉴现有模型和优化算法，进一步考虑膜下滴灌自身特点，尤其是面向多应用场景的轮灌组优化问题，是本书主要解决的科学问题，也是能否促进滴灌工作制度有效应用的重要问题。

1.3.4　组合优化问题研究

　　滴灌轮灌组优化问题本质是一种组合优化问题，组合优化问题也是智能优化算法着重解决的一类问题[47]。在实际生产和生活中，处处存在组合优化问题。例如：物流调度中，如何安排车辆的行驶路径，以减少运输成本和时间；大型工程项目中，如何安排各类活动的开始时间，以使项目工期最短；学校如何对课程或者考试进行合理的安排，以使所有学生和老师都能正常开展学习和工作。这些问题都属于组合优化问题。求解组合优化问题的算法大致可以分为两类：确定性算法和智能优化算法。确定性算法是在有相同输入的情况下其输出的解也相同的一类算法。其可以有效求解的问题仅限于多项式时间问题。但目前所研究的组合优化问题大多不存在能在多项式时间内找到最优解的算法，所以大部分属于 NP 难问题。智能优化算法是基于问题特性和经验所设计出的一类算法，其可以在有限时间内找到问题的次优或最优解，是解决组合优化问题的一类重要算法。

　　由于求解组合优化问题的复杂性，从 20 世纪 80 年代开始，智能优化算法，如禁忌搜索（tabu search）[48]、模拟退火（simulated annealing，SA）[49]、进化算法（evolutionary algorithm，EA）、蚁群算法（ant colony algorithm，ACA）[50]、粒子群（particle swarm optimization，PSO）算法[51]、人工免疫系统（artificial immune system）[52]、人工神经网络（neural networks）[53]、超启发式算法[54] 等新兴优化技术在求解组合优化问题上得到了广泛的研究和应用，逐渐成为求解组合优化问题的主流算法。使用智能优化算法，如进化算法和模拟退火求解组合优化问题的第一步，是对问题进行表示或者称为对问题的解进行编码。之后，在编码空间从一点或者多点开始，通过一定的操作，不断对这些点的邻域进行搜索，逐渐逼近最优解。因此，优化算法的设计通常从设计问题的表示方式开始，问题的表示方式直接影响对邻域的定义及对搜索操作的设计，进而对优化算法的性能有很大的影响。因此，如何设计问题的表示方式，是优化算法设计的第一步，同时也是很重要的一步。

　　进化算法作为一类基于种群的智能优化算法，由于其对问题的数学性质要求低、设计简单以及良好的鲁棒性等特点，在近 30 年间得到了大力的发展，并在诸多领域得到了实际应用。进化算法以种群为基础，主要通过进化算子对种群中的个体进行某类操作，使得个体间不断形成相似的积木块结构，从而逼近问题的最优解。虽然进化算法具有良好的鲁棒性，但编码策略或者表示方式直接决定进化算子（如交叉算子和变异算子）的设计和功能，进而影响进化算法的性能。另外，结合问题的特性来设计操作算子和算法流程也是挖掘进化算法潜力、提高优化效率的重要举措。

组合优化是一类重要的优化问题，所涉及的应用领域十分广泛，如信息技术领域、工业工程领域、交通运输领域以及通信网络、经济管理领域等[55,56]，对实际生产和生活有着十分重大的影响。研究较为广泛的组合优化问题包括图染色问题[57,58]、项目调度问题[59,60]、教育时间表问题等，如考试时间表[61] 和高中排课[62] 问题、背包问题[63]、装箱问题[63]、旅行商问题[63] 等。

研究组合优化问题的目的是找到离散事件的一组最优排列、分组或者筛选。求最小化的组合优化问题的数学模型如下：

$$
\begin{aligned}
&\min f(x) \\
&\text{s. t. } g(x) \geqslant 0 \\
&x \in \Omega
\end{aligned}
\tag{1-1}
$$

式中，x 为决策变量；Ω 为问题或者决策变量的定义域；$f(x)$、$g(x)$ 分别为目标函数和约束函数。因此，组合优化问题通常可以用一个三元组——(Ω, F, f) 表示，其中，$F=\{x \mid x \in \Omega, g(x) \geqslant 0\}$ 表示可行域，任何 $x \in F$ 定义为问题的可行解。求解组合优化问题的目的是找到 $x^* \in F$ 满足 $x \in F$，$F(x^*) \leqslant f(x)$，这样的 x 称为最优解，其对应的目标函数 $f(x^*)$ 称为最优值。

对于求解组合优化问题，历来的研究方法可以分为两类。其中，第一类目的在于获得全局最优解。这类方法通常对搜索空间（所有合法解构成的集合）进行穷尽搜索。例如枚举法（enumeration）对每一个合法解进行质量评估，并保留具有最优目标函数值的解作为输出。分支限界搜索（branch and bound）算法同样对解空间进行树形完备搜索，不过区别在于在搜索的过程中进行剪枝操作。如果在搜索过程中发现一个子树不可能存在全局最优解，则该子树上的解不会被评估。虽然这类算法可以保证当算法结束时能够得到全局最优解，然而，前面提到，很多组合优化问题的合法解规模随问题规模增长呈指数级速度增长，由此产生的问题通常形象地被称为组合爆炸问题。因此，在这类问题的大规模实例上使用完备搜索是不切实际的。在这种情况下，另一类算法应运而生。这类算法的目的在于在有限时间内获得满意的质量解。这类算法中，按照发展顺序又可以细分为传统启发式算法和元启发式算法。

1.3.5　遗传算法研究现状

遗传算法（genetic algorithm，GA）是一种基于自然选择和自然遗传学机制的搜索优化算法[64,65]，是进化算法（evolutionary algorithm）的一种[66]。GA借鉴自然选择过程中优胜劣汰的原则，作用对象是种群（population），种群中的每个个体是问题的一个解，叫作染色体（chromosome）。染色体按照一定的编码（如二进制编码）来表示一个解。染色体中的元素叫作基因（gene）。遗传算法对种群施加选择（selection）、交叉（crossover）和变异（mutation）等操作，使个体和种群的适应度（fitness）不断改进，从最初的一组解或者假设开始，并产生连续几代（generations）解决方案，最终寻找到较优的方案。

遗传算法基本环节包括编码[67]、初始化种群[68]、适应度函数评估[69]、选择[70]、交叉（杂交）[71]、变异[72]等。

（1）编码

在遗传算法中，编码策略的选择对于算法的性能和效率具有重要影响。

二进制编码：对于需要高精度解的问题，可以增加二进制编码的长度以提高精度。同时，可以采用动态编码长度策略，根据进化过程中解的分布情况自适应地调整编码长度。二进制编码简单直观，但存在海明悬崖问题，即连续数值的二进制表示可能差异很大。

格雷码编码：格雷码编码解决了海明悬崖问题，提高了算法的局部搜索能力。在实际应用中，可以与其他编码策略结合使用，如浮点数格雷码编码，以进一步提高算法的性能。格雷码编码的特点是相邻整数之间的编码只有一个码位不同，使得算法在搜索过程中更容易找到更好的解。

浮点数（实数）编码：在浮点数编码中，可以引入自适应精度调整策略，根据问题的需求动态调整编码的精度。此外，还可以结合其他优化策略，如精英选择、局部搜索等，以提高算法的性能。浮点数编码直接表示连续变量，精度高，适用于连续变量问题，避免了海明悬崖问题，降低了计算复杂性。

排列编码：对于排列编码，可以引入启发式搜索策略，如模拟退火、禁忌搜索等，以提高搜索效率。同时，可以利用问题的特殊性质设计专门的遗传算子，以加速收敛过程。排列编码适用于需要排列组合的问题，如旅行商问题、车间调度问题等。通过编码将问题的解空间映射到遗传算法的搜索空间。

二倍体编码：在二倍体编码中，可以引入显隐性基因的概念，模拟生物二倍体遗传的复杂性。同时，可以设计专门的遗传算子来处理显隐性基因之间的相互作用。此外，还可以结合其他优化策略，如多目标优化、约束处理等，以适应更复杂的优化问题。二倍体编码模拟了生物二倍体基因的遗传方式，通过显隐性基因来表达问题的解。这种编码方式能够更准确地模拟生物遗传的复杂性，适用于需要处理多个相互作用的基因或参数的问题。

总的来说，在选择和优化编码策略时，需要充分考虑问题的特点和需求，以及算法的性能和效率。通过合理的编码策略设计，可以大大提高遗传算法在解决复杂优化问题时的性能。

（2）初始化种群

种群的初始化是遗传算法中至关重要的一步，它决定了算法搜索的起点和解的多样性。种群的初始化是遗传算法根据特定的编码规则生成初始解集的过程。这个过程是算法搜索过程的起点，对算法的收敛速度和最终解的质量有重要影响。根据初始化方法的不同，可以将其大致分为以下几类。

① 随机方法。

基本随机法：使用随机数生成器在搜索空间内随机产生初始解。这种方法简单易行，但对于大规模优化问题（如决策变量超过 100），可能难以确保解的多样性和分布均匀性。

RNG（随机数生成器）方法：它是一种常用的随机初始化方法，通过生成指定分布的随机数来初始化种群，可以通过调整随机数生成器的参数来影响解的分布。

② 定值设定法。定值设定法偏向于在搜索空间中产生均匀分布的点，以期望覆盖更广泛的搜索空间。定值设定法可以根据问题的特定知识或经验，设定一些初始解作为算法的起点。对于大规模优化问题，可以采用分层或分块的定值设定法将搜索空间划分为若干个子空间，并在每个子空间内设定均匀分布的初始解。

③ 两步式方法。两步式方法是结合了随机方法和定值设定法的方法，首先使用随机方法生成一部分初始解，然后使用定值设定法在剩余的空间中生成另一部分初始解。两步式方法结合了两种方法的优点，能够更好地平衡解的多样性和均匀性。

④ 混合方法。混合方法结合了多种初始化方法，如随机方法、定值设定法、启发式方法等，以期望产生更优质的初始解集。混合方法可以根据问题的特性和需求，灵活选择适合的初始化策略。

综上所述，种群的初始化是遗传算法中不可忽视的一环。在面对大规模优化问题时，需要综合考虑问题的特性和需求，选择合适的初始化方法，并结合优化策略来提高初始解集的质量和多样性。

（3）适应度函数评估

适应度函数在遗传算法中扮演着至关重要的角色，它直接决定了算法的收敛速度和寻优能力。由于遗传算法在搜索过程中主要依赖适应度函数来指导进化方向，因此，设计一个合理且高效的适应度函数显得尤为重要。适应度函数是评估个体优劣的标准，它根据问题的目标函数来确定，并始终保持非负值。在遗传算法中，个体的适应度值越高，其生存和繁衍后代的机会就越大，这体现了"适者生存"的自然选择原则。然而，在选择适应度函数时，需要特别注意避免两个潜在的遗传算法欺骗问题。

在算法初期，可能会出现一些异常优秀的个体（超常个体）。这些个体由于适应度极高，可能会过度主导选择过程，从而影响算法的全局搜索能力。为了防止这种情况，可以采取相应措施，如适应度缩放或引入多样性保持机制。在算法后期，随着种群中个体适应度的趋同，算法可能陷入局部最优解而无法跳出。为了增强算法的全局寻优能力，在此阶段可以考虑引入突变操作、调整选择策略或采用多目标优化技术。

综上所述，适应度函数的选择对遗传算法的性能具有决定性影响。在设计适应度函数时，应力求简洁高效，并结合问题的具体特点进行精细化调整，以确保算法能够快速、准确地找到全局最优解。

（4）选择

选择操作是遗传算法中的关键环节，它决定了哪些个体能够进入下一代种群。这一过程主要基于个体的适应度值来进行，确保优秀的基因能够被传递下去。选择操作在新种群中复制适应度较高的个体，以此形成配对库，为后续的交叉和变异操作奠定基础。在选择过程中，优秀的个体相较于较差的个体有更高的概率被复制到新一代种群中。这种选择机制有助于算法朝着更优解的方向进化。值得注意的是，为了保持种群的多样性并防止过早收敛于局部最优解，选择过程中也会包含一部分适应度较差的个体。

常见的选择方法包括轮盘赌选择和锦标赛选择。轮盘赌选择根据个体的适应度值分配选择概率，适应度值越高的个体被选择的概率越大。这种方法形象地将选择过程比作旋转一个轮盘，轮盘上的每个扇区代表一个个体，扇区的大小与个体的适应度值成正比，轮盘旋转并停下后指针所指的个体即为被选择的个体。

另一种流行的选择方法是锦标赛选择，它通过在随机选取的几个个体中进行比较，选择出适应度值最优的个体作为父代。这种方法简单高效，且不需要对适应度值进行复杂的比例缩放或分类操作。锦标赛选择的规模是一个重要参数，它影响着选择的多样性和算法的收敛速度。

综上所述，选择操作在遗传算法中发挥着至关重要的作用，它通过复制优秀个体并保持种群多样性来推动算法朝着全局最优解进化。不同的选择方法具有各自的特点和优势，应根据具体问题的需求进行选择和调整。

（5）交叉（杂交）

交叉操作是遗传算法中的核心步骤之一，紧随选择操作之后，其目标是结合两个被选中个体的基因信息以产生新的后代个体。交叉操作通过交叉算子实现，这一步骤在遗传算法的进化过程中具有举足轻重的地位，因为它促进了种群中信息的交换和优秀基因的重组[73]。在交叉过程中，并非所有被选择的父代个体都会进行交叉操作，而是根据预设的交叉概率来决定哪些父代会参与交叉。交叉概率通常设定在 0.3～0.9[74]，这个值的选择会影响算法的搜索效率和种群多样性。由于本书所关注的优化问题采用实数编码方式，因此将重点介绍实数编码下的交叉算子。实数编码的交叉算子主要包括单点交叉、多点交叉和均匀交叉。这些交叉算子在实数空间上定义了如何交换两个父代个体的基因信息以产生新的子代。在单点交叉中，交叉点随机选择，然后交换两个父代个体在交叉点之后的基因序列。多点交叉则是选择多个交叉点，并在这些点之间交换基因序列。而均匀交叉则是以一定的概率决定每个基因是否从父代之一继承，从而生成新的子代个体。交叉操作的设计不仅关系到算法的效率，也影响种群多样性和算法的搜索能力。因此，在选择和设计交叉算子时，需要综合考虑问题的特性和算法的需求。通过合理的交叉操作，遗传算法能够有效地在搜索空间中探索，并找到问题的优质解[75]。

（6）变异

变异算子是遗传算法中的一个重要进化算子，作用于单个染色体上，旨在通过改变染色体中某个或某些特定位置的基因来增加种群的多样性。作为遗传算法中的最后一个进化步骤，变异算子在维持种群多样性和改善算法的局部搜索能力方面发挥着关键作用。变异操作的执行受到变异概率的控制，这个概率通常被设定为一个较小的值，范围通常在 0.01～0.1，以确保算法不会过度依赖变异操作而转变为纯粹的随机搜索。设置合理的变异概率可以在保持种群多样性的同时，避免算法因过度变异而失去优秀基因的积累。

在实数编码的遗传算法中，常用的变异算子包括均匀变异、非均匀变异和高斯变异等。这些变异算子以不同的方式改变染色体中的基因值，以适应不同类型的问题和优化需求。均匀变异是在染色体中随机选择一个或多个基因位置，然后将这些位置的基因值替换为在基因取值范围内随机生成的新值。非均匀变异则根据进化代数和基因取值范围等因素，以不同的概率和幅度改变基因值，使得在算法早期变异幅度较大，随着进化代数的增加，变异幅度逐渐减小[76]。高斯变异则是基于高斯（正态）分布来生成新的基因值，以模拟自然界中某些遗传现象。这些变异算子的应用可以根据问题的特性和算法的需求进行选择和调整，以期望获得更好的优化效果和性能。通过合理的变异操作，遗传算法能够进一步探索解空间，并找到更接近全局最优解的解。

（7）算法终止准则

在遗传算法中，算法终止准则定义了何时停止迭代搜索过程。以下是优化后的关于算法终止准则的描述：算法终止准则决定了遗传算法何时停止搜索并输出优化结果。常见的终止条件如下。

满足目标适应度：当算法找到的个体适应度值达到或超过预设的目标阈值时，认为算法已经找到了满足要求的解决方案，因此可以终止算法。

达到最大进化代数：为了避免算法无限期地运行下去，通常会设定一个最大的进化代数（或迭代次数）。当算法达到这个设定的代数时，无论是否找到满意的解，都将终止算法。

适应度值停滞：如果连续多代进化过程中，代表最高适应度值的个体没有发生显著变化，即适应度值已经趋于平稳，这通常意味着算法已经收敛到某个局部最优解或全局最优解，继续迭代可能不再产生更好的结果，因此可以终止算法。

组合条件：在实际应用中，通常会结合以上多个条件作为算法的终止准则。例如，可以设定一个较高的最大进化代数作为上限，同时监控适应度值的变化情况，如果适应度值在连续多代内没有明显提高，并且算法运行已经接近或达到最大代数，则可以综合考虑这些条件来决定是否终止算法。

合理地设定算法终止准则，对于平衡算法的效率和效果至关重要。如果终止准则过于宽松，可能会导致算法运行时间过长或陷入局部最优解；如果过于严格，则可能提前终止算法，错过找到更优解的机会。因此，在实际应用中需要根据问题的特性和需求来灵活设定算法终止准则。

1.4 小结

轮灌组计算划分主要依据各管网水力计算，以实现各个轮灌组流量、扬程以及管网节点压力的均衡。随意开启开关阀会造成管网水力压力不均衡，出现管网设施损坏，水头损失过大等问题。膜下滴灌系统田间管网一般分为干管、支管（辅管）、毛管或主干管、分干管、支管（辅管）、毛管三级或四级。而我国灌区渠系结构主要包括总干渠、干渠、分干渠、支渠、斗渠、农渠、毛渠等，斗渠及斗渠以下各级渠道统称为田间渠系，一般也实行轮灌制度。两者从结构和功能上具有一定相似性，也都有轮灌分组制度。目前，几乎所有的研究都是针对渠系轮灌组问题进行建模，从仅有的几篇文献来看，只有一些针对滴灌轮灌组的用户使用经验文献，并没有给出滴灌轮灌组模型。而渠系轮灌组模型研究相对成熟，这对本书滴灌轮灌组模型研究具有一定参考价值。

参考文献

[1] Tan Y，Ding K．A survey on GPU-based implementation of swarm intelligence algorithms[J]．IEEE Transactions on Cybernetics，2016，46（9）：2028-2041．

[2] Kulkami R V，Venayagamoorthy G K．Particle swarm optimization in wireless-sensor networks：A brief survey[J]．IEEE Transactions on Systems，Man，and Cybernetics，Part C：Applications and Reviews，2011，41（2）：262-267．

[3] Shang J，Wang X，Wu X，et al．A review of ant colony optimization based methods for detecting epistatic interactions[J]．IEEE Access，2019，7：13497-13509．

[4] Zhang S，Liu S．A discrete improved artificial bee colony algorithm for 0-1 knapsack problem[J]．IEEE Access，2019，7：104982-104991．

[5] Wang C，Liu K．A randomly guided firefly algorithm based on elitist strategy and its applications[J]．IEEE Access，2019，7：130373-130387．

[6] 王新端．滴灌双向流道灌水器抗堵性能及结构参数优化研究[D]．西安：西安理工大学，2019．

[7] 王新端，白丹，郭霖，等．改进的滴灌双向流道结构参数对水力性能影响[J]．排灌机械工程学报．2016，34（12）：1093-1098．

[8] 牛寅．设施农业精准水肥管理系统及其智能装备技术的研究[D]．上海：上海大学，2016．

[9] 田敏．基于物联网技术的作物养分信息快速获取与精准施肥智能控制系统研究[D]．石河子：石河子大学，2018．

[10] 赵正军，王福平，李瑞，等．基于STM32和ZigBee的农业大田精准滴灌系统设计[J]．江苏农业科学，2019，47（09）：243-247．

[11] 谢家兴，余国雄，王卫星，等．基于无线传感网的荔枝园智能节水灌溉双向通信和控制系统[J]．农业工程学报，2015（S2）：124-130．

[12] 陈剑，张泽，Yunger J A，等．滴灌精准施肥装置棉田施氮配肥能力研究[J]．农业机械学报，2014，45（12）：62-68．

[13] 王建阳．河套灌区不同灌溉与覆膜方式下土壤水盐离子动态变化研究[D]．呼和浩特：内蒙古农业大学，2019．

[14] 张新疆．石灰性土壤上不同氮素形态对膜下滴灌水稻铁营养的生理效

应[D]. 石河子：石河子大学，2019.

[15] 邹海洋. 西北旱区春玉米滴灌施肥水肥耦合效应研究[D]. 杨凌：西北农林科技大学，2019.

[16] 袁洪波，程曼，庞树杰，等. 日光温室水肥一体灌溉循环系统构建及性能试验[J]. 农业工程学报，2014（12）：72-78.

[17] 薛世柱. 新疆节水滴灌存在问题简析[J]. 吉林农业（下半月），2017（2）：84.

[18] 马章进. 新疆大田滴灌工程运行中存在的问题及解决建议[J]. 水利技术监督，2018（5）：79-80，191.

[19] 杨光龙，洪亮. 支管轮灌滴灌模式在大田应用中的优点浅述[J]. 农业科技与信息，2008（10）：42.

[20] 付杨. 莫索湾灌区渠系水量优化配置研究[D]. 石河子：石河子大学，2009.

[21] 张松. 紫花苜蓿地下滴灌关键技术参数及灌溉制度优化研究[D]. 呼和浩特：内蒙古农业大学，2017.

[22] 周晨莉. 调亏灌溉对绿洲膜下滴灌菘蓝生理特性、产量及品质的影响[D]. 兰州：甘肃农业大学，2020.

[23] 王玉才. 河西绿洲菘蓝水分高效利用及调亏灌溉模式优化研究[D]. 兰州：甘肃农业大学，2018.

[24] Wang Z, Reddy J M, Feyen J. Improved 0-1 programming model for optimal flow scheduling in irrigation canals[J]. Irrigation and Drainage Systems, 2004, 9 (2)：105-116.

[25] 马孝义，于国丰，李安强，等. 渠系配水优化编组通用化软件的研发与应用[J]. 农业工程学报，2005，21（1）：119-123.

[26] 吕宏兴，熊运章，汪志农. 配水渠道轮灌组合优化模型与引水时间的均一化处理[J]. 中国农村水利水电，2000（1）：46-48.

[27] 何春燕，何新林，蒲胜海，等. 灌溉渠系优化配水模型研究[J]. 中国农村水利水电，2010（1）：1-5.

[28] Suryavanshi A R, Reddy J M. Optimal operation schedule of irrigation distribution systems[J]. Agricultural Water Management，1986，11 (1)：23-30.

[29] Anwar A A, Clarke D. Irrigation scheduling using mixed-integer linear programming[J]. Journal of Irrigation and Drainage Engineering，2001，127 (2)：63-69.

[30] 杨改强. 基于不确定性的灌区优化模型及算法研究[D]. 北京：中国

农业大学，2016.

[31] 宋松柏，吕宏兴. 灌溉渠道轮灌配水优化模型与遗传算法求解[J]. 农业工程学报，2004，20（2）：40-44.

[32] 赵文举，马孝义，刘哲，等. 基于自适应遗传算法的渠系优化配水模型研究[J]. 系统仿真学报，2007，（22）：5137-5140.

[33] Qiao Yu，Li Jiahong，Cui Wei，et al. Simulation and optimal control for a long-distance water diversion project under different rainfall types：A case study in the middle route of China's south-to-north water diversion project[J]. Irrigation and Drainage，2021，70（5）：1314-1330.

[34] 程帅. 基于智能算法与GIS的灌溉水资源多目标优化配置[D]. 长春：中国科学院研究生院（东北地理与农业生态研究所），2016.

[35] Nixon J B，Dandy G C，Simpson A R. A genetic algorithm for optimizing off-farm irrigation scheduling[J]. Journal of Hydroinformatics，2001，3（1）：11-22.

[36] 高伟增，赵明富，汪志农，等. 渠道轮灌配水优化模型与复合智能算法求解[J]. 干旱地区农业研究，2011，29（6）：38-42.

[37] Peng S，Wang Y，Khan S，et al. A simplified multi-objective genetic algorithm optimization model for canal scheduling[J]. Irrigation and Drainage，2012，61（3）：294-305.

[38] Hong S，Malaterre P，Belaud G，et al. Optimization of water distribution for open-channel irrigation networks[J]. Journal of Hydroinformatics，2014，16（2）：341-353.

[39] 顾巍，杨琳，吴光星. 一种轮灌组划分方法：中国，106960129A[P]. 2017-04-01.

[40] Wardlaw R，Bhaktikul K. Comparison of genetic algorithm and linear programming approaches for lateral canal scheduling[J]. Journal of Irrigation and Drainage Engineering，2004，130（4）：311-317.

[41] 李彬，金兆森，翟正来. 灌溉渠道分水口非等流量配水优化模型研究[J]. 灌溉排水学报，2007，26（1）：44-46.

[42] Sun Z，Chen J，Han Y，et al. An optimized water distribution model of irrigation district based on the genetic backtracking search algorithm[J]. IEEE Access，2019，7：145692-145704.

[43] 刘照，程帅，李华朋，等. 基于双层粒子群算法的下级渠道流量不等时渠系优化配水[J]. 干旱地区农业研究，2017，35（3）：88-93，

273.

[44] 顾巍，叶志伟，严盟，等．一种多目标水肥一体化系统轮灌组划分方法：中国，109496520A[P]．2019-03-22.

[45] 张国华，张展羽，邵光成，等．基于粒子群优化算法的灌溉渠道配水优化模型研究[J]．水利学报，2006，37（8）：1004-1008，1014.

[46] 刘照，张树清，李华朋，等．一种基于双层粒子群算法的渠系配水优化方法：中国，107122847A[P]．2017-09-01.

[47] 王燕鹏，韩涛，赵亚娟，等．人工智能领域关键技术挖掘分析[J]．世界科技研究与发展，2019，41（4）：368-379.

[48] Glover F. Future paths for integer programming and links to artificial intelligence[J]. Computers & Operations Research，1986，13（5）：533-549.

[49] Kirkpatrick S，Gelatt C D，Vecchi M P. Optimization by simulated annealing[J]. Readings in Computer Vision，1987：606-615.

[50] Karaboga D，Akay B. A survey：Algorithms simulating bee swarm intelligence [J]. Artificial Intelligence Review，2009，31（1-4）：68-85.

[51] Kennedy J，Eberhart R. Particle swarm optimization[J]. Procceedings of ICNN'95-International Conference on Neural Networks，Perth，Australia，Nov. 27-Dec. 01，1995.

[52] Dasgupta D. An overview of artificial immune systems and their applications[M]. Springer Berlin Heidelberg，1993.

[53] Rosenblatt F. Principles of neurodynamics：Perceptrons and the theory of brain mechanisms[J]. Archives of General Psychiatry，1962，7（3）：218-219.

[54] Swiercz A. Hyper-heuristics and metaheuristics for selected bio-inspired combinatorial optimization problems[J]. Heuristics and Hyper-Heuristics-Principles and Applications，2017，1：3-20.

[55] 赵民义．组合优化导论[M]．杭州：浙江科学技术出版社，2001.

[56] 邢文训，谢金星．现代优化计算方法[M]．北京：清华大学出版社，2006.

[57] Liu J，Zhong W，Jiao L. A multiagent evolutionary algorithm for constraint satisfaction problems[J]. IEEE Transactions on Systems，Man，and Cybernetics，Part B，2006，36（1）：54-73.

[58] Hao X，Liu J. A multiagent evolutionary algorithm with direct and

indirect combined representation for constraint satisfaction problems [J]. Soft Computing, 2017, 21 (3): 781-793.

[59] Linet Özdamar, Gündüz Ulusoy. A survey on the resource-constrained project scheduling problem[J]. IIE Transactions, 1995, 27 (5): 574-586.

[60] Herroelen W, Reyck B D, Demeulemeester E. Resource-constrained project scheduling: A survey of recent developments[J]. Computers & Operations Research, 1998, 25 (4): 279-302.

[61] Slimen B Y, Ayachi R, Amor N B. Probability-possibility transformation: Application to Bayesian and possibilistic networks[C]//Fuzzy Logic and Applications: 10th International Workshop, WILF 2013, Genoa, Italy, November 19-22, 2013. Proceedings 10. Springer International Publishing, 2013: 122-130.

[62] Pillay N. A survey of school timetabling research[J]. Annals of Operations Research, 2014, 218 (Jul.): 261-293.

[63] Rabiner L. Book reviews: combinatorial optimization: Algorithms and complexity[J]. IEEE ASSP Magazine, 1984, 1 (4): 22.

[64] Grefenstette J J. Genetic algorithms and machine learning[J]. Machine Learning, 1988, 3 (2): 95-99.

[65] Tian Z, Yan Y, Hong Y, et al. Improved genetic algorithm for optimization design of a three-dimensional braided composite joint[J]. Composite Structures, 2018, 206: 668-680.

[66] Nabaei A, Hamian M, Parsaei M R, et al. Topologies and performance of intelligent algorithms: A comprehensive review[J]. Artificial Intelligence Review, 2018, 49 (1): 79-103.

[67] Razali N M, Geraghty J. Genetic algorithm performance with different selection strategies in solving TSP[J]. Lecture Notes in Engineering & Computer Science, 2011.

[68] Sharma P, Wadhwa A, Komal K. Analysis of selection schemes for solving an optimization problem in genetic algorithm[J]. International Journal of Computer Applications, 2014, 93 (11): 1-3.

[69] Goldberg D E, Deb K. A Comparative analysis of selection schemes used in genetic algorithms[J]. Foundations of Genetic Algorithms, 1991: 1, 69-93.

[70] Amjad M K, Butt S I, Kousar R, et al. Recent research trends in

genetic algorithm based flexible job shop scheduling problems [J]. Mathematical Problems in Engineering, 2018, 2018 (Pt. 3): 9270802. 1.

[71] Lipowski A, Lipowska D. Roulette-wheel selection via stochastic acceptance [J]. Physica, A. Statistical Mechanics and Its Applications, 2012, 391 (6): 2193-2196.

[72] Filipović V. Fine-grained tournament selection operator in genetic algorithms [J]. Computing and Informatics, 2003, 22 (2): 143-161.

[73] Umbarkar D J, Sheth P D. Crossover operators in genetic algorithms: A review [J]. ICTACT Journal on Soft Computing, 2015, 6 (1).

[74] Srinivas M, Patnaik L M. Adaptive probabilities of crossover and mutation in genetic algorithms [J]. IEEE Transactions on Systems, Man, and Cybernetics, 1994, 24 (4): 656-667.

[75] Lim S M, Sultan A B, Sulaiman M N, et al. Crossover and mutation operators of genetic algorithms [J]. International Journal of Machine Learning and Computing, 2017, 7 (1): 9-12.

[76] Arumugam M S, Rao M V C, Palaniappan R. New hybrid genetic operators for real coded genetic algorithm to compute optimal control of a class of hybrid systems [J]. Applied Soft Computing, 2005, 6 (1): 38-52.

第2章

滴灌系统工程基础

本章以新疆喀什疏勒县某滴灌工程为参考案例，从规划建设、水力计算、工程造价等方面全面展示滴灌系统工程建设流程和框架。

2.1 常用术语

微灌：通过管道系统与安装在末级管道上的灌水器，将水和植物生长所需的养分以较小的流量，均匀、准确地直接输送到植物根部附近土壤的一种灌水方法，包括地表滴灌、地下滴灌、微喷灌、涌泉灌等。

滴灌：利用专门的灌溉设备以间断或连续的水滴或细流将水灌到部分土壤表面和作物根区，使作物主要根系活动区土壤始终保持最优含水状态的灌水方法。

扬程：单位重量液体通过泵所获得的能量，也指水泵能够扬水的高度，是泵的重要工作性能参数，又称压头，可表示为流体的压力能头、动能头和位能头的增加。扬程用 H 表示，单位为米（m）。泵的压力用 p 表示，单位为 MPa（兆帕）。它们之间的换算关系为 10m 高的水压是 0.1MPa。

压力损失：滴灌时水流在管道中流动需要克服各种阻力而消耗能量，能量大小表示一种技术经济指标，表现为压力的不断下降的数值就是压力损失。压力损失也叫水头损失。

流量：单位时间内流经封闭管道有效截面的流体量，又称瞬时流量。流量用 Q 表示，计量单位为立方米/小时（m^3/h）。

灌水器：滴灌系统末级出流装置，包括滴头、滴灌带等。

滴头：用于将有压水以水滴状或细流状断续滴出灌水器。

干管：向支管供水的管道。

支管：直接向毛管配水的管道。

毛管：直接向灌水器配水的管道。

首部枢纽：集中安装在微灌系统入口处的过滤器、施肥（药）装置及测量、安全和控制设备的总称。

灌水定额：某一次灌水时每亩田的灌水量，也可以表示为水田某一次灌水的水层深度。计量单位为立方米/（亩·次）。

灌溉定额：作物播种（水稻插秧）前及生育期内各次灌水定额之和。计量单位为立方米/亩。

灌水次数：作物生长期内浇水的次数。

灌水周期：在设计灌水定额和设计日耗水量的条件下，能满足作物需要，两次灌水之间的最长时间间隔。

灌溉制度：根据作物需水特性和当地气候、土壤、农业技术及灌水等因素制定的灌水方案。主要内容包括灌水次数、灌水周期、灌水定额和灌溉定额。灌溉制度是规划、设计灌溉工程和进行灌区运行管理的基本资料，是编制和执行灌区用水计划的重要依据。

灌溉工作制度：滴灌系统通常有续灌、轮灌、随机供水灌溉三种配水方式。在确定系统工作制度时，应考虑种植作物、水源条件、经济状况、农户承包及管理方式等因素合理选择。目前大田滴灌系统中普遍采用轮灌工作制度。

轮灌工作制度：在保证灌水均匀度的前提下，将几个不同灌水单元组合成一个轮灌组，若干个轮灌组按顺序进行灌水的制度。

轮灌组：一种支管的组合排列方式，农户按照组合顺序进行灌溉。

2.2 工程项目概述

2.2.1 绪言

2.2.1.1 工程地理位置

疏勒县位于喀什地区西北部，地处克孜勒河、盖孜河和库山河冲积平原中游地区。地理坐标北纬 $38°50′\sim39°28′$，东经 $75°47′\sim76°47′$。总面积为 $2398km^2$。

项目区位于疏勒县东南部，总规划面积 3908 亩，土地平整面积 3908 亩，节水灌溉面积 3908 亩。项目区耕作条件较差，现状田地均是由每家每户小格田组成，田埂占用了约 10% 的土地（不能耕种），且小格田很难实现机械化作业。通过高标准农田建设，将小格田平整为大条田，减少了原来每家每户田埂占地，提高了土地利用率，进而提高了土地的产出率，且有利于实现机械化耕种。另外，通过对项目区内田间道路改造，为大型农耕机械作业提供了条件。打破小格田及家庭经营管理格局后，可实现农村合作社或公司化经营管理模式，实现现代化管理。

2.2.1.2 项目类型

3908 亩高标准农田建设项目。

2.2.1.3 工程任务与主要建设内容

（1）工程任务

根据项目区存在的主要问题，本工程的主要任务为通过对田、水、路、林的综合整治，改善农田灌溉和交通条件，使项目区成为"田成方，林成行，路成网，旱涝保收"的高标准农田。具体任务如下：①对项目区 3908 亩土地进行重新规划，对小田块进行整合，使其变成大条田，减少田间基础设施占地率，满足农业机械化生产需求。②对项目区 3908 亩土地进行滴灌工程设计，提高作物亩产量、灌溉保证率和灌溉水利用系数（提高 0.01），改善灌溉面积 3908 亩，达到旱涝保收的目标。③对项目区 3908 亩土地田间道路进行重新规划，满足农用机械作业、农用物资和农产品运输及人员行走的要求，建成后田间道路通达率达到 100%，防护林覆盖率达到 5%。

（2）工程主要建设内容

本工程建设范围内 3908 亩农田进行高标准农田建设，主要建设内容如下：①土地平整面积 3908 亩，田间道路 1.205km，配套涵桥 2 座。②实施田间高效节水面积 3908 亩，分为 5 个系统，新建沉淀池 4 座，新建系统首部泵房 4 座、配套高压线 1.45km。

2.2.1.4 编制背景及过程

为完成农业农村部等各部门对 2022 年高标准农田建设的要求，本着"先易后难、集中连片"的原则，通过对田、水、路、林的综合整治，采取土地平整工程、灌溉与排水工程、田间道路工程、林网工程及其他工程措施，实现优化土地利用结构与布局，以求达到土地节约集约利用的目的。增加高标准基本农田面积，提高基础设施配套程度，达到提升耕地质量的目的。完善田间基础设施，达到增强抵御自然灾害的能力和提高粮食生产保障能力的目的。促进集中连片，改善农业机械化、规模化生产条件，发挥规模效益。加强建成高标准基本农田利用的监测监管，达到落实土地整治规划确定的高标准基本农田建设目标任务，促进高标准基本农田持续利用的目的。加强生态环境建设，达到发挥生产、生态、景观的综合功能的目的。

2.2.2 项目区基本情况

2.2.2.1 流域概况

疏勒县水资源较为丰富，分布较广，灌区地表水属喀什噶尔河水系。流经县境的克孜河、盖孜河、库山河为灌区主要水源，另有少量溢出地表的泉水，地下水是农业灌溉水源有益的补充。项目区位于阿拉甫乡，地表水灌溉引水来源为库山河，属于疏勒县的库山河灌区。

库山河发源于昆仑山的慕士塔格和公格尔山峰，集水面积 2169km^2（沙曼以上），河长 114km。多年平均径流量约 6.34 亿立方米，丰水年约 8.05 亿立方米（1959 年），枯水年约 4.28 亿立方米（1965 年）。疏勒县引水灌溉艾尔木东乡、牙甫泉镇、阿拉力乡、英阿瓦提乡、阿拉甫乡 5 个乡镇。

库山河年均含沙量 2.83kg/m^3，年均输沙量 179.4 万吨，沙粒较粗，粒径平均 0.182mm，粒径小于 0.025mm 的占 18%，大于 0.25mm 的占 29%。因疏勒县引水量小，进沙量也小，渠系无严重淤沙危害。

库山河河水总硬度 3.625mmol/L，总碱度 2.453mmol/L，水质较好。

2.2.2.2 气象

疏勒县以西北风为主，频率达 10%，其次为东南风，频率在 6% 左右。多年平均气温为 12.4℃；最高气温出现在 7 月，极端最高气温出现在 1958 年 7 月 12 日，达到 40.1℃；最低气温出现在 1 月，平均气温 -6.5℃，极端最低气温出现在 1959 年 1 月 12 日，为 -24.4℃。

多年平均降水量为 67.5mm，最大年降水量 158.6mm（1996 年），最小年降水量 16.2mm（1994 年），历年最大日降水量为 32.7mm。

历年最大年蒸发量为 3742.1mm（1956 年），最小年蒸发量为 1912.1mm（1992 年）。历年最大月蒸发量为 657.6mm（1956 年 7 月），历年最小月蒸发量为 11.2mm（1974 年 12 月）。

2.2.2.3 水文基本资料

沙曼水文站设立于 1956 年 11 月，使用至今，属国家基本水文站，位于阿克陶县巴仁乡沙曼村，在木华里水利枢纽以上约 27.5km 处，是库山河唯一的水量控制站，地理坐标东经 75°37′40″、北纬 38°49′17″，海拔高程 2330m，测站以上河长 93.0km，集水面积 2169km^2，测验项目有水位、流量、悬移质泥沙、气温、降水、蒸发、水温、冰情、水质等，1957～2012 年资料系列长度 55 年，为连续系列。

库山河流域地处帕米尔高原，其山区面积为 3020km^2，河流出山口后流经山前冲洪积扇进入平原区，平原区海拔为 1260～1700m，平原区面积 3900km²。库山河通过干渠进入阿克陶县、疏勒县、英吉沙县灌区，与依格孜牙河交错，平原区河段长 45km，最终在疏勒县境内消失。

据库山河沙曼水文站实测，最大年径流量为 $8.0456 \times 10^8 \text{m}^3$（1959 年），最小年径流量 $4.278 \times 10^8 \text{m}^3$（1965 年），丰枯比为 1.88，年径流变差系数 CV 为 0.13，径流年际变化比较稳定，但其洪枯流量相差悬殊，实测年最大洪峰流量为（1999 年）$689 \text{m}^3/\text{s}$，年最小流量为（1998 年）$2.18 \text{m}^3/\text{s}$，相差 316 倍。

库山河山区植被较好，两岸多为裸露基岩，河水清澈，含沙量小。随着河流由山区到浅山丘陵区，植被稀疏，第四系松散沉积物渐厚，从出山口到冲洪积扇缘，河谷展宽，河漫滩发育，泥沙含量渐增，河水渐变混浊。出山口以上库山河侵蚀模数为 862t/km^2，沙曼站实测多年平均悬移质输沙率为 59.30kg/s，含沙量为 3.05kg/m^3，多年平均输沙量为 $195 \times 10^4 \text{t}$。

根据喀什地区气象台统计资料显示，该县无霜期为 215.3 天（d），近 20 年最大冻土深度 66cm。

疏勒县主要灾害性气候有干旱、干热风、大风和冰雹等。

春旱出现在 3～5 月，由于春季缺水，严重影响春灌，它是该县农业发展的主要障碍因素。

干热风多年平均为 30 天，最多可达 40 天，一般出现在 6～7 月，对小麦灌浆危害较大。大风是该县较严重的灾害，出现的次数以 5 月为最多，平均 3.8 次，其次是 6 月，平均 3 次，对作物苗期危害严重。

冰雹的发生大多集中在 5～7 月，对个别地方往往造成严重甚至毁灭性灾害。

2.2.2.4　工程地质

项目区地处喀什噶尔三角洲平原，北倚天山，西枕帕米尔高原，南抵喀喇昆仑山脉，东临塔克拉玛干沙漠。北部天山山脉中山区，地形起伏，山势陡峻，海拔高程 1500～2500m；南部喀喇昆仑山脉高山区，地势陡峭，海拔高程 3500m 以上。区内发育克孜河、盖孜河和库山河三条主干河流，呈近东西向展布。地形由北西向东南倾斜，地貌形态受新构造运动的控制和影响，区域内不同海拔高度段表现出截然不同的地貌景观，垂直分带较为明显。在地貌上可分为山区、平原区和介于两者之间的低山丘陵区三大地貌单元。

项目区位于塔里木地台西北缘喀什凹陷（IX_5^{4-2}）西北部。据前人资料及现场地质调查表明，工程区地质构造较简单，无较大的断裂通过，距工程区最近的活动断裂是北方约 60km 的托特拱拜孜断裂，该断裂在测区隐伏于 Q_4 地层之下，为近期活动性发震断裂，沿断裂带多次发生 6.0 以上级地震。根据历史和现今地震资料表明，工程区属强震波及区，据查 1：400 万《中国地震动参数区划图》（GB 18306—2015），工程区地震峰值加速度为 0.20g，其对应的地震基本烈度为 Ⅷ 度，地震动反应谱特征周期为 0.45s。

根据构造条件、地震活动性和场地地基条件等综合评价，工程场地位于对建筑物抗震不利的地段。

2.2.3 工程布置

（1）工程等级及标准

根据《水利水电工程等级划分及洪水标准》（SL 252—2017）及《灌溉与排水工程设计标准》（GB 50288—2018）中的等级指标，确定本项目工程等级为 Ⅳ 等，工程规模为小（2）型，主要建筑物级别为 4 级，次要建筑物级别为 5 级。

（2）工程总体布局

项目区达到"田成方，林成行，路成网，旱涝保收"的高标准农田目标。

2.2.4 工程设计标准及主要指标

2.2.4.1 土地平整设计

本次土地平整面积 3908 亩，采用杭州飞时达软件公司研发的 GP-CADV13.0 软件计算。

田面高程及纵横坡度设计要求平整后各条田的最高点应低于引水口水位高程 0.2m。田面设计高程应高于常年地下水位 0.8m 以上，平整后各条田坡度满足灌排水要求，田面纵横坡方向应与作物种植方向和灌水方向一致，不应有倒坡。平整工作量最小，要求移高填低，就近挖填平衡，运距最短，功效最高。

GPCADV13.0 软件的操作步骤：划分区域—布置方格网—采集各网格网点高程—自动优化设计高程及坡度。对于高程及坡度不满足以上要求的，调整高程及纵横坡坡度。对于倒坡的，调整其坡度与灌水方向一致。横纵坡控制在（1/5000）～（1/1500），便于灌排水，平整精度控制在±50mm。

2.2.4.2 田间道路工程设计

根据《高标准基本农田建设标准》（TD/T 1033—2012）要求，结合项目区现场实际情况，本次布置田间道路中心间距为 200～300m，设计路面总宽度均为 5.5m。其中，设计路面净宽 4.5m，路肩 0.5m，路面为素土，新建田间道路面一般高于田块面 0.50m 左右，改建田间道路面一般高于田块面 0.30m 左右，路肩两侧坡比为 1∶1。

为保证路基、路面有足够的强度，要求所有路基、路面采用压路机械分层压实，分层厚度不大于 25cm，压实系数不小于 0.93。

本次新建机耕道路长度为 1.205km。

2.2.4.3　田间高效节水灌溉工程

本项目高效节水灌溉形式为滴灌，各项指标应符合《微灌工程技术标准》（GB/T 50485—2020）、《低压输水灌溉用硬聚氯乙烯（PVC-U）管材》（GB/T 13664—2023）及《低压输水灌溉用聚乙烯（PE）软管》（DB65/T 2953—2009）要求，灌溉水利用系数不低于 0.9，设计日工作小时数不大于 22h。地埋管埋设深度在当地冻土层以下，并满足地面荷载和机耕要求。管道工作压力不低于 0.63MPa，干、支两级固定管道间距、长度合理设定，且能满足今后滴灌自动化设计的要求。

（1）作物种植情况

项目区主要种植作物类型为小麦。

项目区种植模式：小麦行距 15cm，株距 2～3cm；根系层深度在生育期最大为 46cm。

（2）设计灌溉制度

本项目考虑项目区供水供电情况，为保证灌溉，设计灌水周期均为 6d，每天工作时间不超过 20h，小麦每次灌溉时间 3.5h。

（3）灌水器的选择

本项目选用 WDF16/2.1-100 型滴灌带，为一年一用单翼迷宫式滴灌带，灌水器间距均为 0.3m。

（4）支管与毛管连接方式的确定

支管与毛管的连接通过 de16 按扣三通将 de90PE 支管与滴灌带连接，每条支管入口处设 de90 球阀以便运行。

（5）首部设计

① 水泵。本项目配套水泵全部为离心泵，离心泵应选用节能型水泵，规格型号应按照系统设计流量和扬程进行选择，工况点应在高效区；同一项目区系统设计流量和扬程相近的水泵的规格型号宜统一；单系统不设置备用泵。

② 过滤器选型。本项目均采用（泵前）400 型卧式低压尾水头过滤器，泵后采用砂石＋网式全自动反冲洗过滤器（一体式）。

③ 施肥器。本次采用开敞式施肥箱。

④ 控制、调节、安全设备选型。

a. 逆止阀。设置在水泵出口。

b. 压力表。选用指针式压力表，最大压力 1.0MPa。

c. 水表。选用超声波流量计。

d. 进排气阀。在自动反冲洗过滤器和干管高处各设置进排气阀，规格为 KQ42X-10（28）型。

2.2.4.4 施工组织设计

根据施工工期的要求、工程特点和当地自然条件施工，在保证质量的前提下，力求缩短工程建设周期。

2.2.4.5 环境保护

工程施工对施工区生态环境会带来一定的不利影响，主要为地表水污染、空气污染及噪声扰民等环境问题，应采取必要的监控和保护措施。工程建设对环境的有利影响是主要的，无明显制约工程兴建的环境问题，从生态保护、环境保护和可持续发展的角度分析，工程建设方案在环境保护方面是可行的。

2.2.4.6 水土保持

水土保持方面评价结论如下。

① 方案比选。本工程是在原有耕地上进行土地平整。

② 制约性因素。本工程严格遵守水土保持要求的严格限制行为和水土保持普遍要求的行为，满足相关规范的要求。

③ 土石方平衡。工程施工充分利用开挖料，不仅可以节约工程投资，同时可减少土料开采及弃渣，对减轻水土流失具有一定的积极作用。土石方平衡的思路符合水土保持技术规范要求。

④ 施工布置。主体工程施工布置均是以施工过程中扰动面积最小为原则，尽量少占用土地进行布置，项目区各施工分区布局紧凑，施工场地的布设基本符合水土保持要求。

根据上述分析可知，项目建设符合国家经济和社会发展要求，工程选线合理，施工组织设计及工程管理等方面满足《生产建设项目水土保持技术标准》（GB 50433—2018）有关主体工程约束性规定的要求，不存在水土保持约束性因素，项目可行。

2.2.4.7 组织实施与运行管理

工程管理设施包括工程正常运行所需的管理设施及工程维修养护设备、通信设备、交通工具等。

本工程建设单位为疏勒县农业农村局。

该项目建成后由乡镇所在的行政村负责项运营管理。

2.2.4.8 项目特性表

项目特性表见表2-1。

表 2-1 项目特性表

项目	单位	数量	备注
一、项目区基本概况			
1. 项目区范围		疏勒县某地	
2. 总人口	万人	2.7	
3. 国内生产总值(GDP)	万元		
4. 农业总产值	万元		
5. 粮食生产总量	万吨		
6. 农民人均年纯收入	万元		
二、项目区水土资源条件			
(一)土地资源			
1. 总土地面积	km^2	66.4	
2. 耕地面积	万亩	9.88	
3. 设计(规划)灌溉面积	万亩	11.85	
4. 有效灌溉面积	万立方米		
5. 旱涝保收面积	万立方米		
6. 盐碱(渍)耕地面积	万亩	1.2	
(二)水资源			
1. 多年平均水资源总量	万立方米	73866	
其中:地表水资源量	万立方米	63956.99	
地下水资源量	万立方米	9723.01	
2. 多年平均水资源可用量	万立方米		
3. 现有水利工程可供水能力	万立方米		
三、项目区现状			
(一)农业生产			
1. 粮食播种面积	万亩	5.64	
2. 林果种植面积	万亩	1.04	
3. 蔬菜播种面积	万亩	0.81	
4. 牧草种植面积	万亩	0.61	
5. 其他播种面积	万亩		
(二)水利工程			
1. 灌溉保证率	%	75	

项目		单位	数量	备注
2. 灌溉水利用系数			0.45	
其中:渠系水利用系数			0.53	
田间水利用系数			0.86	
3. 塘坝	数量	座		
	总容积	万立方米		
4. 引水工程	数量	座		
	引水流量	m^3/s		
5. 泵站	数量	座		
	水泵台数	台		
	装机容量	kW		
6. 机井	数量	眼	44	
	装机容量	kW		
7. 渠系建筑物				
1)水闸		座		
2)交叉建筑物		座		
3)交通建筑物		座		
4)其他建筑物		座		
8. 田间配套面积				
其中:渠道防渗灌溉面积		万亩		
低压管道输水灌溉面积		万亩		
喷灌面积		万亩		
微灌面积		万亩		
9. 灌溉渠道	条数	条		
	总长度	km		
其中:防渗衬砌渠道	条数	条		
	总长度	km		
10. 输水管道	条数	条		
	总长度	km		
11. 排水沟(管)	条数	条		
	总长度	km		
(三)生态防护工程				
林带设计(规划)面积		万亩		

续表

项目		单位	数量	备注
(四)输配电工程				
1.10kV 以下高压输电线路		km		
2.10kV 以下输变电设备		台		
(五)田间道路工程				
田间生产道路		km		
其中:硬化路面	条数	条		
	总长度	km		
砂砾石路面	条数	条		
	总长度	km		
四、新建、改建、扩建工程				
高标准农田建设项目		亩	3908	
(一)土地平整				
1. 田块修筑		亩		
2. 耕作层剥离和回填		亩		
3. 细部平整		亩		
(二)土壤改良				
1. 沙(黏)质土壤治理		亩		
2. 酸化土壤治理		亩		
3. 盐碱土壤治理		亩		
4. 污染土壤修复		亩		
5. 地力培肥		亩		
(三)灌溉和排水				
1. 塘堰(坝)		座		
2. 小型拦河坝		座		
3. 小型提灌站、电灌站		座		
4. 小型集雨设施		座		
5. 农用井		眼		
6. 桥梁		座		
7. 涵洞		座		
8. 衬砌明渠(沟)		km		
9. 排水暗渠(沟)		km		
10. 渠系建筑物				

续表

项目	单位	数量	备注
其中:水闸	座		
渡槽	个		
倒虹吸	处		
农桥	座		
涵洞	座		
跌水	座		
其他	个		
11. 管灌	亩		
12. 喷灌	亩		
13. 微灌	亩	3908	
14. 其他水利措施			
(四)田间道路			
1. 机耕路	km		
其中:硬化干道	km		
2. 生产路	km		
3. 其他田间道路	km	1.205	
(五)农田防护与生态环境保护			
1. 农田林网工程	km		
2. 岸坡防护工程	m		
3. 沟道治理工程	m		
4. 坡面防护工程	m		
(六)农田输配电			
1.10kV 以下的高压输电线路	km	1.45	
2. 低压输电线路	km		
3. 变压器	台	4	
4. 配电箱(屏)	处		
(七)科技推广措施			
1. 技术培训	人次		
2. 仪器设备	台、件		
3. 耕地质量监测	处		
(八)其他工作及措施			
1. 项目前期费用(勘测设计费)	元		

续表

项目	单位	数量	备注
2. 项目管理费	元		
3. 工程招投标费	元		
4. 工程管护费	元		
5. 工程监理费	元		
6. 其他费用	元		
1)农业生产条件及生态环境改善			
新增耕地面积	亩		
其中:新增水田面积	亩		
新增耕地平均增加等级	级		
新增和改善灌溉达标面积	万亩	3908	
新增和改善排水达标面积	万亩	3908	
新增节水灌溉面积	万亩	3908	
其中:高效节水灌溉面积	万亩		
年节约水量	万立方米	81.08	
灌溉水利用率提高	%	1.7	
增加农田林网防护面积	万亩		
增加机耕面积	万亩		
农业综合机械化提高值	%		
道路通达率	%		
蓄水池容量	万立方米		
2)年新增主要农产品生产能力			
粮食	万千克	103.5	
棉花	万千克	43.6	
油料	万千克		
糖料	万千克		
其他农产品	万千克	14.3	
3)项目区经济效益和社会效益			
项目区年直接受益农户数量	户	310	
项目区年直接受益农业人口数	人	1240	
项目区直接受益农民年纯收入增加总额	万元	255	
4)其他效益			
扩大良种种植面积	万亩		

续表

项目	单位	数量	备注
治理盐碱化土地面积	万亩		
治理酸化土地面积	万亩		
治理沙化土地面积	万亩		
控制水土流失面积	万亩		
项目区土地流转面积	万亩		
项目区引进新型经营主体个数	个		
农业龙头企业个数	个		
农民合作组织个数	个		
家庭农场个数	个		
种粮大户个数	个		

2.3 滴灌工程设计

2.3.1 设计标准

（1）灌溉设计保证率

根据《微灌工程技术标准》（GB/T 50485—2020）要求，灌溉设计保证率应根据自然条件和经济条件确定，不应低于90％。

（2）高效节水灌溉工程设计标准

① 满足《节水灌溉工程技术标准》（GB/T 50363—2018）、《微灌工程技术标准》（GB/T 50485—2020）等相关技术规范的要求。

② 根据《微灌工程技术标准》（GB/T 50485—2020）要求，灌溉管网水利用系数，滴灌不应低于0.9，微喷灌、涌泉灌不应低于0.85。

③ 农田灌溉水质符合《农田灌溉水质标准》（GB 5084—2021）的规定。

2.3.2 灌溉制度

2.3.2.1 灌水器选型

根据作物类型、生长周期等，同时考虑铺设、回收等施工、使用管理方便的要求，灌水器选用一年一换的单翼迷宫式滴灌带。

滴灌带技术参数：WDF16/2.1-300，壁厚0.18mm、内径为D16的单翼迷宫式滴灌带，滴孔间距0.3m，公称流量2.1L/h，额定工作水头10m，流量公式 $q=0.528h^{0.6}$（本次工程水力计算是以规格为 WDF16/2.1-300、流量指数为 0.528、流态指数为 0.6 的滴灌带的参数为设计参数进行的，在购置滴灌带时，相同流量规格的产品，要求流态指数不得大于 0.6）。

2.3.2.2　设计基本参数

根据项目区气象条件、土壤状况、种植结构、电力条件、水源条件，设计参数。

（1）工程设计保证率

按《微灌工程技术标准》（GB/T 50485—2020）要求，本工程取 85%。

（2）种植模式

小麦种植模式为 （15cm＋15cm＋15cm＋15cm）＋（15cm＋15cm＋15cm＋15cm），毛管间距 0.6m，如图 2-1 所示。

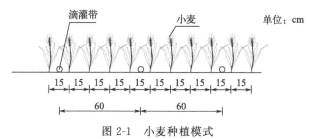

图 2-1　小麦种植模式

（3）毛管（滴灌带）布置

毛管（滴灌带）沿种植方向铺设，采用一管四行布置，铺设平均间距 0.6cm。

（4）作物设计耗水强度 E_a

采用《灌溉与排水工程设计标准》（GB 50288—2018）中的彭曼法计算作物需水量。首先进行灌区日参照作物需水量的计算，然后根据不同作物的作物系数分别计算相应作物的需水量，即为作物的净灌溉定额。

① 计算作物蒸发蒸腾量 ET_0。

参照作物蒸发蒸腾量 ET_0 根据改进彭曼公式计算：

$$ET_0 = \frac{\frac{p_0}{p} \times \frac{\Delta}{\gamma} R_n + E_A}{\frac{p_0}{p} \times \frac{\Delta}{\gamma} + 1} \tag{2-1}$$

$$\Delta = e_a \times \frac{4249.9}{(241.9 + t)^2} \tag{2-2}$$

$$\gamma = 0.66 h P_a \tag{2-3}$$

$$R_n = R_{ns} - R_{nl}$$

$$R_{ns}=0.75(a+b_n/N)R_a$$
$$E_A=0.26(1+0.54u)(e_a-e_d)$$
$$R_{n1}=\sigma T_k^4$$

式中　$\dfrac{p_0}{p}$——海拔高度修正系数；

p——当地平均气压，mbar❶；

$\dfrac{\Delta}{\gamma}$——标准大气压下的温度函数；

e_a——当地饱和水气压，mbar；

t——平均气温，℃；

R_n——太阳净辐射，W/m²；

σT_k^4——黑体辐射量，mm/d；

E_A——干燥力；

e_d——实际水气压，mbar；

u——离地面2m高处的风速，m/s。

计算可得作物全生育期各阶段蒸发蒸腾量 $ET_0=5.4$ （mm/d）。

②　计算作物设计耗水强度 E_a：

$$E_a=K_sK_cK_rET_0 \tag{2-4}$$

式中　E_a——作物设计耗水强度，mm/d；

ET_0——阶段日平均参照作物需水量，mm/d；

K_s——土壤水分修正系数，取1.05；

K_r——覆盖率影响系数，取0.95；

K_c——作物系数，取1.15。

根据以上公式及说明，计算出不同作物的 E_a 值，具体见表2-2。

表2-2　项目区作物设计耗水强度（E_a）

作物种类	ET_0	K_s	K_r	K_c	E_a
小麦滴灌	5.4	1.05	0.95	1.15	6.19

③　设计供水强度。

$$I_a=E_a-P_0-S_0 \tag{2-5}$$

式中　P_0——有效降雨量，mm/d，项目区多年平均降水量仅为67.5mm，对于作物生长无实际意义，故本设计中 $P_0=0$；

S_0——地下水补给的水量，mm/d，项目区土壤以砂壤土为主，作物

❶ 1mbar=0.1kPa。

根系不能与地下水位相接，因此地下水补给的水量也取 0。

按《微灌工程技术标准》（GB/T 50485—2020）要求，设计取 6.2mm/d。

（5）计划湿润深度

计划湿润深度取 0.46m。

（6）设计土壤湿润比

按《微灌工程技术标准》（GB/T 50485—2020）要求，小麦等作物滴灌设计土壤湿润比为 90%~100%，干旱地区宜取上限值。根据《滴灌工程设计图集》计算公式计算如下。

$$P = \frac{nS_e S_w}{S_t S_r} \times 100\% = \frac{S_w}{S_L} \times 100\% \tag{2-6}$$

式中　P——土壤湿润比；

　　　S_L——毛管间距，取 0.6m；

　　　S_w——湿润带宽度，根据土壤试验，测得湿润带宽度为 0.562m。

则　　　　　　$P = (0.562 \div 0.6) \times 100\% = 93.7\%$

本次设计土壤湿润比取 94%。

（7）灌溉水利用系数

按《微灌工程技术标准》（GB/T 50485—2020）要求，灌溉水利用系数，滴灌不应低于 0.9，本设计取 0.9。

（8）适宜土壤含水率上、下限

项目区土质为砂壤土，田间持水率占土体 24%（重量比），适宜土壤含水率上、下限（占干土重的百分比）按田间持水率的 90% 和 65% 计，$\theta_{max} = 24\% \times 90\% = 21.6\%$，$\theta_{min} = 24\% \times 65\% = 15.6\%$。

（9）设计系统日工作小时数

《微灌工程技术标准》（GB/T 50485—2020）规定：微灌系统设计日工作小时数不应大于 22h。

本次设计系统日工作小时数采用 20h。

2.3.2.3　灌溉定额计算

（1）最大净灌水定额

设计最大净灌水定额采用《微灌工程技术标准》（GB/T 50485—2020）中的公式：

$$m_{max} = 0.1\gamma z p (\theta_{max} - \theta_{min}) \tag{2-7}$$

式中　m_{max}——最大净灌水定额，mm；

　　　γ——土壤密度，g/cm³，取 1.45g/cm³；

　　　z——土壤计划湿润层深度，m，取 0.46m；

　　　p——设计土壤湿润比数字，取 94；

θ_{max}——适宜土壤含水率上限数字，取 21.6；

θ_{min}——适宜土壤含水率下限数字，取 15.6。

$$m_{max} = 0.1 \times 1.45 \times 0.46 \times 94 \times (21.6 - 15.6) = 37.62(mm)$$

（2）设计灌水周期

设计灌水周期采用《微灌工程技术标准》（GB/T 50485—2020）中的公式：

$$T \leqslant T_{max} \tag{2-8}$$

$$T_{max} = m_{max} / I_a \tag{2-9}$$

式中　T——设计灌水周期，d；

T_{max}——最大灌水周期，d；

I_a——设计灌溉补充强度，mm/d，无淋洗要求时，$I_a = E_a = 6.2(mm/d)$。

$T_{max} = 37.62 \div 6.2 = 6.07(d)$，本设计灌水周期取 6d。

（3）设计灌水定额

设计灌水定额采用《微灌工程技术标准》（GB/T 50485—2020）中的公式：

$$m_d = T I_a \tag{2-10}$$

$$m' = m_d / \eta \tag{2-11}$$

$$m' = T I_a / \eta \tag{2-12}$$

式中　m_d——设计净灌水定额，mm；

m'——设计毛灌水定额，mm；

η——灌溉水利用系数，取 0.9。

经计算，设计净灌水定额 $m_d = 6 \times 6.2 = 37.2$ （mm）。

设计毛灌水定额 $m' = 37.2 \div 0.9 = 41.33$ （mm），即 27.55m³/亩。

（4）设计一次灌水延续时间

设计一次灌水延续时间采用《微灌工程技术标准》（GB/T 50485—2020）中的公式：

$$t = m' S_e S_L / q_d \tag{2-13}$$

式中　t——一次灌水延续时间，h；

S_e——灌水器（孔口）间距，m；

S_L——毛管间距，m；

q_d——灌水器设计流量，L/h。

经计算，一次灌水延续时间 $t = 41.33 \times 0.3 \times 0.6 \div 2.1 = 3.54$ （h），取 3.5h。

（5）轮灌组数

为了减少系统的流量，降低工程投资，本系统采用轮灌工作制度，轮灌组数目计算公式：

$$N \leqslant TC / t \tag{2-14}$$

式中　N——允许的轮灌组最大数目；

　　　C——一天运行的小时数，h，取 20h；

　　　T——设计灌水周期，d，取 6d；

　　　t——一次灌水延续时间，h，取 3.5h。

经计算，允许的轮灌组最大数目 $N \leqslant 20 \times 6 \div 3.5 = 34.29$（组），本次设计最大取 34 组，设计采用轮灌组数小于或等于设计允许最大轮灌组数。

2.3.2.4　系统水量平衡计算

在水源供水流量稳定且无调蓄时，采用《微灌工程技术标准》（GB/T 50485—2020）中式(3.2.3-1)，

$$A = Q \eta t / (10 I_a) \tag{2-15}$$

式中　A——可灌溉面积，hm^2；

　　　Q——可供流量，m^3/h；

　　　I_a——设计灌溉补充强度，mm/d；

　　　η——灌溉水利用系数；

　　　t——系统每日工作小时数，h/d。

经计算，斗渠可控制灌溉面积为 $A = 720 \times 0.9 \times 20 \div (10 \times 6.2) = 209.03$（$hm^2$，即 3135 亩），斗渠流量能够满足项目区实际灌溉面积的需要。

2.3.2.5　灌水小区的水力设计

（1）水力设计的要求与任务

灌水小区水力设计需满足灌水均匀度要求，是通过限定同时灌水的各灌水器中工作水头最大和最小的灌水器的流量偏差来保证，其流量偏差率需满足《微灌工程技术标准》（GB/T 50485—2020）中 4.0.6 的规定，其压力水头差应在允许范围内。

灌水小区水力设计主要任务是确定小区允许水头偏差，根据灌水小区构成，将允许水头偏差进行分配，并确定毛管的极限孔数和极限长度。

（2）灌水小区设计和毛管的允许水头偏差

1）灌水小区设计允许水头偏差。

① 水头偏差率 $[h_v]$。

$$h_v = \frac{q_v}{x} \left[1 + 0.15 \left(\frac{1-x}{x} \right) q_v \right] \tag{2-16}$$

根据《微灌工程技术标准》（GB/T 50485—2020），q_v 应不大于 20%。考虑灌水器材的制造偏差，本工程 q_v 取 20%，流态指数 $x = 0.6$，灌水器设计工作水头 $h_d = 10m$。

计算得 $[h_v] = 0.34$。

② 灌水小区允许水头偏差 $[\Delta h]$。

$$[\Delta h] = h_v h_d = 0.34 \times 10 = 3.4 \text{(m)}$$

2) 毛管的允许水头偏差。

由于灌水小区的水头偏差分别是毛管和支管两级管道共同产生的，根据《微灌工程技术标准》(GB/T 50485—2020) 5.2.4 的规定，毛管和支管各分配 0.5。

支管允许水头偏差：$[\Delta h_\text{支}] = [\Delta h_1] = 0.5[\Delta h]$

$$[\Delta h_\text{支}] = 0.5 \times 3.4 = 1.7 \text{(m)}$$

毛管允许水头偏差：$[\Delta h_\text{毛}] = [\Delta h_2] = 0.5[\Delta h]$

$$[\Delta h_\text{毛}] = 0.5 \times 3.4 = 1.7 \text{(m)}$$

（3）毛管的极限孔数和极限长度

从单翼迷宫式滴灌带沿均匀坡铺设的水力特性与设计方案的比较中得知，当沿毛管铺设方向坡降为 1‰ 时，按均匀坡计算结果与平坡计算结果相差不大。本工程沿毛管铺设方向坡降均小于 1‰，故按照平坡计算。

毛管的极限孔数和极限长度如下。

极限长度：
$$L_\text{m毛} = N_\text{m毛} S + S/2 \tag{2-17}$$

极限孔数：$N_\text{m毛} = \text{INT}\{(5.446[\Delta h_2]D^{4.75})/(kSq_d^{1.75})\}^{0.364}$ (2-18)

$$[\Delta h_2] = \beta_2[\Delta h] \tag{2-19}$$

$$[\Delta h] = [q_v]/x\{(1+0.15(1-x)/x[q_v])\} \tag{2-20}$$

式中　$N_\text{m毛}$——毛管的极限分流孔数（按平坡计算）；

　　　$\text{INT}(\ )$——将括号内的实数舍去小数取成整数；

　　　$[\Delta h_2]$——毛管的允许水头偏差，取 1.35m；

　　　D——毛管内径，取 16mm；

　　　k——水头损失扩大系数，一般为 1.1~1.2，取 1.2；

　　　S——分流孔间距，取 0.3m；

　　　q_d——单孔设计流量，取 2.1L/h。

毛管极限孔数和极限长度具体计算见表 2-3。

表 2-3　毛管极限孔数和极限长度

毛管内径 D/mm	水头损失扩大系数 k	分流孔间距 S/m	单孔设计流量 q_d /(L/h)	流态指数 x	设计毛管工作压力 H/m	毛管允许水头偏差 $[\Delta h_2]$/m	极限孔数 $N_\text{m毛}$/个	极限长度 $L_\text{m毛}$/m
16	1.2	0.3	2.1	0.6	10	1.35	226	67.65

根据计算得出，毛管的极限长度为 67.65m，极限孔数为 226 个。本设计毛管长度取 46~58m。

（4）支管的极限孔数和极限长度

支管根据地形采用单向和双向布置、管径参照管材规格、使用管理方便、考虑经济流速等多种因素，选取 $\phi90mm$ 的 PE 管，公称压力 0.25MPa。以一个球阀控制的支管为一个分支管单位，为多孔 PE 管，孔口间距 0.5m，单孔流量为一对滴灌带流量，水头损失计算方法与滴灌带水头损失同理。

计算的支管极限孔数 $N_m=90$ 个，长度 $L_m=54m$，见表 2-4。

根据地形条件，结合条田宽度铺设支管，支管铺设长度为 30～50m。

表 2-4　支管极限长度计算

管道	极限长度 L_m/m	极限孔数 $N_m/$个	允许水头偏差 $\Delta h/m$	管道内径 D/mm	孔口流量 $q_d/(L/h)$	孔口间距 S_e/m
支管	54	90	1.7	86.8	735	0.5

2.3.2.6　管材比选方案

（1）选择要求

① 管道能承受要求的内压力和外荷载。

② 管道使用性能安全及维修工程量小，减少运行期的维护工作；适应气候温差的变化，连接方式简单可靠；垫层处理形式简单易行。

③ 管道使用年限，按 30 年设计。

④ 管径在满足引水能力的情况下，选择合适材质，降低投资。

（2）管材性能

目前在长距离中小管径的管道输水工程中，应用较多的为钢管、玻璃钢管、预应力钢筒混凝土管（PCCP）、球墨铸铁管、PVC-U 管、PVC-M 管、PE 管等。参考已建工程管材比选的特点以及各种管材在新疆的应用情况，钢管、球墨铸铁管用于保证率相对较高的人饮工程中，管径较大、投资较高；预应力钢筒混凝土管和玻璃钢管承压范围小，管径＞400mm 时工程投资最小，优势明显；管径≤400mm 时，PVC 管用得较多，投资最省。

本项目为田间加压滴灌农业供水系统，管道直径基本小于 400mm，PVC-U 管、PVC-M 管和 PE 管 3 种管材均能满足本工程使用。

① PVC-U 管。PVC-U 管的优点：耐腐蚀性好，埋地施工无需内外防腐；密封性良好，采用承插连接，施工较为简单；无毒，安全卫生；属于柔性管材，对地基的适应性好；耐磨、耐久性等指标均较高。

② PVC-M 管。PVC-M 管与 PVC-U 管均是聚乙烯复合管材，其优点与 PVC-U 管相同，耐磨、耐久性等指标均较高，抗冲击性较强，目前 PVC-M 管最小压力等级为 0.63MPa，管材米重小，通过对不同管材进行投资比选，相同压力等级下，PVC-M 管相对便宜。

③ 地埋 PE 管。PE 管是用聚乙烯树脂为主要原料,经挤出成型的一种给水管材。其优点是耐腐蚀性好,埋地施工无需内外防腐;密封性良好,采用电热熔连接,管材与管件熔为一体,接头较为可靠;无毒,安全卫生;属于柔性管材,对地基的适应性较好;耐磨、耐久性等指标均较高。其缺点是壁厚较厚,同管径地埋 PE 管米重较 PVC 管大,且原材料价格较高,每米投资较高。

④ 管材确定。通过比选,相同管径的管材投资由大到小为 PE 管>PVC-U 管>PVC-M 管。结合项目区多年实施滴灌所用管材和其经济性,地埋管道选用 PVC-M 管,压力等级 0.63MPa,地面选用薄壁 PE 管,压力等级 0.25MPa。

2.3.2.7 管网布置

(1)管网结构方案

滴灌系统管网结构目前主要有"支管轮灌"和"长、短支管轮灌"两种布局方案。

方案 1(支管轮灌方案):管网由干管—分干管—支管—毛管组成,干管由首部引出连接东西两侧的干管,分干管垂直于干管布置,支管垂直于分干管布置,分干管、毛管铺设方向与种植方向相同,干管、支管垂直于种植方向。干管、分干管采用 PVC 管,埋于地表下;支管采用 PE 管,通过竖管与分干管连接,铺设于地表;毛管利用稳流三通连接在支管上,铺设于地表。竖管通过三通连接两条支管。

方案 1 布置简图如图 2-2 所示。

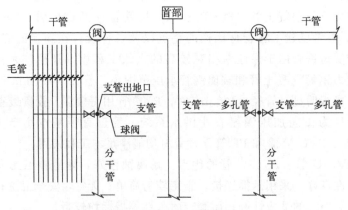

图 2-2　方案 1 布置简图

方案 2(长、短支管轮灌方案):管网组成同方案 1,所不同的是从同一条竖管通过三通一侧同时连接长、短 2 条支管,即一条竖管同时连接 4 条长、短支管。短支管长度为长支管的一半,长支管前 1/2 长度为盲管、后

1/2 长度为多孔管，每条支管均由球阀控制。

方案 2 布置简图如图 2-3 所示。

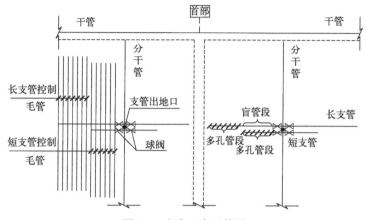

图 2-3　方案 2 布置简图

两个方案在轮灌组数相同的情况下，方案 2 地面支管、管件用量虽然较方案 1 多，但地埋管材管件用量比方案 1 少，两者相较，方案 2 投资较小；地埋管折旧年限长，地面管材管件折旧年限短，所以，方案 1 在年更新费用上略有优势；从运行操作方面考虑，两个方案不相上下。方案 2 由于管道连接件多，易丢、易坏，每年保管工作较为烦琐。

从长远发展分析，施行自动化滴灌技术是未来几年的必然趋势。目前，用于控制阀门自动启闭的电磁阀价格很昂贵，方案 2 的阀门又较多，投资必然大于方案 1，所以，从长远发展来分析，方案 2 不具备价格优势。

本工程管网结构形式选用方案 1，即支管轮灌方案。

（2）管网布置形式

本工程设计选取 704 亩为例进行高效节水灌溉工程管网布置设计。系统地势为南高北低，共分为 16 条分干管、112 条支管。设置阀门井 9 眼、排水井 16 眼，排水井设置在南侧地势较低处。各分干管均设有 1：2000 的纵坡坡向排水井。首部基本位于主干管中间。支管垂直于分干管布设，毛管铺设方向与小麦的种植方向相同，南北双向铺设，支管间距 80～110m，毛管长度为 45～58m。分干管南北方向布置 16 条，干管与分干管呈丰字形布置。

2.3.2.8　轮灌方案

系统运行时，操作人员严格按照轮灌制度表中的支管编号来开启支管，不得任意增开支管或更改开启其他支管，见表 2-5。同时开启的支管作为一个轮灌组，每次运行一个轮灌组。当一个轮灌组灌水结束后，先开启下一个轮灌组，再关闭上一个轮灌组，严禁先关后开。

表 2-5　系统轮灌运行情况表

| 轮灌组名称 | 开启的支管编号 | | | | | | | | | | | | | | | | 流量 /(m³/h) |
	1分干	2分干	3分干	4分干	5分干	6分干	7分干	8分干	9分干	10分干	11分干	12分干	13分干	14分干	15分干	16分干	
第 1 轮灌组	1-1/1-2	2-1	3-1	4-1													228.89
第 2 轮灌组	1-3	2-2	3-2	4-2													228.89
第 3 轮灌组	1-4	2-3	3-3	4-3													228.89
第 4 轮灌组	1-5	2-4	3-4	4-4													228.89
第 5 轮灌组	1-6	2-5	3-5	4-5													228.89
第 6 轮灌组	1-7	2-6	3-6	4-6													228.89
第 7 轮灌组	1-8	2-7	3-7	4-7													228.89
第 8 轮灌组		2-8	3-8	4-8	5-1												227.66
第 9 轮灌组		2-9			5-2	6-1	7-1										217.84
第 10 轮灌组		2-10			5-3	6-2	7-2										220.10
第 11 轮灌组					5-4	6-3	7-3	8-1									218.30
第 12 轮灌组					5-5	6-4	7-4	8-2									218.30
第 13 轮灌组					5-6	6-5	7-5	8-3									218.30
第 14 轮灌组						6-6	7-6	8-4	9-1/9-2								218.30
第 15 轮灌组						6-7	7-7	8-5	9-3								218.30
第 16 轮灌组						6-8	7-8	8-6	9-4	10-1							209.84
第 17 轮灌组								8-7		10-2		12-1				16-1/16-2	213.95
第 18 轮灌组								8-8		10-3		12-2				16-3	199.32
第 19 轮灌组										10-4	11-1	12-3				16-4	218.77
第 20 轮灌组											11-2				15-1/15-2	16-5	215.08
第 21 轮灌组											11-3	12-4			15-3	16-6	215.08
第 22 轮灌组											11-4	12-5			15-4	16-7	215.08
第 23 轮灌组												12-6	13-1		15-6	16-8	209.91
第 24 轮灌组													13-2	14-1	15-7	16-9	223.65
第 25 轮灌组													13-3/13-4	14-2	15-5	16-10	223.65
第 26 轮灌组													13-5	14-3	15-8	16-11	223.65
第 27 轮灌组													13-6	14-4	15-9/15-10	16-12	223.65

2.3.2.9　系统水力计算

（1）毛管流量计算

当毛管实际铺设坡度≤5‰时，可按平坡进行水力计算；当毛管实际铺设坡度>5‰时，须按均匀坡进行水力计算。本工程沿毛管铺设方向坡降为3‰，故按照平坡计算。

（2）水头损失计算

毛管内径为16mm>8mm，可认为管内流态为光滑紊流。

毛管沿程水头损失计算选用《微灌工程技术标准》（GB/T 50485—2020）中式(5.1.1)，局部损失按沿程水头损失20%计，公式可转换为

$$h'_f = \frac{fSq_d^m}{D^b}\left[\frac{(N+0.48)^{m+1}}{m+1} - N^m\left(1 - \frac{S_0}{S}\right)\right] \tag{2-21}$$

式中　h'_f——等距多孔管沿程水头损失，m；

　　　S_0——多孔管进口至首孔的间距，取0.3m；

　　　S——分流孔间距，m；

　　　N——分流孔总数，$N \geqslant 3$；

　　　f——沿程水头损失系数，取0.505；

　　　m——流量指数，取1.75；

　　　b——管径指数。

根据地块的实际尺寸，计算水头损失。

（3）支管流量计算

根据聚乙烯滴灌管及管件的规格，支管选用90×1.3/0.25的PE管，沿程水头损失见式(2-21)。

根据运行方案，支管流量为其控制的毛管流量之和，局部水头损失按10%计算，S_0按0.25m计算，S按0.6m计算。

（4）干管水力计算

根据运行方案，干管流量为同一轮灌组上控制的支管流量之和。

干管选用PVC管，由流量控制管径。沿程水头损失计算选用《微灌工程技术标准》（GB/T 50485—2020）式(5.1.1)，局部损失按沿程水头损失10%计。

$$h_f = f\frac{Q_g^m}{D^b}L \tag{2-22}$$

式中　h_f——管道沿程水头损失，m；

　　　Q_g——管道流量，L/h；

　　　D——管道内径，mm；

　　　L——管道长度，m；

f——沿程水头损失系数；

m——流量指数；

b——管径指数。

2.3.2.10 系统设计工程水头

$$H = Z_p - Z_b + h_0 + h_{按扣三通} + h_{出地桩} + h_{闸阀} + \sum h_f + \sum h_w \quad (2-23)$$

式中 H——滴灌系统设计水头，m；

$Z_p - Z_b$——典型毛管进口与水源动水位之间的高差，m；

h_0——典型毛管进口的设计水头，m；

$h_{按扣三通}$——按扣三通水头损失，取5m；

$h_{出地桩}$——出地桩水头损失，m；

$h_{闸阀}$——首部闸阀水头损失，m；

$\sum h_f$——水泵至典型毛管进口的管道沿程水头损失，m；

$\sum h_w$——水泵至典型毛管进口的管道局部水头损失，m。

经计算，该系统供水流量为 228.89m³/h，供水扬程为 30.06 ~ 34.17m。按上述方法对其余系统进行了水力计算。

本工程地面管采用微灌专用聚乙烯管材，可不进行水锤压力验算。给水栓处球阀一般遵循"先开后关"的运行原则，历时时间较长，故对分干管也不进行验算，仅对主干管进行水锤压力验算。

水锤压力水头增加值：

$$\Delta H = \frac{C \Delta v}{g} \quad (2-24)$$

水锤波的传播速度按下式计算：

$$C = \frac{1435}{\sqrt{1 + \dfrac{2100(D-e)}{E_s e}}} \quad (2-25)$$

对主干管水锤进行验算，可知计入水锤压力水头后的管道工作压力水头小于管道允许压力水头的 1.5 倍，故不采取水锤防护措施。

2.3.3 首部设计

滴灌系统首部包括水泵、启动箱、过滤器、施肥箱、进排气阀、闸阀、压力表、水表等设备，主要起到过滤、计量和保护的作用。

根据水源和水质的不同，滴灌系统首部的结构有一定的不同，主要体现在过滤系统和水泵选型上。本项目水源、水质相同，滴灌系统首部的结构基本相同，选择设备时，其容量必须满足系统的过水能力，使水流经过各设备时的水头损失比较小。

（1）沉淀池

项目区灌溉引用盖孜河河水，资料显示，渠道泥沙平均粒径为0.08mm，洪水期泥沙含量较大，要满足滴灌工程正常运行需做泥沙处理。

目前大田滴灌所用灌水器的流道孔径一般为0.5～1mm，要求所选过滤器能将大于1/10流道直径的杂质拦截，即0.05～0.1mm，所以将0.05mm定为沉淀池所需去除泥沙的设计标准粒径，这样就可以达到规范要求。

本工程设沉淀池清除水中存在的泥沙等固体杂质，属于初级过滤设施。

设计的沉淀池主要由进水区、沉淀区、出水区三部分组成，本次设计针对沉淀区进行详细计算。

① 设计参数选用。

表面负荷率（v_0）：表面负荷率是指沉淀池单位表面积的产水量。根据滴灌工程设计惯例，沉淀池的表面负荷率不宜大于3.0mm/s（即10.8m/h）。具体数值应根据渠水水质情况和不同的滴灌系统对水质的要求进行选用，建议采用v_0＝0.72～7.2m/h。本设计取v_0＝0.3mm/s（即1.08m/h）。

水平流速（v）：在沉淀池中，增大水平流速，一方面提高了雷诺数（Re），不利于泥沙颗粒下沉，但另一方面提高了弗劳德数（Fr），增加了水流的稳定性，有利于提高沉淀效果。根据经验，沉淀池的水平流速v＝36～90m/h。本设计取v＝48m/h。

停留时间（$T_{停留}$）：沉淀池的停留时间应考虑原水水质和灌水器对水质的要求。根据沉淀池运行经验，采用$T_{停留}$＝1～3h。本设计取$T_{停留}$＝1.25h。

池的长宽比：一般认为，沉淀池沉淀区的长度和宽度之比不得小于4。若计算得出沉淀池的宽度较大，应进行分格，每格宽度宜为3～8m，最大不超过15m。

沉淀池的长深比：沉淀池沉淀区长度与深度之比不要小于10。

沉淀池设计流量：水泵额定流量400m³/h。其余地块均只列出结果。

② 沉淀池设计计算。

沉淀池表面积$A_{沉淀池}$：沉淀池表面积可按公式(2-26)（《滴灌工程设计图集》P37，下同）计算：

$$A_{沉淀池}=\frac{Q}{v_0} \tag{2-26}$$

式中　$A_{沉淀池}$——沉淀池表面积，m^2；

　　　　Q——设计流量，m^3/h；

　　　　v_0——表面负荷率，m/h，取1.08m/h。

设计流量采用水泵额定流量 $Q=400\text{m}^3/\text{h}$，故：

$$A_{沉淀池}=400\div1.08=370.4\ (\text{m}^2)$$

沉淀池长度 $L_{沉淀池}$：沉淀池长度可按公式（2-27）计算：

$$L_{沉淀池}=vT_{停留} \tag{2-27}$$

式中　$L_{沉淀池}$——沉淀池长度，m；

　　　$T_{停留}$——停留时间，h，取 1.25h；

　　　v——水平流速，m/h，取 48m/h。

计算可得：$L_{沉淀池}=vT_{停留}=48\times1.25=60\ (\text{m})$。

沉淀池宽度 $B_{沉淀池}$：沉淀池宽度可按公式（2-28）计算：

$$B_{沉淀池}=\frac{A_{沉淀池}}{L_{沉淀池}} \tag{2-28}$$

式中　$B_{沉淀池}$——沉淀池宽度，m。

计算可得：$B_{沉淀池}=A_{沉淀池}/L_{沉淀池}=370.4\div60=6.2\ (\text{m})$。

本次设计沉淀池宽度取 6m。

沉淀池有效水深 H_1：有效水深 H_1 是指沉淀池水面至存泥层上表面的高度，其值可按公式（2-29）计算：

$$H_1=\frac{QT_{停留}}{A_{沉淀池}} \tag{2-29}$$

式中　H_1——沉淀池有效水深，m。

计算可得：$H_1=QT_{停留}/A_{沉淀池}=400\times1.25\div370.4=1.35\ (\text{m})$。

存泥区深度：存泥区深度计算式如下：

$$H_2=QC_0T/(\gamma A) \tag{2-30}$$

式中　C_0——水流所含泥沙的浓度，取 8kg/m³；

　　　T——设计灌水周期，$T=4.5\times20=90\ (\text{h})$。

计算可得：存泥区深度 $H_2=0.4\text{m}$。

沉淀池边坡：本设计取沉淀池边坡 1∶1.5。

③ 沉淀池水力条件复核。

水流紊动性复核：沉淀池水流紊动性用雷诺数 Re 判别：

$$Re=\frac{\rho vR_{水}}{\gamma} \tag{2-31}$$

式中　ρ——流体密度，取 0.011；

　　　v——水平流速，m/h；

　　　$R_{水}$——水力半径，m；

　　　γ——水的运动黏性系数，m²/s，水温 20℃时取 $1.01\times10^{-6}\text{m}^2/\text{s}$。

沉淀池中水流 Re 一般为 4000～15000，属紊流状态。

水流紊动性复核：

水流截面 $\omega = (B_{沉淀池} + mH_1)H_1 = (6 + 1.5 \times 1.35) \times 1.35 = 10.83(\text{m}^2)$

水流湿周 $\chi = B_{沉淀池} + 2mH_1 = 6 + 2 \times 1.5 \times 1.35 = 10.05(\text{m})$

水力半径 $R_水 = \omega/\chi = 10.83 \div 10.05 = 1.08(\text{m})$

水力条件复核如下：

雷诺数：$Re = \rho v R_水/\gamma = 0.011 \times 48 \times 1.08 \div (1.01 \times 10^{-6}) = 564594 > 5000$，为紊流状态。

水流稳定性复核：水流稳定性以弗劳德数 Fr 判别，该值反映推动水流的惯性力与重力两者之间的对比关系

$$Fr = \frac{v^2}{R_水 \, g} \tag{2-32}$$

式中　Fr——弗劳德数；

g——重力加速度，9.81m/s^2。

弗劳德数 Fr 增大，表明惯性力作用相对增加，重力作用相对减小，对水流相对密度差、温度差、异重流及风浪等影响的抵抗能力增强，使沉淀池中的流态保持稳定，沉淀池 Fr 宜大于 10^{-5}。

水力条件复核如下：

弗劳德数：$Fr = v^2/(R_水 \, g) = 48^2/(1.08 \times 9.81) = 217.47 > 10^{-5}$，满足水稳性要求。

经计算，分析沉淀池长度为 60m，底宽为 6m 和 8m，参考已建沉淀池的多年运行泥沙沉淀较少的情况，综合考虑本项目设计的沉淀池长度确定为 60m。由于地下水对普通水泥有强结晶类腐蚀性，故本次沉淀池水泥采用抗硫水泥。

（2）泵房设计

过滤系统管理房位于系统首部，其尺寸应该满足过滤器、控制阀、电机、配电设备等安装尺寸要求，以满足操作、安装、检修要求为目的，并兼顾管理人员临时休息时使用。泵房采用砖混结构，建筑类别属三类公共建筑，建筑耐火等级为二级，设计抗震烈度为 8 度，泵房面积 50.16m^2，详见泵房设计图。

（3）管沟开挖与回填

根据地质资料，确定管沟开挖边坡。管沟横断面采用梯形，开挖后的管沟沟底必须平整，回填土采用原土，靠近管壁 20cm 范围内土层不允许含有尖角砾石和膨胀土，回填土要求土质均匀。

① 管沟底部宽度 B。

管径 $D \leqslant 0.2$m 的管材，$B = 0.6$m。

管径 $D > 0.2$m 的管材，$B = 0.8$m。

② 管沟开挖深度 H。

管沟开挖深度根据本区土壤冻层深度、地面荷载和机耕要求确定，并参照《滴灌工程设计图集》中式(5-9)～式(5-11)确定干管、分干管的埋深。

$D_0 \leqslant 200$mm 的管材：

$$B = D_0 + 0.3\text{m} \tag{2-33}$$

$D_0 > 200$mm 的管材：

$$B = D_0 + 0.5\text{m} \tag{2-34}$$

$$H = D_0 + h_{冻} + 0.1 \text{（最小深度不小于 0.66m）} \tag{2-35}$$

式中　B——管槽底部宽度，m；

　　　D_0——管道外径，m；

　　　H——管槽开挖深度，m；

　　　$h_{冻}$——最大冻土深度，m，取 0.66m。

经计算，$D_0 > 200$mm 的管材管底埋深大于 0.96m，参照已实施滴灌工程管道埋深，本工程均取管顶以上 1m。

管沟回填为原土回填。为防止 PVC 管被砸坏，应先人工回填至管顶以上 20cm，然后机械回填。人工回填时应两侧同时回填，严禁单侧回填，回填土中不得含有石块或尖锐物。机械回填回填高度应略高于原地面，避免沉陷之后形成通沟。施工参照相关施工技术规范执行。

(4) 阀门井与排水井

阀门井是滴灌系统必需的附属设施，一般在地下管道的各种阀门安装处均需设置，用来启闭、保护及检修阀门，其尺寸大小以便于人工操作为宜。

排水井主要用于排水、寒冻地区防冻保护、冲洗管道时排出污水，设置在管道低洼处和干管末端。

阀门井采用玻璃钢树脂高强度模块式阀门井（底直径 1530mm，高度 1230mm，上开口 700mm，轴向压力空载≥30kN，侧向压力空载≥15kN，高分子复合井盖承压 10kN）。

排水井采用玻璃钢树脂高强度模块式阀门井（底直径 1270mm，高度 1270mm，上开口 600mm，轴向压力空载≥30kN，侧向压力空载≥15kN，高分子复合井盖承压 10kN）。

(5) 施肥箱的形式、规格的设计

滴灌施肥（药）采用随水施肥（药），可溶性肥（药）通过施肥（药）

设施注入滴灌管道中，随灌溉水一起施给作物。常用的施肥（药）装置中，开敞式施肥箱结构简单、造价低、适用范围广、施肥（药）均匀，因而在滴灌工程中被广泛应用。本项目配套施肥箱数量 5 套，其规格均为 1m×1m×1m，容积 1000L。

（6）过滤器设计

目前常用的过滤器有泵前过滤器和泵后过滤器两种。

① 泵前过滤器。

工作原理：泵前（前池）过滤器放置在水泵前的沉淀池中，由浮翅产生浮力将泵前过滤器浮于水面上，整个过滤网体完全浸于水中，传动机构浮于水面之上，出水口置于网体下方；出水口由钢丝软管连接到水泵上。水泵启动后，会将无压自流过滤进入网体内的过滤后的水抽到下级系统中，沉淀池内的原水会经无压自流过滤再进入网体内部，如此不断进行，形成持续过滤、持续供水的过滤形式。在持续清杂机构的工作保障下，杂质会被不断从滤网上分离下来，而不会黏附滤网，确保供水的持续进行。

性能：a. 过滤方式。过滤是在原水无需任何增压情况下，自流通过滤网完成的。整个过程不存在水量、水头损失等问题，也就是不需要额外能耗产生。b. 清污方式。清污使用滤网内外同步两级持续清污的方式，对不同类别的杂质进行了分种类、分级别清污，使清污更全面、更彻底。c. 集污排放方式。通过采用开放式集中排放处理的方式定期将过滤储污池自动清污排放，完成排污处理。d. 节约能耗。使用泵前（前池）过滤器进行原位过滤，可将大量杂质拦截在水源地或蓄水池中，泵后过滤器只需过滤、清理黏附在滤网上以细沙为主的少量杂质，负荷大幅减轻。e. 抗堵功效。新型清污装置与持续过滤极大地提高了对原水的杂质容忍性，即使水中杂质含量超过目前水平（不同地区，水质条件不同），如洪水期到来，污水杂质达到正常情况下的数十倍、数百倍甚至更高，本过滤器也能正常进行过滤工作。

泵前过滤器参数见表 2-6。

表 2-6　泵前过滤器参数

型号	流量/(m³/h)	精度/目	出水口径/mm	功率/kW	质量/kg	配套动力/kW	常规外形尺寸/mm
8GBZ-400	400	80~120	DN150	1.5	150	22~37	2500×2500×1920

过滤设备由泵前过滤器（含浮筒，见表 2-7）、电控箱、附属连接用材料（逆止阀、钢制法兰、异径接头等）和太阳能电站（用于无电力状态下）四部分组成（前两部分为必选装置，后两部分为可选装置）。

表 2-7　泵前过滤器配置及参数

名称	部件	材料	参数	图片
机体	筒体	PE＋玻纤＋不锈钢网布	具体尺寸请参考不同型号图纸	以实物为准
	机架	不锈钢管		
	浮翅	PE 发泡		
	传动	电机、钢管、PVC	380V×1.5kW	
控制系统	电控箱	不锈钢＋表面处理	300mm×200mm×150mm	
	控制电路		380V	

②泵后过滤器。泵后过滤器主要有砂石加网式过滤器、自动反冲洗网式过滤器等，目前常用的是自动反冲洗网式过滤器。

自动反冲洗网式过滤器特点：流量大、自动排污、效率高；节能；设计合理、体积小、水头损失小；结构简单，易操作；网面过流均匀，有效面积大；抗压能力强，水流通畅自然，适应当前农田节水灌溉要求。其采用直径为 0.8m、1m、1.2m 的筒体，上下用封头密封，下进水，侧出水，上封头，采用法兰连接，便于维修、维护，兼排污。筒体内装有上板、下板，组成 3 个室，即一级过滤室、二级过滤室、排污室。中间有空芯的驱动连杆、轴、吸头连杆并连通。上杆采用尼龙材料做外套水润滑，转动灵活，阻力小。一级过滤为 10 目网，二级采用 80～120 目及孔径为 0.13～0.21mm 高强度不锈钢网，拉铆钉固定，网面平展，强度高。

工作参数：工作流量 200m³/h、300m³/h、350m³/h；最大压力 0.6MPa；工作压力 0.15～0.25MPa；排污压力 0.35～0.4MPa；网面精度 0.13～0.21mm；二级过滤方式，其中，一级过滤网面精度 1.2mm，二级过滤网面精度 0.13～0.21mm。

性能：有污物时，过滤器会自动排污；效率高，水泵、过滤器工作效率提高；体积小，过滤器实际占地面积 2～3m²；节能，节电，节省人力，节省基建投入；易维护、易安装，筒体内部组件可拆卸，进出口法兰直接连接；易操作，正常工作时，自动排污调试采用按钮操作；网面精度，0.13～0.21mm（用户可选）高强度不锈钢网，网面面积，2.7m²。

通过对以上泵前过滤器和泵后过滤器的性能比选可知，泵前过滤器的优点是首部运行时无水头损失，同时适用于各种水质；缺点是占地面积大，过滤器需设置在吸水池中。泵后过滤器的优点是占地少、易维护、易安装；缺点是系统运行时过滤器有水头损失。泵前过滤器和泵后过滤器在同等流量的情况下设备造价一致。

项目区已建的首部均采用泵前过滤器加泵后过滤器的模式，运行情况良好，毛管堵塞现象较少，因此本工程过滤器采用泵前过滤器加泵后过滤器的模式，项目区配置泵前过滤器和泵后过滤器各 5 台。

（7）镇墩

在管道三通处、管道转弯、末端排水处均设置镇墩。止推墩采用 C20 混凝土，管道与混凝土接触处采用 3mm 橡胶板等弹性材料包裹。

（8）管道穿越道路、渠道

① 穿路。干管、分干管穿越一般田间生产道及机耕道直接开挖穿越，施工完成后按原状进行恢复。

干管、分干管穿越柏油路和混凝土路采用拉管进行穿越。拉管采用 PE 管，拉管压力等级为 0.63MPa，采用水平定向钻机穿越施工，上下游设置工作坑安放钻机，坑底高程与管底高程一致，工作坑边坡为 1∶1，工作坑断面采用 2.5m×2.5m，坑底在保证无水后钻导向孔，导向孔应平直，不能拐弯，将准备好的套管和滴灌输水管道拖曳回导向孔中。拉管管顶与防渗渠渠底距离应不小于 80cm。施工完成后，工作坑应按原状回填压实，回填方压实系数不小于 0.93。

② 穿渠。干管、分干管穿越一般土渠时，对现状渠道直接开挖穿越，管顶与渠底距离应不小于 1m，管道连接完成后按原渠道标准进行恢复。

2.3.4　沉淀池引水渠道设计

项目区水源为库山河河水。项目区水源流经库山河—库木克沙闸口—库山大渠—长尔沙闸口—库山干渠—英阿瓦提闸口—阿拉甫乡渠—斗渠—农渠—田间。进项目区的各级干渠和支渠均已防渗，斗渠部分防渗，引水条件良好，引水流量均能满足项目需求。

本工程需新建 4 座沉淀池和 4 座泵房，经复核所占地均不涉及基本农田。

引水渠道设计：引水渠长度每个系统为 20～75m，根据多年实践经验，引水渠横断面为梯形，底宽 0.5m、渠深 0.6m、水深 0.4m，渠道设计流量按滴灌系统设计流量最大取为 559.36m³/h，即 Q 取 0.15m³/s，考虑到渠道分时段停水，本项目按 0.2m³/s 进行设计。渠道结构为现浇混凝土防渗，引水渠总长度为 120m。

（1）渠道纵断面设计

根据渠道的设计流量，综合考虑渠道沿线的地层岩性、地下水埋深、建筑材料分布、现状渠系建筑物和渠道稳定性等因素，尽量使渠道设计达到工程量最小。根据实地放线资料，在设计中主要以各分水闸高程为起点，考虑各分水口引水高程等条件来控制调整各渠段的纵坡。在渠道纵断面设计中，力求达到以下各点要求：

① 保证渠道输水安全、边坡稳定，满足过水流量要求。

② 渠道各渠段之间及建筑物上下游水面曲线平顺衔接，水力条件良好，水流稳定。

③ 力求工程量较小，施工管理方便。

（2）渠道横断面设计

考虑项目区系统首部较多，且首部进水渠较短，本项目为便于工程施工和管理，均采用统一形式进行建设。

① 衬砌形式。本项目设计渠道采用梯形断面，渠道全断面采用8cm厚C30混凝土现浇，底宽0.5m，渠深0.7m，边坡1:1.5。

② 渠道边坡系数的确定。根据本工程地质报告，并参考已建工程，确定采用梯形断面的混凝土板衬砌方案，边坡系数 m 取1.5，渠道外边坡的边坡系数 m 取1.5。

③ 抗冻胀材料的选择。根据地质条件，工程区属于冻胀性土，必须考虑冻害影响因素。参考本区渠道设计经验，采用厚0.3m砂砾石料作为抗冻换填料。

④ 糙率。根据《渠道防渗衬砌工程技术标准》（GB/T 50600—2020）规定，混凝土衬砌渠道现浇板糙率 n 取0.016。

⑤ 渠道横断面的水力计算。根据《渠道防渗衬砌工程技术标准》（GB/T 50600—2020）5.3.4 的规定，防渗渠道的断面尺寸应按下列公式计算：

$$Q = \omega \frac{1}{n} R^{2/3} i^{1/2} \tag{2-36}$$

式中　Q——渠道设计流量，m^3/s；

　　　ω——过水断面面积，m^2；

　　　n——渠道糙率；

　　　i——渠道比降；

　　　R——渠底圆弧半径，m。

⑥ 不淤流速。根据规范规定，不淤流速采用黄河水利科学研究所的不淤流速计算公式进行验算：

$$v_{不淤} = C_0 \sqrt{R} \tag{2-37}$$

式中　$v_{不淤}$——渠道不淤流速，m/s；

　　　R——水力半径，m；

　　　C_0——根据渠道泥沙性质确定的系数，本项目 C_0 取0.4。

⑦ 不冲流速。根据《渠道防渗衬砌工程技术标准》（GB/T 50600—2020）表5.3.4-1规定，现浇混凝土砌筑渠道的允许不冲流速为3m/s。

⑧ 岸顶宽的选择。根据《渠道防渗衬砌工程技术标准》(GB/T 50600—2020) 中表 5.7.14 规定，本项目工程左、右堤顶宽度均取 1m。

2.3.5　建筑物设计

本项目设计的主要建筑物为沉淀池连接渠在斗渠上的分水闸以及因沉淀池引水渠穿路而修建的桥涵，根据现场调查，本次共需新建节制/分水闸 4 座，水闸平面布置依据连接区的分水方向与分水角度布置，为方便管理，在每个分水口均设置节制闸。节制闸与分水闸均采用整体开敞式结构。闸前后采用深隔墙与闸前、后渠道连接，各闸闸室均采用 C30 钢筋混凝土结构，其他结构为 C30。

(1) 水闸闸孔净宽计算

节制闸设计流量 0.40m³/s，初拟 1 孔，单孔净宽 1.0m。节制闸闸底板与上游渠底齐平。分水闸设计流量 0.2m³/s，1 孔，单孔净宽 0.6m，闸前设计水深 0.39m，设计流速 1.19m/s，闸后设计水深 0.39m，上游河道一半水深处的宽度 0.9m，边坡系数 $m=1.5$。

① 闸孔宽计算。根据《水闸设计规范》(SL 265—2016) 5.0.3 的规定，平底闸的闸孔总净宽计算采用附录 A 中公式计算：

$$B_0 = \frac{Q}{\sigma \varepsilon m \sqrt{2g} H_0^{\frac{3}{2}}} \tag{2-38}$$

单孔闸：

$$\varepsilon = 1 - 0.171\left(1 - \frac{b_0}{b_s}\right)\sqrt[4]{\frac{b_0}{b_s}} \tag{2-39}$$

式中　B_0——闸孔总净宽，m；

　　　Q——过闸流量，m³/s；

　　　H_0——计入行进流速水头的堰上水深，m，行进流速按 1.19m/s 计；

　　　g——重力加速度，m/s²，可取 9.81m/s²；

　　　m——堰流流量系数，可取 0.385；

　　　ε——堰流侧收缩系数；

　　　b_0——闸孔净宽，m；

　　　b_s——上游河道一半水深处的宽度，m；

　　　σ——堰流淹没系数。

② 侧收缩系数的计算。

$$\varepsilon = 1 - 0.171\left(1 - \frac{b_0}{b_s}\right) = 0.93$$

闸孔宽：

$$B=\frac{Q}{\varepsilon\sigma m\sqrt{2g}H_0^{\frac{3}{2}}}=0.93(\mathrm{m})$$

设计闸孔单孔净宽取 1.0m，1 孔。

③ 消能防冲计算。根据《水闸设计规范》（SL 265—2016）5.0.8 的规定，平底闸的消能防冲采用附录 B 中公式计算：

$$d=\sigma_0 h_c''-h_s-\Delta Z \tag{2-40}$$

$$h_c''=\frac{h_c}{2}\left(\sqrt{1+\frac{8aq^2}{gh_c^3}}-1\right)\left(\frac{b_1}{b_2}\right)^{0.25} \tag{2-41}$$

$$h_c^3-T_0 h_c^2+\frac{aq^2}{2g\varphi^2}=0 \tag{2-42}$$

$$\Delta Z=\frac{aq^2}{2g\varphi^2 h_s^2}-\frac{aq^2}{2gh_c''^2} \tag{2-43}$$

式中　d——消力池深度，m；

　　　σ_0——水跃淹没系数，可采用 1.05～1.10；

　　　h_c''——跃后水深，m；

　　　h_c——收缩水深，m；

　　　a——水流动能校正系数，可采用 1.0～1.05；

　　　q——过闸单宽流量，m²/s；

　　　b_1——消力池首端宽度，m；

　　　b_2——消力池末端宽度，m；

　　　T_0——由消力池底板顶面算起的总势能，m；

　　　ΔZ——出池落差，m；

　　　h_s——出池河床水深，m。

按照迭代法求 h_c 时，令 $a=1$，将式（2-42）移项变为 $T_0=h_c+\frac{q^2}{2g\varphi^2 h_c^2}$，再加以转换，令 $q^2/(2g\varphi^2)=\alpha$，则 $T_0=h_c+\frac{\alpha}{h_c^2}$，即 $h_c=\sqrt{\frac{\alpha}{T_0-h_c}}$。

故

$$h_c=\sqrt{\frac{\alpha}{T_0-\sqrt{\frac{\alpha}{T_0-\sqrt{\frac{\alpha}{T_0}}}}}} \tag{2-44}$$

取 $\varphi=0.95$，则 $\alpha=\frac{q^2}{2g\varphi^2}=\approx0.01$，代入上式：

$$h_c = \sqrt{\dfrac{0.01}{T_0 - \sqrt{\dfrac{0.01}{T_0 - \sqrt{\dfrac{0.01}{T_0}}}}}} = 0.54 \text{（m）}$$

可得第二共轭水深：

$$h_c = \dfrac{h_c}{2}\left(\sqrt{1 + \dfrac{8q^2}{gh_c^3}} - 1\right) = 0.52 \text{（m）}, \quad h_s = 0.07 \text{（m）}, \quad h_c < h_s。$$

因下游水深能满足淹没水跃的要求，故不需要设消力池。

（2）涵桥

本项目为满足交通的需要，首部处配套涵桥 3 座。涵桥设计过水流量为 $0.2\text{m}^3/\text{s}$，涵前水深 0.7m，涵后水深 0.6m，涵长 6m。

水力计算如下：

假定采用内径为 0.8m 的涵管，由前可得：$H = 0.7\text{m}$，$b = 0.75\text{m}$，$L = 2\text{m}$，$h = 0.6\text{m}$，涵高 $D = 0.8\text{m}$。计算涵洞的过流流量。

① 流态的判别。

对于圆管涵，当 $H < 1.2D$ 时为无压流。式中，H 为涵前水深，m；D 为涵高，m。

$$H < 1.2D = 1.2 \times 0.8 = 0.96（\text{m}）$$

故此流态为无压流。

② 短洞与长洞的判别（$L = 6\text{m}$）。

对于圆管涵，当 $L \leqslant 64mH$ 时为短洞。式中，m 为流量系数，取 0.34。

$$64mH = 64 \times 0.34 \times 0.7 = 15.23（\text{m}）$$

因 6m < 15.23m，满足 $L \leqslant 64mH$。

故该涵洞属于短洞。

③ 过流能力计算。

无压流短洞流量计算公式如下：

$$Q = mb\sqrt{2g}\,H_0^{\frac{3}{2}} \tag{2-45}$$

式中　Q——过涵流量，m^3/s；

　　　m——流量系数，本次设计取 0.34；

　　　b——洞宽，m；

　　　g——重力加速度，m/s^2，取 9.81m/s^2；

　　　H_0——包括行进流速水头在内的进口水深，m，由于不便求得行进流速，令 $H_0 = H$，这样计算出来的结果偏于安全。

$$Q = 0.34 \times 0.75 \times \sqrt{2 \times 9.81} \times 0.7^{\frac{3}{2}} = 0.66（\text{m}^3/\text{s}）$$

满足过流要求，本分函桥均采用内径为 0.8m 的钢筋混凝土管。

2.3.6 金属结构设计

本工程的金属结构包括平板钢闸门及相应的门槽埋件和起吊设备等。

① 钢闸门。采用平面钢闸门，单吊点；采用手动螺杆式启闭机。

② 闸门水封。所有闸门水封方向均为上游侧。闸门高度均以闸前设计水深加超高 0.3m 计，闸门底、侧止水均采用平板橡皮止水方式。

③ 闸门的防腐。为延长闸门的使用寿命，减少日常维护工作量，闸门防锈蚀措施先采用喷锌防腐层，厚度为 0.15~0.25mm，然后涂漆封闭覆盖喷锌表面的毛细孔，涂漆两遍。

④ 门槽埋件。水闸闸门门槽均设埋件，与闸室混凝土同时浇筑，并保证闸门安装精度。

闸门可直接订购定型产品。根据水闸设计成果，采用 0.6m×0.7m 门机一体式平面闸门 8 套，配套 1t 螺杆式启闭机 8 台。

2.3.6.1 电气设计

本项目区位于疏勒县阿拉甫乡，项目区面积 3908 亩，种植作物为小麦。田间共修建首部泵站 4 座，每座功率约为 55~75kW。本项目区内建有当地 10kV 输电线路，线缆为 LJ-50，该线路上现有负荷主要为当地居民用电及一些机井供电。

（1）输电线路

根据现状电力线布置以及各个泵站所需供电情况，在 4 座首部泵站旁统一规划建设 10kV/0.4kV 变电装置，以架空电力线与现状 10kV 电力线进行接火。项目区选用电源为泵站临近的 10kV 电力线接火点，供电电压为 10kV。本项目共建设 1.45km 架空输电线路，向 4 座泵站供电，输电线路均沿乡村道路布置，有较好的交通条件和施工优势。经过变压器变压后，由低压电缆连接泵房控制设备，电缆埋深大于 1.2m。

① 高压线路。该地块首部位置处有高压线路，项目实施中需架设 10kV 高压线路，由电力公司设计实施。

依据《10kV 及以下架空配电线路设计规范》（DL/T 5220—2021）5.0.4 的规定，无配电网规划地区导线主干线截面不宜小于 120mm^2，分干线截面不宜小于 70mm^2，分支线截面不宜小于 50mm^2。本项目设计线路均属于分支线，按照规范要求，截面不应小于 50mm^2。

10kV 的导线截面选择如下。

按经济电流密度选择：10kV 线路最大负荷利用小时数取小于 3000h，

经济电流密度 J 取 $1.65\text{A}/\text{mm}^2$，功率因数取 0.9。

当导线截面为 50mm^2 时：

$$p=S\times\sqrt{3}\times UJ\cos\varphi=50\times\sqrt{3}\times10\times10^3\times1.65\times0.9=1286(\text{kW})$$

10kV 线路允许偏移电压为 5%，功率因数 $\cos\varphi=0.9$ 时，负荷距为 1286kW/km。本次配电线路工程均为末级配线，截面 50mm^2 的导线满足设计要求，因此设计选择截面 50mm^2 架空导线。

② 低压线路。低压线路连接每个系统的变压器与泵房内用电设备，每座泵房低压线路长度按 50m 计。

（2）变压器选择

变压器容量应根据《电力工程设计手册》中的计算负荷选择，对平稳负荷供电的单台变压器，负荷率一般取 85% 左右。

$$S_e=S\beta \tag{2-46}$$

式中　S_e——变压器容量，$\text{kV}\cdot\text{A}$；

S——计算负荷容量，$\text{kV}\cdot\text{A}$；

β——负荷率，$\%$通常取 $80\%\sim90\%$，本项目取 80%。

（3）照明

首部照明分为工作照明和应急照明两部分。

① 工作照明。泵房室内照明选用金属卤化物节能灯，具有显色性好，节能效果明显，寿命长等特点。

② 应急照明。0.4kV 配电室及控制室均安装相应的带蓄电池灯具作为应急照明灯，并配备手提式应急灯。

（4）过电压保护及接地

对于 10kV 进线电缆外侧，架空进线终端杆上装设一组氧化锌避雷器。取水首部泵房建筑物屋顶采用避雷带及避雷针保护。10kV 母线上各设一组氧化锌避雷器，以保证在各种运行方式下，雷电侵入波均不危及厂用变压器及主要电气设备。配电室内在 0.4kV 低压侧母线上装设一组氧化锌避雷器。泵房及配电室建筑屋顶设避雷网带保护。

取水首部泵房均设有接地系统，接地系统采用人工接地装置（接地扁钢加接地极）和自然接地装置相结合的方式。所有电气设备外壳及构架均采用接地扁钢与接地网相连，接地网尽量利用自然接地体达到降低接地电阻的目的，自然接地体有泵站泵房及其他建筑物的钢筋等。人工接地装置与自然接地装置应可靠连接。防雷保护接地、工作接地及电子系统接地共用 1 套接地装置，其接地电阻按不大于 4Ω 设计。若接地电阻达不到要求时，采用增加接地面积或加降阻剂等方式有效降低接地电阻，直至满足要求。

（5）机电设备布置

项目区位于疏勒县阿拉甫乡，建设范围 3908 亩，根据项目区分布将本工程划分为 5 个滴灌系统，共建设灌溉加压泵站 4 座，每座加压泵站根据各系统设计流量、设计扬程选取配套水泵、过滤器，水泵功率为 45～75kW，过滤器采用 400 型泵前过滤器。

杆上变压器布置在泵房附近，站内水泵控制柜呈一字形布置在水泵室内。变压器和低压配电柜之间采用电缆连接。

根据水泵电机功率分别选用一拖一变频调速供水设备（配备保护设备）。根据我国供电规范要求，为确保滴灌用电正常及用电可靠，对滴灌用电启动箱应配置的保护和技术要求如下：启动箱应具有降压启动功能、短路保护功能、缺相保护功能、热脱扣保护功能；应配有相应的电能指标仪表，如电压表、电流表、功率表及功率因数表；应配有自动电容跟踪补偿，保证运行过程功率因数在 0.9 以上。

2.3.6.2 工程内容及工程量

本项目实施田间高效节水面积 3908 亩，分为 5 个系统，土方开挖 4.11 万立方米，土方回填 4.11 万立方米；埋设各种规格 PVC-M 管 36.68km，PE 管 30.41km；滴灌带 434.22 万米。干管、分干管为 PVC-M 管，压力等级均为 0.63MPa，管径 DN90～DN315；出地管为 PVC-M 管，压力等级为 0.63MPa，管径 DN90；地面支管为薄壁 PE 管，压力等级为 0.25MPa，管径 DN90。新建沉淀池 4 座，新建砖混结构系统首部泵房 4 座，配套（泵前）400 型卧式低压尾水头过滤器 5 台、离心泵 5 台，配套变频柜 5 套、变压器 5 台，10kV 输电线路 1.45km。

2.4　组织实施与运行管护

2.4.1　工程建设期管理

项目工程能否安全运行，充分发挥工程效益的关键是管理，本项目按照谁投资、谁受益、谁所有的原则，由疏勒县农业农村局负责筹集建设资金，筹备建立项目管理机构，具体负责工程的管理工作，并建立相应的管理制度。根据工程建设运行管理机制的要求，项目工程建设办公室成立示范项目建管所（由疏勒县农业农村局组建）。为了工程的管理和今后的推广，应建立健全项目技术档案制度，包括建设单位、工程竣工日期、设计报告图纸、预决算、监理和质检资料、管理和监测资料等，应具有手续齐全的"工程竣工验收证书"等材料，可交付使用。

项目的法人单位：疏勒县农业农村局。

疏勒县农业农村局主要负责项目的领导、协调、资金筹措、项目的招投标、资金使用、工程进度控制、施工质量监督及竣工验收等具体事宜。为方便运行管理，要减少管理级次，实现统一管理，因此本工程建设管理工作直接由疏勒县农业农村局负责，下设项目工作及实施小组帮助项目法人解决权属调整和社会治安问题。明确权利和职责，实现一体化管理，真正做到项目实施的统一管理，实现专业化、企业化、商品化和社会化的管理模式。

2.4.1.1 工程建设期管理范围、任务及办法

（1）建设期管理范围

工程建设期管理范围包括主体工程区和生产生活区。工程区耕地边界以内均为管理范围。

生产生活区主要指施工期建设单位、施工单位等临时生产生活区域。工程临建区包括建设设备材料堆放场等外围线 20m 以内范围，以及临时生活管理区外围线 20m 以内范围。

（2）建设期管理任务

本工程建设期的管理任务：组织实施工程设计、监理、施工的招投标工作，有控制资金流程，确保工程施工期的质量、进度和安全，检查隐蔽工程、单元工程、分项工程、分部工程、工程竣工的验收等日常工作，全面负责工程初期运行安全，对工程进行全面监控、检查、维护。

（3）建设期管理办法

在工程建设中，应实行项目法人制、工程招投标制、项目监理制及终身负责制。选择有水利水电工程总承包三级（含三级）以上资质的企业施工，其应具有同类工作经验、良好的工作业绩和企业信誉。在施工中要严把质量关，随时抽查工程质量，对于不合格的工程，坚决不能验收，确保工程质量达到要求，使工程顺利完成。

（4）建设期管理费

工程管理设计内容中所涉及的投资，纳入工程投资概算中，在"建设管理费"一项中支付，但应本着精打细算、艰苦创业的原则，合理使用、节约开支。

2.4.1.2 项目资金管理

项目资金由实施单位申报，由项目建设领导小组统筹安排。各项资金分级分项制定资金支付、转移制度、资金使用监督管理办法等各项财务管理制度；实行财务分级管理，项目施工单位要根据投资计划和工程进度，按已完

成工程量填写报账申请书，经项目经理和工程监理人员签字后，并经过有关部门的质量检查，连同所有财务原始凭证，报项目办公室审核后报账，做到不挪用、不截流。加强资金使用管理监督工作，由相关部门监督。

2.4.1.3 工程建设期工程招标管理

工程建设过程应严格遵守水利部发布的《水利工程质量管理规定》及相关的法律、法规，贯彻落实有关方针、政策，熟悉工程设计、施工、试运行情况。本项目建设具体负责部门为疏勒县农业农村局。项目土建、设备安装施工实行招投标制，施工必须由相应资质的企业来完成。项目建设过程实行建设监理制。根据目前的建设管理体制，疏勒县农业农村局为项目法人，具体负责工程的招投标、工程建设、竣工验收管理工作，应严格依照有关规定和章程，对工程项目的建设进行管理。在工程建设中，应实行项目法人责任制、招投标制、监理制、合同管理制、项目公示制和竣工验收制，选用有资质的施工单位。

（1）项目法人责任制

项目法人的主要职责：制定建设项目实施细则；组织和协调有关部门对建设项目进行审查、施工、管理工作；对项目执行情况及资金使用情况进行检查、监督；督促有关部门拨付建设资金，对竣工项目组织验收和评价。

（2）工程招投标制

工程建设采用招标投标制，依据 2017 年 12 月 28 日起实施的《中华人民共和国招标投标法》，项目建设单位（业主）通过公开招标或邀请招标的方式择优选择承包方，招标文件由业主或业主委托具有相应资质的代理机构进行编制，承包方通过竞争中标后依法签订承包合同。中标人应当按照合同约定履行义务，完成中标项目。中标人不得向他人转让中标项目，也不得将中标项目肢解后分别向他人转让。中标人按照合同约定或者经招标人同意，可以将中标项目的部分非主体、非关键性工作分包给他人完成。接受分包的人应当具备相应的资格条件，并不得再次分包。

（3）建设监理制

根据工程等级，聘请具有相应资质的监理机构，依据合同对建设项目的进度、投资、工程质量进行严格的监督和检查。确保各方履行工程建设合同，严把质量关，避免出现质量问题，确保工程顺利按时竣工。

（4）合同管理制

依据自 2020 年 5 月 28 日实施的《中华人民共和国民法典》相关规定，项目法人负责制定、修订合同管理制度及办法，并负责组织实施合同管理工作；依法进行合同的签订、变更及解除，特别是对工程项目合同的处理；对所有签订的合同进行严格审查，对于重大合同应提交至相关部门或专家进行会审；确保合同的统计、归档及保管工作得当；监督并检查合同的签订及履行情况；依据现行法律法规，妥善处理合同纠纷。

（5）项目公示制

项目承担单位应发布公告，将有关工程招投标、进度、资金使用等情况及时公布于众，增强资金使用的透明度，接受群众和社会的监督。

（6）工程质量监督制

施工单位应按照新修订的建筑工程施工质量验收系列规范和标准控制工程质量，按照"验评分离、强化验收、完善手段、过程控制"的指导思想，采取有效的手段，加强施工过程中的质量控制，施工单位项目经理为施工质量的第一责任人。业主要求施工单位按照本工程的总体质量目标参与全部工程质量管理。施工单位应按照总体质量目标，针对充分满足使用功能、设计效果和观感质量，全面提高工程质量整体水平的目的，提出合理化建议，并且配合监理单位，加强施工单位自身质量管理能力，充分强化和调动工程管理人员的质量意识和积极性，实现全员、全过程的质量管理。

2.4.1.4　工程招标

工程招标编制依据包括：①《中华人民共和国招标投标法》；②《工程建设项目可行性研究报告增加招标内容和核准招标事项暂行规定》（2001 年国家计委 9 号令）；③《工程建设项目勘察设计招标投标办法》（国家发改委 2 号令）；④《水利工程建设项目招标投标管理规定》（水利部 14 号令）；⑤《工程建设项目货物招标投标办法》（国家发改委 27 号令）。

一般采用施工和监理招标投标制。招标方式采用公开招标的方式，择优选择具有资质的承包方，不得越级承包。根据工程规模，施工企业应具备的条件：凡具有水利水电工程施工总承包三级（含三级）以上资质、有效的安全生产许可证的施工企业均可参加投标。监理单位应具备的条件：凡具有水利工程监理丙级（含丙级）以上资质、独立法人资格的监理单位均可参加投标。

项目主管部门应成立项目招标领导小组，招标领导小组下设评标委员会，评标委员会下设商务组、技术组。成员由招标人代表、工程质量监督站、工程监理单位和有关技术、经济等方面的专家组成，成员人数为 5 人以上单数，其中技术、经济等方面的专家人数不得少于成员总数的 2/3。

根据《中华人民共和国招标投标法》《水利工程建设项目招标投标管理规定》（水利部 14 号令）、《新疆维吾尔自治区水利工程建设项目招标投标管理规定》（新水厅〔2014〕37 号文）要求及项目性质，本项目建筑及安装工程、监理及主要材料均采用公开招标方式。根据《新疆维吾尔自治区招标公告发布暂行办法》，招标公告还应在指定媒体上发布。

2.4.1.5 管护主体

本项目涉及面积大、范围广，为了确保工程正常运行，对项目区进行土地流转，由新型农业经营主体、农民用水者协会等参与经营管护，形成多样化运行管护体制机制。

2.4.1.6 管理方式

组建农业高效节水工程专业管理公司、农民用水合作组织，由管理公司配备专业人员，带领自己的员工或农民用水合作组织负责农业高效节水工程的运行管理和维修养护，严格按照高效节水灌溉制度进行灌水技术指导工作，主要管理办法如下。

① 制定灌溉制度，实行计划用水。每年根据棉花生育期，结合土壤、气象等条件，编制用水计划，确定灌水时间、次数、灌量，做到适时适量，满足棉花高产优质的需水要求。

② 每一个系统的作业方法必须严格按设计要求做，不得任意变动，根据设计画出工作运行图，张贴在首部醒目处。

③ 加强运行管理，保证灌水均匀度，提高水的有效利用率。

④ 建立档案，进行经济效益分析。及时详细记载机泵开启时间、运行时间、耗电量、提水量、田间灌水时间、面积、灌量及棉花生育情况，进行观测或对比试验，进行效益分析。

⑤ 逐渐推广使用有机水溶肥料，减少农药、化肥的使用量，改良土壤生态，降低甚至杜绝农产品中的农药残留，改良农产品品质，达到增产增收的目的。

⑥ 对灌区内的滴灌系统首部，干、支、斗渠，机井配套自动控制系统，精确地对流量进行测控，并将数据传输至中央控制室进行信息化管理，执行严格的"三条红线"用水指标。

2.4.1.7 工程运行费用

本工程严格落实"谁使用、谁管理、谁运行、谁维护"的管理制度；本工程的运行费用、管理费用、维修费用，均从收益农户地块按面积平均分摊。

（1）用水协会运行管理

1）组织机构。

各村设置农民用水者协会，协会下设用水组，各用水组通过灌溉区域内所有会员参加的用水组会议选举产生若干名代表。根据用水量、灌溉面积的大小，兼顾地理位置，每个用水组由一名用水组首席代表（组长）、2名副组长（其中一名副组长由水管站下派配水员担任）、财务人员及若干名委员组成用水组委员会。委员由代表通过协商和选举产生，委员会领导本用水组的其他代表进行工作。

2）灌溉管理制度。

① 灌溉管理主要依据全年和阶段性供水计划，适时供水、安全输水、合理利用水资源、平衡供水关系、科学调配水量、充分发挥灌溉效益。

② 灌溉管理实行执委会调度管理责任制，实行按计划供水、合理调配的原则。

③ 每年灌溉前用水组汇总统计各类作物种植面积。

④ 每轮期灌溉前由协会根据水管站下达的配水计划，向各用水组下达各组轮期配水计划，各用水组根据农作物种植面积或农户人口数，制定本轮期农户用水计划。

⑤ 实行"先交款后供水，先开票后放水"原则，由供水单位实施。严禁人情水、关系水，严禁隐瞒或转移水方，严禁以权谋私，私减水方。

⑥ 科学调度，合理配水。坚持局部服从全局的原则，杜绝大水漫灌，做好节约用水。认真做好渠道防汛安全工作。灌溉期各用水组必须派人巡堤护水、分段把关、抢险堵口，实行行政区划分负责制。

⑦ 认真做好水费计收工作。水量结算做到协会、用水组、用水户三方相符。严格执行水价，不擅自提高收费标准，水费实行专款专用，不挪用、不截留。

⑧ 遵守灌溉纪律，维护灌溉秩序，服从统一调度。不准偷水抢水，不准破坏建筑物放水，不准私自截留放水，不准在渠道管理范围内种植作物或采砂取土。

⑨ 严格依法管水。对违章用水者应由协会根据情节按协会章程和有关规定进行处理，情节严重的报政府部门处理，触犯刑律的交司法部门处理。

3）工程管理制度。

① 协会辖区内干渠外的渠道及建筑物的管理权和使用权为协会享有。

② 在灌溉期间，用水者代表、执委会成员均应巡堤护水，用水组必须组织劳动力对所辖渠加强检查维护，保证渠道安全通水。

③ 灌溉前，协会应对渠道进行全面检查，对影响通水的渠道及建筑物应及时组织力量维修。

④ 每次放水结束后，用水者代表（管水员）要对用水组辖区内渠道进行检查，发现破坏、垮塌问题，应及时组织用水户修复，发现较大安全问题，应上报协会执委会组织维修。

⑤ 协会工程管理实行分级管理制，支渠及其建筑物由协会统一管理，斗渠以下及小型建筑物由用水组管理。

⑥ 支渠及建筑物维修、配套、更新改造由协会制定方案报用水者代表大会审批，所需资金按用水组受益面积分摊。

⑦ 斗渠以下渠道维修、配套、更新改造由协会制定方案，用水组会员大会通过后实施，所需资金由用水组各用水户按受益面积分摊。

⑧ 新建灌溉工程由执委会负责组织规划设计，用水者代表大会审批，并与乡、村领导协商实施，资金与劳务由新建工程的受益者按灌溉面积分摊。

⑨ 工程日常维修费用的来源，可按历年平均发生的该项费用计入协会的供水成本中预收，年终结算时按实际发生的日常维修费用结清。

⑩ 工程大修、更新改造或新建、配套采用"一事一议"的方式，通过用水者代表大会讨论，研究落实筹集工程所需资金。

⑪ 渠道绿化实行分级管理，由用水者代表大会委员实施并管理。

⑫ 协会会员有完成灌溉工程维修和义务，任何会员不得拒绝。

4）奖惩制度。

① 协会辖区内的灌溉工程遭到人为破坏，均应视其情节轻重由执委会作出限期修复、赔偿损失、罚款、减少供水、停止供水等处理。

② 放水闸、节制闸等水工建筑物遭到人为破坏，肇事者应在 3 日内修复，拒绝修复者处以罚款，由协会收取并组织修复。

③ 偷水或抢水者罚款，并按已灌溉面积收取水费。

④ 凡在渠道上任意扒口、拦水者按偷水行为论处，罚款，并按已灌溉面积收取水费。

⑤ 参与和协助偷水（抢水）事件者一律罚款。

⑥ 对因配水不公而造成严重损害会员利益的代表（管水员）罚款。

⑦ 凡发生争、抢水事件，在用水组范围内的由用水组委员会处理，在用水组之间的由协会处理；发生打骂事件，报乡（镇）政府、村处理；造成经济损失或人员伤亡的事件，交司法部门处理。

⑧ 协会会员不得拖欠水费，拖欠者必须按月缴纳滞纳金，并限期交清。在交清水费前协会对其停止供水。

⑨ 协会通过的兴办或维修灌溉工程的集资分摊费用，每一个受益会员者必须足额缴纳，对拒不缴纳者，协会对其限制供水直至停止供水。

⑩ 协会与其他组织之间的水事纠纷，由上级主管部门协调处理。

⑪ 协会每年年终召开用水户（会员）代表大会，对灌溉、工程管理、水费收缴成绩突出的用水组织和用水户给予表彰和奖励。

⑫ 协会对爱护灌溉工程设施、按规定缴纳水费、集资办水利等成绩突出的会员，随时表彰和奖励。

5）财务管理制度。

① 协会财务管理工作应遵守国家的法律、法规和财务管理制度，切实履行财务职责，如实反映财务状况，接受财务主管部门的检查、监督。

② 协会按良性运行规则，建立盈亏平衡成本核算体制。

③ 协会配备合格的财务人员，并保持其稳定性，在财务人员变动时应事先办好审计和财务交接手续。

④ 协会现金支出凭证，除需要经办人签字外，还必须有财务负责人（执委会成员兼任）或其他授权人的签字。严格控制开支，紧缩管理费支出。

⑤ 水费收入和其他收入，以开出的财务票据留存联作为入账凭证，应及时入账。

⑥ 按照财务主管部门要求，对固定资产清查盘点，固定资产盈亏、毁损的净收入或净损失计入营业外或营业内收入。

⑦ 对政府专项拨款必须按国家或上级供水部门规定的项目预算范围列支，专款专用。

⑧ 必须按照上级主管部门规定的时间和要求提交财务报告。

⑨ 应将年度财务报告及会计凭证、账簿和资料等建立档案并妥善保管。

6）用水者协会水费征收、使用管理办法。

① 正常灌溉水费征收。水费征收单价按物价部门核定批准的水价执行。

② 超计划灌溉水费征收。以用水组为单位，凡是用水量超过计划分配表的，按政府规定的加价标准收超计划灌溉水费（无此项规定的，协会不得擅自执行水价标准）。

③ 税费征收实行灌溉前预交，全年灌溉结束后结算的办法。

④ 各用水组在开灌前规定的时间内，根据计划用水量和水价标准按时、按规定程序向用水户收取预交水费，并上交供水单位。

⑤ 各用水组在全年灌溉结束后根据协会的规定，按实际用水量和水价标准向用水户结清全年灌溉水费，并由协会开具正式收据和发票。

⑥ 对于水费收取率低于规定额的用水组，长期拖欠水费或拒交水费的用水户，按本协会奖惩制度，根据情节轻重，采取停止供水、暂缓供水、征收滞纳金等措施。

⑦ 协会收取的水费按财务管理制度建账并妥善保管，不得挪用。

⑧ 水费上缴。收取的水费除按规定作为协会管理费用外，根据供水单位实际供水量和政府部门和政府核定的供水单位的水价格，按供水合同规定每轮期向供水单位交清水费。

⑨ 经政府核准进入协会供水成本中的协会管理费等，在征收水费时一并收取，由协会保管使用，其开支范围须经用水者代表大会批准通过。

（2）高效节水运行管理公司管理制度

农业高效节水运行管理公司是由社会上懂技术、会管理和具有一定经济实力的人员组建，为私营企业，公司管理实行市场化运作，自负盈亏。疏勒县高度重视农业高效节水公司化管理模式的推广，政府给予了大力支持，例如在办公场地上提供便利，并在各乡镇进行宣传和推广；水利局对公司工作人员进行技术培训，在运行管理过程中给予技术指导，在灌溉过程中有限配水，提高供水保障率。

公司队伍组建：一方面，通过聘用社会上懂管理、会维修的人员，组成首部管理队伍的技术骨干力量，通过巡回检查和技术服务，对出现的问题进行解决；另一方面，从农业高效节水系统受益区群众中聘用一些工作人员，进行实地操作。公司通过加强员工的技能培训和奖惩，着重调动员工积极性，并全力保障人员的待遇。由于聘请当地农民进行管理，利于与受益区群众沟通协调，也增加了当地的就业渠道，并保障了农业高效节水系统的正常运行。

公司职责：公司负责首部设备及地埋管道的运行和维修，受益区群众负责地面 PE 管和滴灌带的运行和维修。在运行时，每个首部配备两名工作人员，负责滴灌前首部设备的调试工作，滴灌运行中首部和地埋管道的运行、维修和养护；对滴灌运行中出现的问题进行及时维修和处理，保障系统正常运行；监督和督促农户做好地面管的维护工作，并适时进行技术指导。系统运行时，严格按照轮灌秩序和滴水时间进行操作，由于公司管理脱离村社会，杜绝了关系水。首部管理人员统一规范浇水秩序，提前通知农户及时检查滴灌带和地面 PE 管情况，按期开阀。在滴灌施肥时，由每个轮灌组的农户商定施肥量，采取集中统一施肥，每亩滴灌农田平均施肥 30kg，由乡政府统一采购，农户监督首部管理人员滴灌施肥并进行签字确认，确保了统一灌溉、统一施肥。

受益区群众职责：受益区群众负责每年更换滴灌带和地面 PE 管的铺设和连接，并在滴水时负责对滴灌带和地面 PE 管进行维修、检查。

经费来源：滴灌运行前，公司向受益群众收费，用于公司的人员工资、维修费、电费及其他支出，实行先缴费先浇水、后缴费后浇水的原则，每年4月，乡政府都会下文通知农户上缴高效节水管理费，组织工作人员上门收取费用，统一收缴、专款专用，灌溉结束后，公司将灌溉面积、水量及应收费用等在所在乡镇、村委会进行公示。

公司效益：农业高效节水运行管理公司的收入来源为每年向受益农户收取 50 元/亩的服务费，此费用包括公司人员工资支出、电费支出、维修服务、公司盈利。

2.4.2　工程管理保护范围和运行管理制度

2.4.2.1　工程管理保护范围

本工程管理等别为Ⅴ等，为了对本工程进行科学管理、正确运用，确保工程完好、安全运行，充分发挥工程效益，更好地促进农业生产和国民经济发展，根据新疆维吾尔自治区水利厅、土地管理局颁发的《新疆维吾尔自治区水利水电工程用地划界标准暂行规定》（新水〔管〕字〔1993〕18号），结合本工程实际情况，拟定本工程管理保护范围为田间配套设施、建筑物及渠道外坡脚两侧5m范围内区域。

根据《中华人民共和国水法》规定，本工程保护范围内，禁止进行爆破、打井、取土等危害工程安全的活动，任何单位、个人不得侵占、损坏道路、堤防、护岸、渠堤、配套建筑物及防汛、水文、测量控制等设施，违者追究其法律责任。

2.4.2.2　工程运行管理制度及办法

项目建成后，根据试运行状况，由相关业务部门进行验收合格后交付使用，办理移交手续。对项目的管理和维护实行分级管理，由项目所在地的乡林业、土管所、水管所等部门负责统筹管理，各村负责其辖区内设施的管理与维护，并将管护措施列入乡、村工作的重要内容进行考核，建立责任制，确保工程管护制度真正落到实处。

工程建成后的管理机构归属疏勒县阿拉甫乡水管所和土管所，按照现有的管理机构调配后对工程实行统一管理。

（1）运行管理制度

① 建立健全管护制度，实行岗位责任制，责任到人。

② 对工程定期检查，建立监测制度，依据相关规定确定监测内容，制定技术监测标准和操作流程。

③ 加强工程养护与维修，消除隐患，加强宣传教育工作，树立群众对农业生产设施的保护意识，按计划用水，不违章操作。

④ 不断提高管理人员的素质，加强岗位练兵与岗位培训，使管理人员业务技能、水平不断提高，以适应新时期、新形势下的农业设施管理工作，能科学管理。

（2）运行管理办法

本工程建设、运行过程中，对工程安全运行产生影响的主要是渠道工程部分。工程建设内容中分斗渠两侧有居民点和耕地，为确保渠道沿线人民的生命财产安全，要做到以下几点。

① 工程运行期间应向村民做好有关渠道安全运行的宣传。

② 应在渠道沿线每 500m 设置警示标示牌，严禁沿线居民到渠道中私自取水、游泳、洗衣等。

③ 设置渠道运行安全员，按时到渠道周边巡视，制止居民妨碍渠道安全运行的行为。

(3) 项目区维修

① 每年 11 月至次年 3 月对项目区渠道进行维修，清除淤积，修复边坡。

② 汛期加强渠道工程的巡视检查，发现问题及时处理。

③ 每年枯水期应对渠系建筑进行检测，检测主要内容为建筑物是否产生沉降变形、混凝土结构是否产生裂缝、闸门及启闭设备是否完好等，对存在的安全隐患应及时处理，并对金属结构进行及时的维修和保养，确保渠道及渠系建筑物的正常运行。

④ 每季度对田间道路及生产道路进行维护，对道路坑洼处及边坡进行修复。

2.5　自动化滴灌设计方案

2.5.1　总体目标

本节以现代信息采集技术、自控技术、通信技术、计算机网络技术、多媒体技术等高新技术为基础，充分利用信息工程、系统工程、软件工程等技术手段，对滴灌工程进行信息化建设，实现滴灌控制的自动化，灌溉信息处理的数字化，信息传输的网络化，辅助决策的科学化，建立一个能够适应加压灌溉工程特点的管理信息综合型业务应用的局域测控、信息管理系统，初步完成配水、输水、灌溉工程水利信息现代化建设，实现配水、输水、灌溉工程信息采集规范化、自动化和数字化，实现工程管理自动化。贯彻安全输水、精确量水、工程实时安全监测、科学及时有效调度指导思想，使该系统高效可靠、先进实用，从而实现灌区灌溉工程管理的现代化。各加压灌溉系统以田间首部所属各地块为独立单元实施灌溉自动化控制，预留上级部门对所属首部的地块灌溉情况进行浏览和访问的功能接口，以便后期项目整合升级为更高平台夯实基础，根据配水资源、种植作物、生长（生育）期等条件进行水资源的优化配置，达到节水、节能、增效的目的。建成后的系统应实现两大功能：一是为灌区灌溉、配水工程的运行管理提供安全、可靠、经济、科学、先进的管理手段；二是为科学、合理的配水、灌溉系统的安全运行提供实时数据支持功能。

2.5.2　设计原则

① 先进性。力求高起点，既满足现实需求，又适应长远发展的需要，确保系统所采用的技术与当前技术发展趋势保持一致，并便于系统的扩展、升级和优化。保证硬件、软件、控制及监测系统应用软件的技术先进性，系统运行时的高度自动化和技术的先进。

② 安全性。能够保证系统运行时的高可靠性，实现系统电源、信号接口的安全保护，关键部位出错时的快速切换。尽量避免硬件设备被雷电破坏。实现计算机网络安全认证，防止非法访问。

③ 扩充性。系统设备的选型和网络的结构可以满足网络扩充的需要和未来应用软件开发的需求。

④ 一致性。硬件和软件的选型可以满足将来系统的管理和维护，提供统一的人机接口界面。

⑤ 完整性。系统结构、硬件设备和软件符合整个系统的要求。

⑥ 可靠性。不因其本身的局部故障影响现场设备的正常运行，为保证系统长期稳定运行，监测数据具有可靠的精度和准确度，同时具有独立于自动监测仪器的人工观测接口。

⑦ 开放性。坚持统一标准，采用行业标准和规范进行统一设计，按开放式系统的要求选择设备，组建系统，以利于调整和扩展，便于信息的共享。系统预制有通信接口，可与其他自动化控制系统根据需要实现信息共享，同时与上级部门连接实现信息汇报。

⑧ 可操作性。系统能在 $-30 \sim 65 ℃$、湿度 95% 以上条件下正常工作，能防雷和抗电磁干扰，系统中各测值宜变换为标准数字量输出。操作简单，安装、埋设方便，易于维护。

2.5.3　设计依据与规范

① 第二次中央新疆工作座谈会精神。

②《灌溉与排水工程设计标准》（GB 50288—2018）。

③《微灌工程技术标准》（GB/T 50485—2020）。

④《滴灌工程设计图集》。

⑤《微灌工程技术》。

⑥《管道输水工程技术》。

⑦《滴灌工程规划设计原理与应用》。

⑧《喷灌微灌设备使用与维修》。

⑨《微灌工程技术指南》。

2.5.4 自动化工程控制范围

本项目自动化工程控制与监测范围如下。

① 首部。各系统水泵启停控制，采集各系统首部压力、流量、能效消耗等。

② 田间。各系统田间阀门的远程启闭，阀后过水状态的反馈信息。

2.5.5 通信方案选择

经过几年的发展，滴灌自动控制技术已经逐步走向成熟，建设单位也更有经验，在选择滴灌自动控制技术的时候也更科学、更慎重。近几年滴灌自动控制技术应用比较广泛的是"基于GSM/GPRS公用网络的控制技术"和"无线自组网通信远程控制技术"，但信号受外界干扰问题无法解决，所以操作使用不是很理想。"有线＋无线"模式保留了有线模式信号稳定、传输速率高、可靠性强的特点，同时兼备了无线模式的扩展性、简洁性，是实现农业信息化和自动化的必要手段之一。

根据农田灌溉系统的地形、布局、规模大小等因素，控制系统应该具有满足不同条件的控制连接模式，使自动控制能够简单、经济、有效地实现。灌溉自动化系统提供了三种通信控制连接模式，见表2-8。

表 2-8 目前三种控制技术对比表

项目	基于2.4GHz无线自组网控制技术和总线控制技术相结合产生的"有线＋无线"控制技术	基于GSM/GPRS公用网络的控制技术	无线自组网通信远程控制技术
传输速率	快(不受干扰)	慢	较快(受干扰)
信号接收率	高	较高	较高
数据传输量	数据传输量大	数据传输量小	数据传输量大
传输距离	＞5km	数据传输距离不受限制	传输距离有限(能满足用户需求)
可扩展性	强(可以连为控制中心,控制多个单系统)	较强(控制单系统)	较强(控制单系统)
通信网络响应速度	快	慢	有延迟
系统自检速度	快	慢	较快
通信成本	无	有	无
适用作物	大田作物,林果和林果套种类作物	大田矮秆作物	大田矮秆作物
每年拆装RTU所需劳务	无	有	有

(1) 有线系统——基于 GSM/GPRS 公用网络的控制技术

田间控制中心到控制终端（阀门控制器）之间的通信通过 GSM/GPRS 实现的控制技术，统称为基于 GSM/GPRS 公用网络的控制技术。基于 GSM/GPRS 公用网络的控制技术的特点是系统覆盖范围大，可靠性高，数据传输距离远；可以进行监测数据的传输；设计和施工简单，但是运营成本高；通信容易受到公用网络的影响（如 2009 年 7 月 3G 商用以后，对基于 GSM/GPRS 公用网络的控制技术影响巨大）。

(2) 无线系统——无线自组网通信远程控制技术

现在灌溉无线自动控制技术普遍采用两种无线频率——433MHz 和 2.4GHz。433MHz 对比 2.4GHz，信号强，传输距离远，穿透、绕射能力强，传输过程衰减较小，因此田间灌溉系统采用 433MHz 频率进行无线传输，控制中心到田间工作站采用 2.4GHz 频率进行无线传输。

优点：

① 由于直接采用成熟的 433MHz 或 2.4GHz 无线通信模块，系统研发设计简单方便，周期短。

② RTU 采用锂电池与太阳能供电，采用微控制器休眠节能技术，不需要用户更换电池。

③ 施工安装简单方便。

缺点：

① 通信实时性较差，由于无线 RTU 采用的节能技术的限制，主控器发出的指令往往会延迟几秒到数十秒。如果采用干电池供电，可能达到数分钟。

② 无线系统不可避免受到干扰。

③ 由于无线系统需架设天线，如果灌溉阀门及 RTU 位置在田间，可能会影响作物生长期的田间作业。本项目田间林带较多，对无线信号的传输会带来较大的影响，田间工作站（中继）的数量势必增加较多，进一步增加了工程造价。

④ 田间 RTU 及相关设备在农闲时要回收，需专门的管理规范，来年安装时必须与初装时的序号位置对应，因此对安装人员（非专业安装人员）要求较高，自动化灌溉系统的使用寿命主要受到这方面因素的制约。

(3) 基于 2.4GHz 无线自组网控制技术和总线控制技术相结合产生的"有线＋无线"控制技术

通信控制器到田间工作站之间的通信采用 2.4GHz 微功率频段控制技术，田间控制中心到控制终端（阀门控制器）之间的通信采用 CAN 总线实现的控制技术，统称基于 2.4GHz 无线自组网控制技术和总线控制技术相结合产生的"有线＋无线"控制技术。

利用基于 2.4GHz 无线自组网控制技术和总线控制技术相结合产生的"有线＋无线"控制技术，以项目区连队为控制中心，通过无线自组网将整个项目区多个小系统串联起来，组成大的以项目区为单位的统一控制中心，实现全项目区灌溉统一化，在减少人力劳动的同时，连队工作人员可以更好地了解全项目区的灌溉情况，加强灌溉管理。同时以首部网络化建设为基础搭建网络平台，使首部动态情况实时传输到团部，并且团部可以根据情况对连队发送指示和指导意见，加强了团与连之间的联系，方便团对连的管理，在解决农田大面积控制、监测、预报的同时，为农业信息化打下了坚实的基础。

"有线＋无线"模式消除了有线施工难度大及无线信号干扰大、速度慢、回收不方便、影响田间作业等缺点，结合无线模式和有线模式的优点，更好地完善了自动化灌溉技术，推陈出新，更好地服务于自动化节水行业。

结合两种自动化控制技术的优点，大田作物、林果或者林果套种均可使用"有线＋无线"模式。

由于项目区条田间防风林高大密集，出地桩布设在地边林带附近，树木树叶吸收与阻挡电磁波，对无线专网信号造成衰减，绕射能力减弱，需考虑加设中继器、路由器、协调器、网关节点等以中转信号，无形中增加了系统一次性投资，不适合无线自组网方式。可在田间阀门处使用，系统泵房在地块中间，地下管网向两侧布设，电缆使用量小，电缆布设在林带附近，田间机耕作业不会对地下电缆造成损害，便于维护。距离泵房较远的地块可通过田间工作站无线连接通信控制器（田间工作站与通信控制器之间可直视即可），降低了铺设线路的成本，避免了一处损坏而全盘停止运行的情况。

2.5.6 田间供电设计

电力供应有电网供电、太阳能供电等方式。

首部泵房市电和三相电均已接入，若采用其他方式供电，则重复投资造成浪费，故本项目首部测控设备采用电网直接供电。

有线控制方式是将线缆从田间工作站敷设至田间每个出地桩处。有线网络由田间工作站提供电能，田间工作站采用太阳能＋锂电池供电。

太阳能板可使用 10 年，锂电池寿命长达 5 年，这种方式属于弱电，不会发生触电事故，对于减少拆装电池工作量、减少对环境的污染，都有很大的意义。

2.5.7　系统类型与控制方式

根据项目区周边地形环境及种植作物情况以及出地桩布置情况分析，每块条田之间有防风林，而且已是成年树体，枝叶茂密，树冠高大，均在10m以上，使用无线自组网设备需要考虑信号如何中继，并且中继设备是否有合适的位置架设，而且树木及树叶能吸收一部分无线信号，造成信号衰减等情况发生，所以田间不宜使用无线自组网。

由于公网模式容易受到基站信号的制约，在无信号地区或信号较弱地区无法稳定运行，故本次设计方案选择"有线＋无线"模式。

2.5.7.1　"有线＋无线"控制方式

有线部分：田间阀门控制器与田间工作站的连接通过有线方式，这部分采取有线方式可避免无线自组网受到环境因素影响造成的信号不稳定、反应速度慢、信号出现偏差等问题，可保证田间信号。

无线部分：田间工作站与通信控制器、各种监测采集器为无线连接，这部分采用无线方式实现了项目后续扩展只增地块不增系统，并且可减少通信控制器与田间工作站之间的线路，在降低成本的同时避免泵房周围施工对系统的影响。根据地情选择田间工作站的位置，只要与通信控制器直视，即可避免无线自组网中林带对信号的影响。

2.5.7.2　"有线＋无线"模式组成

（1）控制中心

控制中心包括计算机、灌溉系统管理软件、中央控制器、天线等。控制中心通过中央控制器对首部田间工作站发送指令并对采集的数据进行回收，实现灌区节水灌溉系统基础数据、大田及种植数据、节水灌溉信息的统计上报，自动化灌溉轮灌计划制定、调整及发送灌溉指令，灌区节水灌溉信息及自动化灌溉系统信息的集中处理，同时可以进行阀门及水泵的远程控制，具备向团、师传送数据的能力和接口。每个首部系统可为一个单系统，将每个单系统整合，中央控制器放在首部控制中心，即可组成一个大型的以连为单位的工作系统，便于管理，可执行师、团下达的最佳水肥灌溉模式，提高全连农作物的平均产量，并降低灌溉的运行管理费用，提高连队职工的收入。首部控制中心可设在泵房首部或连部。

（2）首部运行及能效监控

首部控制中心包括田间工作站、流量压力数据采集器、压力传感器、能效数据采集器、水泵控制器、超声波流量计、液位采集仪等。

田间工作站接收控制中心发出的指令，自动启停水泵，控制田间电控阀的开关，并反馈其开关状态；水泵控制器控制水泵启停，反馈水泵启停信息，通过无线传输信号来实现；能效数据采集器连接泵房配电柜，采集电流、电压、电量等情况，通过无线传输反馈到显示平台，实时监测能耗情况；流量压力数据采集器通过连接压力传感器与超声波流量计来采集过滤器前后的压力、当时的流量情况，通过无线传输将数据反馈到显示平台，便于监测压力、流量情况，其安装在泵房首部。

（3）田间灌溉控制

田间灌溉控制包括通信电源电缆线、阀门控制器（RTU）、电控阀及其状态反馈传感器。

通信电源电缆线布设方式：①深埋式。沿地埋PVC管道一侧布设，平行距离PVC管道50~100cm，埋深在土壤耕作层以下，埋深为80~100cm。阀门控制器（RTU）埋设在出地桩位置，地面深度80cm，永久埋设，适用于新建滴灌工程，电缆线和PVC管道一起埋设。②地面布设。沿PVC管道布设在地面，阀门控制器（RTU）布设在出地桩地面位置，灌水期结束后，对电缆线和阀门控制器（RTU）进行回收，第二年灌溉期在原位置布设，适用于自动化滴灌改建工程。一个阀门控制器（RTU）控制同一支管的2~3个电控阀。电控阀及状态反馈传感器布设在出地桩和地面PE支管连接处。

以独立灌溉系统为单位，设置田间工作站、两芯的电源通信电缆线、电控阀及阀门状态反馈传感器、阀门控制器（RTU）。按照设计轮灌工作制度，阀门控制器（RTU）接收田间工作站发送的灌溉指令，控制电控阀的开启和关闭，并将阀门真实工作状态反馈给田间工作站，再由田间工作站反馈给控制中心，实施自动灌溉。

根据实际状况，针对需要补灌等情况，可以采用单轮灌组人工选择方式进行远程自动灌溉。

2.5.8 功能设计

系统可根据实际需要扩展相关功能：

① 土壤墒情测定及记录。自动定时地采集分布与田间的测墒传感器测量的数据，并进行转换、整理、记录。

② 根据土壤墒情及灌溉理论和经验实现测墒自动控制。

③ 自动定时地对田间各气象参数进行测定并记录。

④ 扩展的数字遥控接口，更方便处理现场问题。

⑤ 可扩展的数据远传端口。

⑥ 可接入局域网或Internet，以进行远距离监控。

2.5.8.1 首部操作管理部分

每个灌溉系统配置灌溉控制计算机系统及首部通信控制器,首部通信控制器主要是发射接收灌溉控制计算机系统和田间工作站之间的信号,同时兼顾远程控制水泵的启停,采集首部压力、流量、能效等信息,进行本地储存及显示。计算机系统可接入 Internet,后期高层管理平台建设后,可将数据上传至高层管理平台,进行数据的高级分析等。

灌溉控制计算机系统是灌溉系统的控制核心,通过人机交互界面,便于用户制定、修改、编辑轮灌计划,让用户更加直观地查看田间灌溉设备运行情况、首部设备运行情况、各种报警信息,及时掌握第一手运行数据。田间灌溉主要根据已制定的轮灌制度,自动通过灌溉控制器对阀控器下达启闭指令对阀门进行远程启闭操作,实施田间自动灌溉。也可以人工干预进行点片灌溉。在必要的情况下,由具有授权的农艺技术人员结合实际情况对轮灌制度进行调整。

灌溉控制计算机系统和首部通信控制器安装在首部泵房,安装时需考虑尽量远离供水设备和变频器,避免被水喷溅造成电路短路,或产生电磁干扰造成数据不准确。由于泵房内已有农用电网供电,可从泵房内直接取电,供电方式为 220VAC。

2.5.8.2 软件系统

灌溉管理软件是整个灌溉自动化系统的核心。系统中所有硬件设备都由此软件控制,自动灌溉功能、数据统计查询功能、安防功能、设备保护和故障报警功能,都通过该软件实现。其中,数据查询的内容主要有阀门出水量、首部供水流量、能效数据、阀门启停状态、水泵启停状态、土壤墒情等。

人机界面开发平台采用自主搭建的平台,系统采用 Windows 操作系统,实现窗口方式下对运行状况进行监视和操作。鼠标和键盘相结合的操作方式为用户在 PC 上进行操作提供了方便快捷的途径。不同操作用户登录具有不同的权限。

操作人员可通过键盘和鼠标对画面中的任何可控装置进行操作控制。画面中的设备处于自动运行状态时,操作图上会反映出运行设备的最新状态及自动灌溉程序进行到了哪一步。

总貌图中显示主要设备的状态,并实时更新。画面中可以激活可操作设备,在弹出的相应界面中进行操作;一次击键即能调出用于监视或控制项目情况的界面;任何设备出现报警,则改变设备显示颜色或闪烁来提示。

细节显示可观察田间系统甚至阀门的所有信息。细节显示画面包含设备的足够详细的信息，以便运行人员能据此进行正确的操作。

软件功能主要包含以下内容。

① 基本时间顺序的自动轮灌。

② 土壤墒情自动检测与人工检测相结合。

③ 根据气象信息和土壤水分要素制定滴灌预警，实现土壤墒情以及气象信息的图表直观表达。

④ 系统本身具有基于互联网的可操作性，历史数据本地存储并可上传数据中心，可实现师、团、连三级分级共享。

⑤ 灌溉系统功能全面，操作简单，易于掌握。

⑥ 实现基于互联网的远程诊断与维护。

2.5.8.3 系统功能

（1）系统功能指标

① 连级控制中心到田间工作站为 2.4GHz 无线传输模式，田间工作站到首部泵房数据采集及到田间土壤墒情采集宜为 433MHz 无线传输模式，无任何通信费。

② 田间工作站到阀门控制器（RTU）为有线模式，采用有线通信模式，无任何通信费。每个出水桩安装一个阀门控制器（RTU），可控制 1～3 个电磁阀。

③ 信息反馈及时准确，阀门的状态通过状态传感器进行实时监控。

④ 系统网络性能可以自诊断，故障查询及时准确，方便维护；安装拆卸方便简捷，便于用水管理者操作和维护管理。

（2）系统功能特点

① 可实现农田信息化及灌溉自动控制，解决了"两高一低"（高频率、高强度、低流量）难题，为作物增产提供科技支撑。

② 电控阀开关状态可实时显示，首部压力可以监控，超压可自动停机（关闭水泵）；具有防偷水和防爆管功能。

③ 可进行轮灌组划分及自动执行，具有墒情测报功能。

④ 具有灌溉时间及灌溉水量自动统计、系统故障自诊断、电压自动报警功能。

⑤ 允许具有权限的用户（需密码登录）对所有阀门进行远程操作。

⑥ 具有实时数据库和历史数据库生成、事故追忆、过程控制、报表、人工补录、系统定义及维护、参数设置、数据分析等功能。由于控制中心采用计算机作为上位管理机，可以进行大量数据的处理、分析和存储工作，系统管理能力很强。

⑦ 以预先制定的程序进行自动灌溉。系统允许操作人员预先设定一段

时间（可以是一次，也可以是整个灌溉期）的灌溉计划，系统按照该灌溉计划自动进行灌溉。允许以轮灌组或电磁阀为单位进行单独控制。

⑧ 手动遥控功能。允许通过首部控制显示屏直接操作电磁阀进行灌溉控制等。

⑨ 手动就地灌溉功能。系统所用的每一个电磁阀都带有手动开关，在电动控制出现问题的时候，可以实现就地控制，以确保灌溉不会因自动化系统故障而无法操作。

2.5.8.4　有线阀门控制器

有线阀门控制器通过总线电缆与首部控制器连接来实现得电与通信，通信接口为 RS-485，支持树形结构、星形结构、放射形结构、交叉形结构、环形结构等多种结构模式。

有线阀门控制器功能及特性如下。

① 有线阀门控制器通信电缆敷设在地下，通信不受环境变化的影响。

② 线路简洁，只需一根电缆就可以将所有总线阀门控制器串联，数据采集、指令传送、电源供给同时完成。

③ 有线阀门控制器可将真实的阀门开关状态返回首部控制站，从而能够得到阀门的实际开启情况，防止盗开阀门。

④ 由于采用先进的工业有线连接，开关阀速度在 0.2s 左右，迅速可靠。

⑤ 有线阀门控制器的安装高度可以非常低或埋在地下，有利于大型农机的作业。工作电压范围为 16～25V。

2.5.8.5　电控阀的主要性能参数

电控阀是安装在灌溉管路中控制给水的脉冲电控阀门（图 2-4），它在接收脉冲电信号后能开启或关闭，实现对管道中流体介质的通断控制。本项

图 2-4　电控阀示意图

目选用 3in（1in＝25.4mm）电控阀和 4in 电控阀，3in 电控阀连接 DE90 支管，4in 电控阀连接 DE110 支管。

由 2～12V 正反向直流脉冲电压信号控制二位三通先导控制阀，借管道水压驱动阀门隔膜动作实现开关阀。

工作原理：要开启阀门时，线圈收到一个直流脉冲信号，使得柱塞堵住进水口，连通控制腔与排水口，控制腔压力释放，阀门开启。要关闭阀门时，线圈收到一个反向直流脉冲信号，柱塞向相反方向移动，堵住排水口，进水口和控制腔连通，这样压力水流流入控制腔，关闭阀门。

主要特点：

① 大流量，低压损，适用于大流量和大压力范围，即从全开到点滴，无最低流量限制。

② 结构简单，零件数量少，维护简便，可精确、平稳地控制柱塞的运动，可避免水锤。

③ 隔膜驱动，阀门过流量极大，且水头损失较小。

④ 阀门安装了控制手柄用于调节流量，还安装了电控阀手动开关。

电控阀具有的自我清洁功能，还能保证阀门在各种外部环境中正常工作。每年灌溉期结束后，需及时拆除电控阀，回收时注意切勿损坏微电机与反馈传感器线缆。统一回收与保管，库房应避免空气潮湿与温度过低，做好出入库与损坏设备登记，并组织统一维修与养护。

2.5.8.6 田间工作站

在一些远距离或大规模系统中，通信控制器无法将信号传递得更远，或无法对数量过多的设备提供稳定可靠的电能，需用到田间工作站。电源选择太阳能（24VDC，1A）＋锂电池（24V，2000mA·h），锂电池充满电可支持 100 个 RTU 静态 200h。电源信号复用输入输出接口各 1 路，负载能力500mA。田间工作站负载能力与总线信号强度结合考虑，一般情况下，一个田间工作站可有效支持 800～1000 亩田间 RTU 的稳定运行。由于无线自组网受到高大林带影响，故选择的安装地点应在林带开始或有空隙处，保持与通信控制器可直视。在架设田间工作站时，尽量离地 3～4m，使其与通信控制器可视。

2.5.8.7 压力流量采集控制器

压力流量采集控制器用于系统压力、流量的采集和分析，数据在计算机上的灌溉管理软件中直接实时显示，工作电压范围 20～24V，选择 2 路 4～20mA 压力输入，1 路 RS-485 通信接口（超声波水表）。

2.5.8.8 水位传感器

水位传感器用于监测水池水位情况。水位传感器的传感器部分与信号处理电路在接线盒内部，由投入液体内的集气筒内的气体与介质接触，通过导气管将压力传递给传感器，避免了传感器与被测介质的直接接触，适用于高温强腐蚀性等场合，有效地解决了高温腐蚀液体以及污水液位测量的难题。水位传感器选用压力测量部件，由集气筒采集到的液位压力信号传送给压力传感器，将压力信号转换为液位信号输出。水位传感器性能参数见表2-9。

表2-9 水位传感器性能参数

测量介质	水
压力类型	表压
整体材质	芯体:316s不锈钢;外壳:304不锈钢;O形密封圈;氟橡胶电缆;ϕ7.2mm聚乙烯导气电缆;
液位量程	0～1···50mH$_2$O(中间任选)
输出信号	0～20mA,0～5VDC,0～10VDC,1～5VDC,RS-485
供电电压	9～36VDC
精度等级	0.1%FS,0.25%FS
过载能力	200%FS
响应频率	≤500Hz
串口数据格式	9600bps,N,8,1

2.5.8.9 压力传感器

压力传感器用于采集过滤器前后压力数据，通过压力流量采集器和433MHz无线传输到田间工作站或通信控制器，然后在PC上显示，广泛应用于建材、轻工、机械等工业生产领域，实现对液体、气体、蒸气压力的测量，见表2-10。

表2-10 压力传感器性能参数

测量介质	气体、液体、油等与316不锈钢兼容的介质
测量形式及范围	表压-0.1～0～0.001～100MPa
精度等级	0.1
过载能力	量程的2～5倍
长期稳定性	小于0.25%FS/年,小于0.5%FS/年
供电电源	12～36VDC(标定电压24VDC)
输出信号	4～20mA(二/三/四线制)
校准	通过调节精密电位器实现对零点、量程的调节

温度	工作温度：−40～80℃；补偿温度：−20～70 ℃
过程连接	M20×1.5 外螺纹(ϕ3mm 内孔)或用户注明
隔离膜片材料	316 不锈钢
传感器接口材料	1Cr18Ni9Ti
外壳材料	不锈钢
防护等级	IP68

2.5.8.10　超声波流量计

超声波流量计用于采集流量数据，其性能参数见表 2-11。

表 2-11　超声波流量计性能参数

测量精度	满足 EN 1434 标准
工作电源	隔离 8～36VDC
显示	2×10 背光汉字液晶显示器，可显示瞬时热量、流量及正负净累积热量等
信号输入	3 路，4～20mA，模拟输入精度 0.1%
信号输出	1 路隔离 RS-485 输出
通信协议	M-Bus 协议
安装方式	导轨式
防护等级	显示仪表 IP65，传感器 IP68

2.5.8.11　通信总线线材

根据总线模式经验，本设计将联手线材厂商，定制够硬、抗拉伸、防潮、防老化、抗酸碱腐蚀的新型外层材料，同时要求在线材内部加入少量防老鼠的药物，做到线材不轻易被铲断或被老鼠咬断。本设计配备测线仪器，通过系统巡检，可发现线路问题的大概位置，然后维修人员到达现场，通过测线仪器精细测量，快速发现线路问题，及时解决。测线仪器测量误差在1m 以内，避免以前总线模式易出现的线路问题。通信总线线材可选性能参数见表 2-12。

表 2-12　可选性能参数

地埋规格	2×0.5mm^2
地表规格	2×0.25mm^2
导体材质	无氧铜
绝缘材质	绝缘聚氯乙烯
导体结构	多股细铜丝

2.6 小结

本章详细介绍了滴灌系统工程的基础知识和设计要点,涵盖了从常用术语解释、工程项目概述到具体的工程设计、组织实施、运行管护以及自动化滴灌设计方案等多个方面。本章详细描述了项目区的基本情况、水文气象条件以及工程布置的总体布局和标准,重点介绍了设计标准、灌溉工作制度、首部设计、沉淀池和引水渠道设计、建筑物设计和金属结构设计等内容,这些内容共同构成了滴灌系统设计的核心。通过水利计算设计确保系统能够满足灌溉需求,提高水资源利用水平。此外,本章还探讨了自动化滴灌设计方案,包括总体目标、设计原则、设计依据与规范、自动化工程控制范围、通信方案选择、田间供电设计、系统类型与控制方式、功能设计等方面,自动化技术的应用将进一步提升滴灌系统的智能化和精准化水平,为实现高效节水灌溉提供有力支持。本章全面、系统地介绍了滴灌系统工程的基础知识和设计要点,为滴灌系统的规划、设计、建设和管理提供了有益的参考。

第3章

滴灌轮灌分组优化模型与算法研究

传统的轮灌组划分计算方式效率较低且难以获得较好方案。本书研究首次采用智能算法来求解轮灌组划分问题,依据《微灌工程技术标准》(GB/T 50485—2020)及轮灌组划分原则,提出了基于流量均衡的数学模型及约束条件。通过分析支管空间分布,确定了滴灌问题的邻域特征,在半径阈值范围内给出了最大限度查找关键路径的邻域搜索策略和不可行解修复算法,并采用传统遗传算法(genetic algorithm,GA)、贪心遗传算法(Greedy-GA)、泰森多边形遗传算法(Voronoi-GA)和网格遗传算法(Grid-GA)分别求解模型,探索适应轮灌分组问题的初始化方法。我们对标准差、组内路程、连通性和运行时间 4 项指标进行对比分析,结果表明:Grid-GA 算法表现优异,采用的邻域策略可有效避免支管分布过于分散,有利于日常管理与维护。取半径阈值 280m 的条件下,算法在 300 代左右达到收敛,最小标准差 10.9m³/h,组内路程 8105.2m,连通性指标 25,与一种冒泡+贪心的近似算法相比,最小标准差小 59.1%。本书研究对提高滴灌工程设计效率和促进轮灌工作制度有效运行有着重要意义。

3.1 轮灌组问题研究思路

滴灌系统利用专门的灌溉设备以间断或连续的水滴或细流将水灌到部分土壤表面和作物根区,这种方式节水、节肥、增产,在干旱和半干旱地区被广泛采用。由于劳动力成本等因素,国外的滴灌技术研究偏向自动化控制以及降低运营成本。例如采用无线传感器网络(wireless sensor networks,WSNs)或物联网(internet of things,IoT)等技术将传感器、气象站和控制中心等互联来实现自动灌溉[1-2]。Roopaei 等[3] 提出将 IoT 和信息物理系统(cyber-physical systems,CPS)相结合来解决灌溉问题。Moreno 等[4]

通过研究灌溉计划与能源消耗的关系，发现采用合适的灌溉方案可以减少能源消耗 3.5%～24.9%。中国新疆从 1996 年开始从以色列引进滴灌技术，为了解决滴灌在大田作物上低成本应用的问题，新疆结合自身特点建立了一整套膜下滴灌技术[5]。截至 2019 年，新疆的滴灌规模已超过 300 万公顷，占全国的 60%左右。国内学者从不同的角度对滴灌问题进行了研究，信息技术角度研究包括灌水器堵塞机理与优化[6-7]、管网布置优化[8]、精准滴灌系统[9]、滴灌智能控制[10] 等；农业角度研究包括精准施肥[11]、水肥一体化[12-13] 等。但国内外学者对轮灌分组问题却鲜有研究，仅有国内学者从使用角度提出了轮灌组划分存在的问题[14-15]，但没有提出模型和算法。

轮灌是为了降低工程成本所采用的一种灌溉方式。这种方式水量相对集中，管理简便，适用于集中连片土地的规模化经营，是新疆滴灌工程主要应用模式[16]。轮灌组是轮灌灌溉制度的核心，其划分受作物种类、生长阶段、水资源、电力供应等因素影响。设计人员依据《微灌工程技术标准》（GB/T 50485—2020）计算时，大多基于人工经验和 Excel 推算。随着工程规模越来越大，传统设计方法不仅效率低，且很难得到合理的方案。当外部因素发生变化且无法及时调整时，会导致轮灌工作制度无法有效运行[14,17]，影响了滴灌设施的用水效率[18]。

在渠系研究中也存在类似轮灌分组问题[19-21]，针对这类问题多就渠系用水总量和作物生长关系开展研究[22]。例如，程帅等[23] 选择总配水与轮灌组之间引水持续时间差异值最小构建渠系优化配水模型。高伟增等[24] 以渠道的输水渗漏损失最小作为目标优化轮灌组。这些研究表明轮灌分组问题是一个高维离散组合优化问题[25,26]，智能算法在渠系轮灌分组问题上取得了较好效果，这些模型和算法虽然具有一定理论参考意义，但渠系轮灌组与滴灌轮灌组在空间分布、水力特性、灌溉模式、计算标准上都有本质区别，渠系模型和算法并不能直接应用在滴灌轮灌分组问题中。

综上所述，滴灌轮灌分组是一个新兴问题，具有明显的地域特色和水力特征，可以在渠系研究的基础上，开展轮灌组的模型和算法研究。针对传统轮灌组划分手工效率低的问题，本节首次引入智能算法求解轮灌组划分问题，以流量标准差最小为优化目标，采用混合遗传算法优化模型，并探索算法最有利的初始化方法和搜索策略。该研究旨在探索智能算法在轮灌组优化问题上的可行性，为今后相关研究提供借鉴和参考，以期提高滴灌工程设计效率和保障轮灌工作制度有效运行。

3.2 轮灌组调度优化模型

本节研究以新疆团场滴灌工程为研究案例，该工程地块总面积约 70hm^2，滴灌带按照一管二行布置，滴头流量 $1.8\text{m}^3/\text{h}$，工作压力 0.1MPa，轮灌组由若干支管组成，如图 3-1 所示，假设 1-1、1-2、1-3、2-1、2-2 为一个轮灌组，其中，"-"前数字代表分干管，"-"后数字代表支管，整体构成一个轮灌组。每个轮灌组运行时，其内部支管上所有毛管全部开启，一个轮灌组灌水完成后，开启下一个轮灌组内的支管及毛管，然后再关闭前一个轮灌组内的支管。农户按照轮灌组支管顺序逐步完成整个地块的灌溉，相比自动化滴灌，这种手工控制支管的轮灌模式劳动强度大，但是投资成本低，维护简单，普及面广。为节约成本及管理方便，轮灌组划分需要满足《微灌工程技术标准》（GB/T 50485—2020）中管网水力计算和流量均衡需求，避免因压力不均衡导致管网水头损失或破损。此外，还需遵循的原则包括：①轮灌组中各支管阀门要相对集中，有利于减轻农户劳动强度；②组内支管要按顺序编组，便于农户管理与维护。

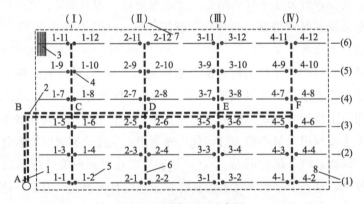

图 3-1 轮灌工程示意图

1—水源；2—干管布置线位；3—毛管；4—阀门；5—支管编号；

6—干管布置线位；7—分干管序号；8—支管序号

轮灌分组问题可以简单描述如下：将 N 条支管分配到 M 个轮灌组，在满足约束条件下，寻找组内合理的空间分布，从而优化 1 个或多个性能指标。因此，可以将轮灌分组转化为求解矩阵 $\boldsymbol{X}_{ij}$ 的问题，即 N 条支管在 M 个轮灌组中的开闭状态，分别由 0 和 1 表示。如式（3-1）矩阵中列表示支管编号 $i=\{1,2,\cdots,N\}$，且每列只能开启 1 次；行表示轮灌组编号 $j=\{1,2,\cdots,M\}$，且每行中应至少有一条支管处于开启状态。根据划分原则，轮灌分组问题的实质就是求解行间流量标准差最小，同时满足行内支管空间分布邻近且按顺序编号的矩阵 $\boldsymbol{X}_{ij}$。

$$\boldsymbol{X}_{ij}=\left\{\begin{matrix} X_{11} & X_{21} & \cdots & X_{N1} \\ X_{12} & X_{22} & \cdots & X_{N2} \\ \vdots & \vdots & \vdots & \vdots \\ X_{1M} & X_{2M} & \cdots & X_{NM} \end{matrix}\right\} \tag{3-1}$$

首先根据水源、土壤、作物等基础数据及灌溉保证率、灌溉水利用系数、土壤湿润比、湿润层深等参数，分别计算灌水定额、灌水周期（时间）和单次灌水延续时间。式(3-1)～式(3-6)、式(3-15)～式(3-17) 由《微灌工程技术标准》（GB/T 50485—2020）规定。

$$m_d=0.1\gamma zp(\theta_{max}-\theta_{min})/\eta \tag{3-2}$$

$$T=(m_d/I_a)\eta \tag{3-3}$$

$$t=m_dS_eS_L/q_d \tag{3-4}$$

式中　m_d——设计灌水定额，mm；

　　　γ——土壤密度，g/cm^3；

　　　z——计划湿润层深度，m；

　　　p——微灌设计土壤湿润比，%；

θ_{max}、θ_{min}——适宜土壤含水率上下限，%；

　　　T——灌水周期，d；

　　　I_a——设计耗水强度，mm/d；

　　　η——灌溉水利用系数；

　　　t——单次灌水延续时间，h；

　　　q_d——灌水器流量，m^3/h；

　　　S_e——灌水器间距，m；

　　　S_L——毛管间距，m。

根据管网及水力系统压力等要求，确定实际轮灌组数 N_L。

$$N_{max}=\text{INT}[TC/t] \tag{3-5}$$

$$N_L=n_总 q_d/Q \quad 且满足 \quad N_L \leqslant N_{max} \tag{3-6}$$

式中　N_{max}——最大轮灌组数；

　　　N_L——实际轮灌组数；

　　　C——系统日工作时间，一般取 18～22h；

　　　Q——可供流量，m^3/h；

　　　$n_总$——系统滴头总数。

根据流量均衡要求，建立以各轮灌组流量标准差最小为目标的数学模型。

$$\min f(x) = \sqrt{\frac{\sum_{j=1}^{N_L}(\alpha_j - F_j)^2}{N_L}} \qquad (3-7)$$

$$\text{s. t.} \quad F_j = \sum_{j=1}^{N} Q_i X_{ij} \qquad (3-8)$$

$$\alpha_j = \frac{1}{N_L}\sum_{j}^{N_L} F_j \qquad (3-9)$$

式中　$f(x)$——轮灌组流量标准差，m^3/h；

　　　Q_i——第 i 条支管设计流量，m^3/h；

　　　F_j——第 j 轮灌组流量和，m^3/h；

　　　α_j——各轮灌组流量平均值，m^3/h。

约束条件如下。

（1）0-1 约束

$$V_{ij} = 0,\ 1 \qquad (3-10)$$

式中　V_{ij}——支管 i 在第 j 轮灌组中的状态，由于支管阀门只有开和关两种状态，$V_{ij}=0$ 和 1 分别为支管阀门关和开。

（2）流量约束

$$0.8F_{\max} < \sum_{i,j}^{N_L} Q_i V_{ij} < F_{\max} \qquad (3-11)$$

式中　$F_{\max}$——轮灌组最大设计流量，m^3/h，即任意轮灌组流量应小于最大设计流量，大于设计流量的 80%。

（3）流量差约束

$$\Delta F = \max F_s - \min F_s < \delta \qquad (3-12)$$

式中　F_s——各轮灌组流量集合，m^3/h；

　　　ΔF——任意两个轮灌组流量之差，m^3/h；

　　　δ——流量差阈值，m^3/h。

（4）压力差约束

$$\Delta H = \max H - \min H < \gamma \qquad (3-13)$$

$$H = \sum_{j}^{N} (h_{j毛} + h_{j支} + h_{j干}) \qquad (3-14)$$

$$h_{毛} = 1.2fLF_d Q_{毛}^{m_2}/D^b \qquad (3-15)$$

$$h_{支} = 1.1fLF_d Q_{支}^{m_2}/D^b \qquad (3-16)$$

$$h_{干} = 1.1fLF_d Q_{干}^{m_2}/D^b \qquad (3-17)$$

式中　　　　　H——各轮灌组压力集合；

　　　　　　ΔH——任意轮灌组压力之差应小于一定阈值 γ；

$h_毛$、$h_支$、$h_干$——毛管、支管和分干管压力，m；

　　　　　　f——沿程水头损失系数；

$Q_毛$、$Q_支$、$Q_干$——毛管、支管和分干管管道流量，m^3/h；

　　　　　　L——管长，m；

　　　　　　F_d——多口系数；

　　　　　　D——管道内径，mm；

　　　　　　m_2——流量指数；

　　　　　　b——管径指数，因管材及局部损失等压力计算结果相似，不计算在公式（3-14）内。

3.3　模型求解

3.3.1　算法流程

如果将不同特点的算法混合使用，则可以避免使用单一算法造成的早熟和陷入局部最优[27]。随机方式初始化难以保证初始种群的质量，容易产生不可行解。因此，分别采用传统遗传算法（genetic algorithm，GA）、贪心遗传算法（Greedy-GA）、泰森多边形遗传算法（Voronoi-GA）[28] 和网格遗传算法（Grid-GA）求解模型，并探索最优初始化方法。由于遗传算法是一种元启发式算法，其核心是随机概率，理论上遗传算法求解的结果是不确定的，不能保证全局最优，因此，本节采用贪心策略在遗传算法求解结果的基础上进行二次优化，一方面可以从全局角度二次调优，另一方面也可以通过参数调整，在满足流量标准差不变的条件下优化其他指标。算法流程如图3-2 所示。

3.3.2　模型求解步骤

遗传算法求解步骤涉及染色体编码、初始化种群、邻域搜索策略、子代种群生成等。

1）染色体编码。采用实数编码的支管编码方式，假设有 S 条支管，从1 到 S 顺序编号，每条支管代表 1 个遗传编码位，每个编码位中的数字表示1 个轮灌组编号，则染色体编码表征为支管在第几轮灌组开启。例如，图3-3 中数字"9"表示编号为 4 的支管在第 9 轮灌组中开启。

2）初始化种群。分别采用随机法、贪心（greedy）算法、泰森多边形

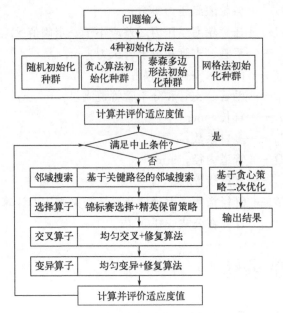

图 3-2　基于邻域搜索的混合遗传算法

（voronoi）法和网格（grid）法构造初始种群。其中前 3 种都是在全局解空间中随机生成若干随机点，不同点在于贪心算法以随机点为基准，其策略为通过距离邻近策略遍历支管来构建初始种群，直到遍历完所有支管为止。泰森多边形法通过随机点先分割泰森多边形，再将多边形区域内支管组成初始种群。网格法则是将解空间均分为若干区域，在区域内生成随机点，再以邻近策略遍历随机点附近支管来构建初始种群。

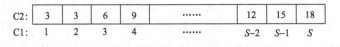

图 3-3　染色体编码图

C1 表示支管编号，C1={1,2,…,S}；C2 表示轮灌组编号，C2={1,2,…,N_L}

3）邻域搜索策略。邻域结构体现了问题本身特征信息的利用。对轮灌分组问题而言，支管空间分布具有重要的结构特征。如图 3-1 所示，1-1 和 1-2 具有连通性，是一条关键路径，而 2-4 和 3-5 则不是。搜索策略关键步骤如下。

① 根据轮灌组数 M、支管数 N 建立支管邻接矩阵 $G[M,N]$。使用 Warshall 算法[29] 生成支管可达矩阵 $A[M,N]$，计算每条支管的关键路径集 $\{A_1,A_2,\cdots,A_{n-1},A_n\}$。

② 将编码转换为矩阵 X_{ij} 形式，基于可达矩阵 $A[M,N]$ 生成各支管关

键矩阵 M 和非关键矩阵 M^*。

③ 计算临时路径。在半径阈值范围内，计算任意支管 O_{ij} 可选路径集为 $T_{ij} \subseteq \{A_1, A_2, \cdots, A_{n-1}, A_n\}$，再分别计算 T_{ij} 在第 j 轮灌组的集合，累加并减去 M 得到临时路径集合 TempM，并依据可达性排序。

④ 计算比较集合。依据标准差指标，依次将非关键矩阵 M^* 各轮灌组中支管分别与 TempM$_{ij}$ 比较。

⑤ 更新矩阵。选择可行解，交换并更新关键矩阵 $A[M, N]$，并与剩余 M^* 合并。

4）子代种群的生成。包括交叉、变异和选择机制。选择机制采用锦标赛和精英保留策略，有利于加快种群整体收敛速度。为增加搜索空间的范围，交叉、变异均采用均匀策略，即从编码第一位开始以一定概率交叉或变异，直至编码最后一位。交叉和变异过程产生的不可行解均通过修复算法修复。根据编码规则，不可行解主要包括两种情况：一种是子代生成导致轮灌组为空，即某一轮灌组中没有支管开启；另一种是子代生成中支管分布过于分散，从而影响算法性能。针对这两种情况，修复算法的核心思想是将变异交叉控制在半径阈值范围内，首先避免支管分布过于分散，其次通过邻近搜索的方法，采用轮盘赌策略来选择轮灌组内支管较少的组作为修复解，以此避免轮灌组为空的问题。修复算法关键步骤如下。

① 对子代种群生成的编码位进行验证，判断其是否为不可行解，判断依据是编码位半径阈值范围内是否有相同轮灌组编号，如果没有，则表示需要修复。

② 计算当前编码位邻近支管集合，并存入集合 MatrixPool＝{1, 2, $\cdots$, L_N}，L_N 为支管编号，邻近范围由半径阈值参数设置。

③ 计算数组 MatrixPool 中支管所在轮灌组编号，并将编号顺序存入集合 Group＝{1, 2, $\cdots$, L_M}，L_M 为轮灌组数量。

④ 计算数组 Group 中每个轮灌组包含的支管数量，得到集合 numberGroup＝{1, 2, $\cdots$, L_S}，L_S 为支管数量。

⑤ 计算集合 numberGroup 中每个元素的倒数并归一化，采用轮盘赌策略选择数组中的元素，数量越少的数组元素，被选择为修复解的概率越大。如果轮盘赌策略选择的编码存在轮灌组为空的情况，则直接将最小的数组元素作为当前编码位的修复解。

3.3.3　二次优化

基于可达矩阵 $A[M, N]$ 设计连通度指标，计算公式为

$$C = \sum_{i,j}^{M,N} \text{sum}(\mathbf{A}[i,j]) \tag{3-18}$$

式中　C——连通度，通过各轮灌组内支管连通可达数量的累计和计算得到。

连通度 C 越大，表示组内支管互连度越高，越趋于集中；连通度 C 越小，则表示组内支管越趋于分散。在上述遗传算法求解结果基础上，采用贪心算法进行二次调优，贪心策略为采用邻近策略搜索半径阈值范围内支管，以流量标准差为基准优化连通度指标，替换并更新遗传算法求解的结果。

3.4　算例分析

（1）参数计算与设置

根据案例数据计算工程设计参数及支管基础数据，见表 3-1 和表 3-2。以工程左下角第 1 条支管为原始起点坐标，则表 3-2 中支管 1-1 坐标为（0，0）。由于案例滴灌带采用一管二行布置，设同一分干管上的相邻支管间距为 1m，则支管 1-2 坐标为（1.00，0），其余支管坐标按照距离依次计算得出。由于支管数量多且编码维数较高，经验证，设种群数 $N_p = 200$，迭代次数 Iter $= 500$，交叉概率 0.09，变异概率 0.01，则半径阈值为 280m。

表 3-1　滴灌工程设计参数

参数（parameter）	数值（value）	参数（parameter）	数值（value）
灌溉设计保证率 (irrigation design guarantee rate)/%	90.00	设计净灌水定额 (design net irrigation quota)/mm	32.50
土壤密度 (soil bulk density)/(g/cm^3)	1.45	设计毛灌水定额 (design gross irrigation quota)/mm	35.33
设计土壤湿润比 (percentage of soil wetted volume)/%	75.00	日工作小时数 (working hours per day)/h	22.00
设计供水强度 (design water supply rate)/(mm/d)	6.50	一次灌水延续时间 (duration of one irrigation)/h	4.50
灌溉水利用系数 (irrigation water utilization coefficient)	0.92	轮灌组数 (number of rotation irrigation groups)	19
土壤计划湿润层深度 (soil plan wet soil depth)/cm	50.00	毛管间距 (capillary spacing)/m	0.76
最大净灌水定额 (maximum net irrigation quota)/mm	32.63	灌水器设计流量(designed discharge rate of emitter)/(m^3/h)	1.80
最大灌水周期 (maximum irrigation period)/d	5.02	滴头间距 (dripper spacing)/m	0.30
设计灌水周期 (design irrigation cycle)/d	5.00	灌溉均匀系数 (irrigation uniformity coefficient)	0.82

表 3-2　支管基础数据

编号 (number)	流量(flow rate)/(m³/h)	支管坐标 (x,y)	编号 (number)	流量(flow rate)/(m³/h)	支管坐标 (x,y)
1-1	90.77	(0,0)	3-7	80.11	(206.80,492.10)
1-2	90.77	(1.00,0)	3-8	80.11	(207.80,492.10)
1-3	90.77	(0,164.04)	3-9	80.11	(206.80,656.20)
1-4	90.77	(1.00,164.04)	3-10	80.11	(207.80,656.20)
1-5	82.29	(0,328.08)	3-11	80.11	(206.80,820.20)
1-6	90.77	(1.00,328.08)	3-12	80.11	(207.80,820.20)
1-7	90.77	(0,492.10)	4-1	80.11	(310.20,0)
1-8	90.77	(1.00,492.10)	4-2	42.77	(311.20,0)
1-9	90.77	(0,656.20)	4-3	80.11	(310.20,164.04)
1-10	90.77	(1.00,656.20)	4-4	80.11	(311.20,164.04)
1-11	90.77	(0,820.20)	4-5	80.11	(310.20,328.08)
1-12	90.77	(1.00,820.20)	4-6	80.11	(311.20,328.08)
2-1	53.02	(103.40,0)	4-7	32.51	(310.20,492.10)
2-2	90.77	(104.40,0)	4-8	80.11	(311.20,492.10)
2-3	90.77	(103.40,164.04)	4-9	80.11	(310.20,656.20)
2-4	90.77	(104.40,164.04)	4-10	80.11	(311.20,656.20)
2-5	90.77	(103.40,328.08)	4-11	80.11	(310.20,820.20)
2-6	90.77	(104.40,328.08)	4-12	80.11	(311.20,820.20)
2-7	90.77	(103.40,492.10)	5-1	92.47	(413.60,0)
2-8	90.77	(104.40,492.10)	5-2	105.15	(414.60,0)
2-9	30.54	(103.40,656.20)	5-3	105.15	(413.60,164.04)
2-10	90.77	(104.40,656.20)	5-4	105.15	(414.60,164.04)
2-11	90.77	(103.40,820.20)	5-5	105.15	(413.60,328.08)
2-12	17.00	(104.40,820.20)	5-6	72.32	(414.60,328.08)
3-1	80.11	(206.80,0)	5-7	105.15	(413.60,492.10)
3-2	80.11	(207.80,0)	5-8	105.15	(414.60,492.10)
3-3	33.95	(206.80,164.04)	5-9	105.15	(413.60,656.20)
3-4	80.11	(207.80,164.04)	5-10	105.15	(414.60,656.20)
3-5	80.11	(206.80,328.08)	5-11	105.15	(413.60,820.20)
3-6	80.11	(207.80,328.08)	5-12	39.95	(414.60,820.20)

（2）算法分析

采用标准差、组内路程、连通度和运行时间 4 项指标对比分析。其中，标准差由公式(3-7)定义。组内路程是指轮灌组内支管距离和,由于支管是按编号从小到大排列的,这里组内路程不是最优路径,是支管排列序列的距离和。连通度按照公式(3-18)定义的方法计算。运行时间是指算法求解模型一次所花费时间。将基本参数分别输入 GA、Greedy-GA、Voronoi-GA 和 Grid-GA,每个算法运行 50 次。

表 3-3 显示,初始种群的质量对算法的求解质量具有重要的影响。与传统 GA 相比,Greedy-GA、Voronoi-GA 和 Grid-GA 平均标准差均小于 $20m^3/h$,满足流量均衡。其中,Grid-GA 最小标准差为 $10.9m^3/h$,分别比 GA、Greedy-GA 和 Voronoi-GA 小 71.8%、13.5% 和 31.4%;平均标准差为 $16.3m^3/h$,分别比其他算法少 68.8%、6.3% 和 12.4%,最优与最差摆动幅度最小。组内路程均值为 8105.2m,分别比其他算法少 23.9%、4.1% 和 12.2%。连通度均值为 25,分别比其他算法高 177.8%、13.6% 和 56.3%。在运行时间方面,Greedy-GA 与 Grid-GA 结果最接近,Voronoi-GA 在混合算法中表现最差,主要原因是当随机点分布均匀时,Greedy-GA 与 Grid-GA 初始解分配存在一定相似性;而当随机点不均匀时,Greedy-GA 方法种群竞争激烈导致支管分布过于分散,影响求解质量。Voronoi-GA 是一种图像分割算法,其与分割区域大小有关,缺乏支管间逻辑关系,初始解的随机性影响了空间区域稳定性,存在大量不可行解,影响算法迭代和求解质量。GA 算法不需要大量计算邻近矩阵,所以运行时间最短,而其他 3 种混合算法搜索策略相似,运行时间接近。综合显示:Grid-GA 算法表现优异,说明种群初始化分布均匀有利于轮灌分组问题寻优,而初始解构造的随机性可能导致支管分布过于集中或分散,加剧了种群资源竞争,不利于结果寻优。

表 3-3 不同轮灌分组算法比较

评价指标 (evaluation index)	遗传算法 (GA)	贪心遗传 (Greedy-GA)	泰森多边形遗传 (Voronoi-GA)	网格遗传 (Grid-GA)
最小标准差 (minimum standard deviation)/(m^3/h)	38.6	12.6	15.9	10.9
平均标准差 (mean standard deviation)/(m^3/h)	52.3	17.4	18.6	16.3
最大标准差 (maximum standard deviation)/(m^3/h)	90.6	35.8	39.6	26.5
组内路程均值 (mean path length within the group)/m	10651.8	8451.2	9231.6	8105.2
连通度均值 (mean connectivity)	9	22	16	25
运行时间 (running time)/s	26.2	78.5	81.5	77.8

　　图 3-4 中 3 种混合算法均采用了修复算法，收敛下降趋势类似，没有出现剧烈波动，稳定性好。在 300 代左右均向最优解收敛。Grid-GA 收敛曲线的起点优于其他随机分布算法，收敛速度更快。Greedy-GA 和 Voronoi-GA 初始点具有较大偶然性，其中，Greedy-GA 初始随机点过于集中或分散会导致各种群竞争过于激烈，制约搜索空间展开，影响初始解质量。Voronoi-GA 图像分割会产生不可行解，初始种群具有不确定性，影响了迭代过程搜索效率。GA 全局随机方式会生成大量不可行解，收敛慢，难以找到最优解。

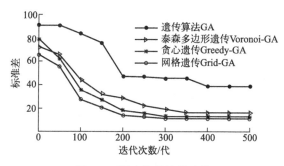

图 3-4　算法收敛性能比较

　　半径阈值在一定程度上代表了算法搜索空间，是邻域搜索和修复算法的重要参数。如图 3-5 所示，半径阈值为 100～300m 时，随着阈值变大，增加了搜索空间，标准差呈快速下降趋势。从半径阈值 450m 左右开始，标准差反而有一定程度上浮，其原因是随着搜索空间变大，增加了不可行解的数量，选择、交叉的搜索寻优功能减弱，影响了求解结果。图 3-6 中，半径阈值与连通度总体呈下降趋势，3 种混合算法总体偏差为 19%～35%，偏差幅度大，表明在标准差约束下，空间搜索范围增大会降低组内支管连通度，即组内支管空间分布反而变得分散。图 3-7 所示为半径阈值与组内路程的关系，路程总体偏差为 19%～38%，幅度较大，表明搜索范围对组内空间分布影响较大，组内支管越分散，路程越长。Grid-GA 与 Greedy-GA 均通过邻近策略构建支管逻辑关系，组内路程相对接近，而 Voronoi-GA 空间分割有较大随机性，导致路程变化幅度大。

　　半径阈值参数的设定可以避免轮灌组内支点过于分散，有利于农民日常管理与维护，从图 3-5～图 3-7 可以看出，半径阈值参数与算法性能密切相关，其中半径阈值与标准差和连通度总体表现为负相关，与组内路程呈正相关。因此，半径阈值可以作为算法性能和用户需求的关键指标，也是滴灌工程经济性和便利性的关键参数。

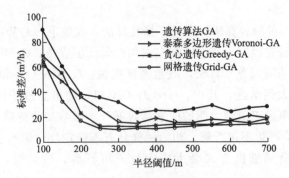

图 3-5　半径阈值与标准差

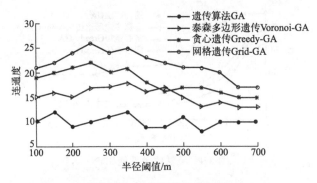

图 3-6　半径阈值与连通性

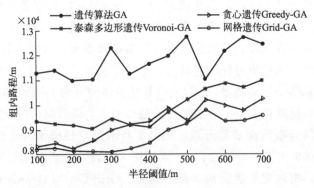

图 3-7　半径阈值与组内路程

（3）轮灌组优化结果

本案例手工计算标准差为 $17.4\text{m}^3/\text{h}$，虽然满足标准中的流量约束，但是花费时间较长。表 3-4 所示为采用 Grid-GA 算法求解模型的结果，标准差为 $10.9\text{m}^3/\text{h}$，轮灌组流量均值为 $260.06\text{m}^3/\text{h}$，总路程 7342.6m，平均路程 386.4m，连通度为 22。与其他算法相比，Grid-GA 表现稳定，满足约束和工程需求，避免了多维问题的维数灾问题，对求解轮灌组优化问题有很高的性能。

　　轮灌组划分问题是一个组合优化问题，其目的是寻找离散数据的最优分组、编排和次序等。求解这类问题常用算法包括元启发式算法和近似算法，其中近似算法的本质通常是贪心算法。因此，针对轮灌组问题特征，设计一种基于冒泡＋贪心策略的近似算法，并与 Grid-GA 进行对比。冒泡＋贪心算法步骤：首先采用冒泡法将支管流量从大到小排序，贪心策略为从流量最大的支管开始分配到不同的轮灌组中；然后分别计算待分配的支管分配到某轮灌组时的流量标准差，以轮灌组标准差最小为最佳划分方案，直到遍历计算完所有支管为止。

表 3-4　Grid-GA 的最优轮灌组求解结果

编号	轮灌组	流量/(m³/h)	组内路程/m	连通度
1	1-1,2-1,3-3,4-4	257.86	401.7	2
2	1-2,2-2,3-2	261.66	206.8	2
3	1-3,1-6,2-7	272.33	427.2	0
4	1-4,3-4,3-7	251.00	534.9	0
5	1-5,1-8,2-8	263.85	370.8	1
6	1-7,3-8,3-10	251.00	371.9	1
7	1-9,2-12,3-12,4-12	268.00	401.2	2
8	1-10,1-11,1-12	272.33	165.0	2
9	2-3,4-3,4-6	251.00	370.8	1
10	2-4,3-1,4-1	251.00	296.8	1
11	2-5,2-6,3-6	261.69	104.4	2
12	2-9,3-5,4-10,4-11	270.87	852.3	1
13	2-10,3-11,5-10	276.05	558.1	1
14	2-11,4-9,5-7	276.05	457.9	0
15	3-9,4-5,5-8	265.38	538.5	0
16	4-2,5-1,5-2	240.41	103.4	2
17	4-7,5-3,5-5	242.84	508.0	1
18	4-8,5-4,5-6	257.59	508.0	1
19	5-9,5-11,5-12	250.28	165.0	2
	平均	260.06	386.4	1.16

　　由表 3-5 对比分析可以看出，冒泡＋贪心算法最小标准差为 26.8m³/h。Grid-GA 最小标准差为 10.9m³/h，Grid-GA 比冒泡＋贪心算法最小标准差少 59.3%，组内路程均值小 29.9%，连通度均值则高 257.1%，主要原因

是轮灌分组问题的组合变量是离散分布的，传统优化方法求解这类问题会带来所谓的"组合爆炸"。另外，冒泡＋贪心算法是基于流量大小来选择支管，从空间上表现出支管分布过于分散，导致组内路程和连通度较差，难以获得最优解。冒泡＋贪心算法计算较为简单，运行时间只需要8.3s，但是计算结果无法直接使用，需要再次对求解结果进行手工调优，调优过程依赖工程人员的设计经验，因此可能需要更多的时间。

表 3-5 Grid-GA 与冒泡＋贪心算法比较

算法	最小标准差/(m^3/h)	组内路程均值/m	连通度均值	运行时间/s
网格-遗传 (Grid-GA)	10.9	8105.2	25	77.8
冒泡＋贪心 (Bubble-Greed)	26.8	11565.4	7	8.3

为了验证算法对轮灌组划分问题的普适性，选取新疆生产建设兵团第三师45团的3组工程案例进行验证，3组案例支管规模分别为70条、50条和40条，根据案例工程区域大小分别设置半径阈值为300m、250m和220m，其他参数如种群数、迭代次数、交叉概率和变异概率与前述算法设置相同。

从表3-6中可以看出，3组案例在工程面积、支管规模及轮灌组数均有区别，案例1、案例2与案例3的工程面积依次从大到小，其支管规模分别为70条、50条和40条，案例1与案例3轮灌组数相差1倍，3组案例可以代表不同的滴灌工程应用场景，具有一定普适性。试验结果中，3组案例求解时间均小于80s，可极大提升工程设计计算效率，求解的最小标准差分别为13.3m^3/h、12.1m^3/h 和 6.9m^3/h，均满足流量约束条件，符合工程实际需求，验证了算法的有效性。研究初步表明支管数与运行时间指标呈正相关，而标准差、组内路程和连通度指标与各自案例特征有关，与支管数、轮灌组数和面积等并无直接关联，这也表明不同案例的轮灌分组有一定的特殊性。由于验证过程中采用相同的优化参数，在实际优化中，还需要根据案例情况对参数进行适当调整，包括半径阈值、种群数和迭代次数等。

表 3-6 3 组案例的算法普适性验证

参数	案例 1	案例 2	案例 3
长 L/m	820	656	492
宽 W/m	517	426	411
支管数/条	70	50	40
轮灌组数/个	24	16	12

参数	案例1	案例2	案例3
最小标准差/(m³/h)	13.3	12.1	6.9
组内路程均值/m	8 105.2	7 236.3	5 574.2
连通度均值	24	22	23
运行时间/s	79.6	78.5	74.6

（4）讨论

① 传统轮灌分组主要采用 Excel 推算的方式来划分，其结果的优劣取决于工程规模和设计人员经验，也缺乏公开的算法和数据集。随着大规模滴灌工程的普及，传统手工方式难以适应工程计算的需求，需要切实改进现有的计算方法。而人工智能算法被广泛用来解决一些工程实际问题，具有广泛的适用性和应用价值，本章的 Grid-GA 就是智能算法中的一种元启发式算法。

② 需要说明的是，本章分别在种群初始化、二次优化和近似算法中采用了贪心算法。贪心算法（又称贪婪算法）是一种对某些求最优解问题的简单但迅速的优化技术，其没有固定的算法框架，算法设计的关键是贪心策略的选择，需要根据先验知识来决定算法流程和步骤。因此，本章虽然多次提及贪心算法，但是其流程和步骤均有所差别。

③ 表 3-3 与图 3-5 研究表明初始种群分布特征以及半径阈值大小对算法性能有较大影响，可以继续从种群初始化策略以及研究自适应阈值的角度来提高算法性能。同时，虽然支管流量有其固定的水力计算方法，但是可以针对支管流量进行敏感度分析，研究支管流量对算法的影响程度，以便为今后改进算法提供决策支持。另外，虽然遗传算法具有较好的全局搜索能力，但是局部搜索能力较弱，而半径阈值参数更限制了遗传算法的全局搜索能力，为此，可以重点研究将爬山法、模拟退火、变邻域等局部搜索方法与遗传算法结合，充分发挥两者在全局搜索和局部搜索中的优势来共同求解轮灌组，这也是算法下一步需要重点研究和探索的方向。

3.5　小结

本章首次将智能算法运用到滴灌轮灌组划分问题，从流量均衡和划分原则出发，建立了流量标准差最小为目标的优化模型和约束。分别采用遗传算法（genetic algorithm，GA）、贪心遗传算法（Greedy-GA）、泰森多边形遗传算法（Voronoi-GA）和网格遗传算法（Grid-GA）求解模型。其中

Grid-GA 相比其他算法表现优异，在最小标准差、平均标准差和组内路程均值指标上分别比其他算法小 71.8％、13.5％和 31.4％，68.8％、6.3％和 12.4％，23.9％、4.1％和 12.2％，连通度均值比其他算法高 177.8％、13.6％和 56.3％，表明初始化种群分布均匀，有利于求解轮灌组问题。混合算法中邻域搜索策略可以提高算法收敛速度，修复算法则有利于避免支管分布过于分散，便于农户日常管理与维护。Grid-GA 与冒泡＋贪心的近似算法比较中，最小标准差小 59.3％，也验证了元启发式算法在轮灌组划分问题上的潜力。最后分别对 3 组不同支管规模的案例进行测试，验证了模型和算法的有效性，表明该研究具有较好的研究和应用价值。

参考文献

[1] Roy S K, Roy A, Misra S, et al. AID: A prototype for agricultural intrusion detection using wireless sensor network[C]//2015 IEEE International Conference on Communications (ICC). Piscataway: IEEE, 2015.

[2] Kumar A, Surendra A, Mohan H, et al. Internet of things based smart irrigation using regression algorithm[C]//2017 International Conference on Intelligent Computing, Instrumentation, and Control Technologies (ICICICT). Amsterdam: Elsevier, 2017.

[3] Roopaei M, Rad P, Choo K R. Cloud of things in smart agriculture: Intelligent irrigation monitoring by thermal imaging[J]. IEEE Cloud Computing, 2017, 4 (1): 10-15.

[4] Moreno M A, Córcoles J I, Tarjuelo J M, et al. Energy efficiency of pressurised irrigation networks managed on-demand and under a rotation schedule[J]. Biosystems Engineering, 2010, 107 (4): 349-363.

[5] 马富裕，周治国，郑重，等. 新疆棉花膜下滴灌技术的发展与完善[J]. 干旱地区农业研究，2004 (3): 202-208.

[6] Jiménez-Bello M A, Campos J C A, Manzano-Juárez J, et al. Methodology for flushing pressurised irrigation networks for fertigation and operation maintenance purposes[J]. Irrigation Science, 2021, 39 (3): 375-384.

[7] Zhang Z, Li L, Yang P, et al. Effects of water salinity on emitter clogging in surface drip irrigation systems [J]. Irrigation Science, 2021, 39 (2): 209-222.

[8] 王新端，白丹，郭霖，等. 改进的滴灌双向流道结构参数对水力性能影响[J]. 排灌机械工程学报，2016，34（12）：1093-1098.

[9] 田敏. 基于物联网技术的作物养分信息快速获取与精准施肥智能控制系统研究[D]. 石河子：石河子大学，2018.

[10] Shi J，Wu X，Zhang M，et al. Numerically scheduling plant water deficit index-based smart irrigation to optimize crop yield and water use efficiency[J]. Agricultural Water Management，2021，248（1）：106774.

[11] 王建阳. 河套灌区不同灌溉与覆膜方式下土壤水盐离子动态变化研究[D]. 呼和浩特：内蒙古农业大学，2019.

[12] Liu R，Yang Y，Wang Y，et al. Alternate partial root-zone drip irrigation with nitrogen fertigation promoted tomato growth，water and fertilizer-nitrogen use efficiency[J]. Agricultural Water Management，2020，233：106049.

[13] 顾巍，叶志伟，严盟，等. 一种多目标水肥一体化系统轮灌组划分方法：中国，109496520A [P]. 2019-03-22.

[14] 马章进. 新疆大田滴灌工程运行中存在的问题及解决建议[J]. 水利技术监督，2018（5）：79-80，191.

[15] 杨光龙，洪亮. 支管轮灌滴灌模式在大田应用中的优点浅述[J]. 农业科技与信息，2008（10）：42.

[16] 李萌. 南疆膜下滴灌棉花灌溉和施肥调控效应及生长模拟研究[D]. 杨凌：西北农林科技大学，2020.

[17] 程毅强. 关于优化滴灌轮灌运行方式的探讨[J]. 中国水运（下半月），2013，13（9）：232-233.

[18] Blanke A，Rozelle S，Lohmar B，et al. Water saving technology and saving water in China[J]. Agricultural Water Management，2007，87（2）：139-150.

[19] Masseroni D，Castagna A，Gandolfi C. Evaluating the performances of a flexible mechanism of water diversion：Application on a northern Italy gravity-driven irrigation channel[J]. Irrigation Science，2021，39（3）：363-373.

[20] Pallavan P N I，Abhirame V S，Prabha V S. Characterization of water dynamics and modelling of an open channel irrigation system[C]// IOP Conference Series：Materials Science and Engineering. London：IOP Publishing，2020.

[21] Ficchì A，Raso L，Dorchies D，et al. Optimal operation of the multireservoir system in the Seine River basin using deterministic and ensemble forecasts［J］. Journal of Water Resources Planning and Management，2016，142（1）：05015005.

[22] 马孝义，于国丰，李安强，等. 渠系配水优化编组通用化软件的研发与应用［J］. 农业工程学报，2005，21（1）：119-123.

[23] 程帅. 基于智能算法与 GIS 的灌溉水资源多目标优化配置［D］. 长春：中国科学院研究生院（东北地理与农业生态研究所），2016.

[24] 高伟增，赵明富，汪志农，等. 渠道轮灌配水优化模型与复合智能算法求解［J］. 干旱地区农业研究，2011，29（6）：38-42.

[25] Zhang X，Zhang F，Zhang Y，et al. Water saving irrigation decision-making method based on big data fusion［J］. International Journal of Performability Engineering，2019，15（11）：2916-2926.

[26] Ebtehaj I，Bonakdari H，Gharabaghi B. Development of more accurate discharge coefficient prediction equations for rectangular side weirs using adaptive neuro-fuzzy inference system and generalized group method of data handling［J］. Measurement，2018，116：473-482.

[27] Deng W，Xu J，Song Y，et al. Differential evolution algorithm with wavelet basis function and optimal mutation strategy for complex optimization problem［J］. Applied Soft Computing，2021，100：106724.

[28] Kim J，Son H I. A voronoi diagram-based workspace partition for weak cooperation of multi-robot system in orchard［J］. IEEE Access，2020，8：20676-20686.

[29] Hougardy S. The Floyd-Warshall algorithm on graphs with negative cycles［J］. Information Processing Letters，2010，110（8/9）：279-281.

第4章

手动控制场景下多目标轮灌组优化研究

现有轮灌组的设计主要通过手工计算，缺乏专业工业软件的支持。为了提高计算效率，提出了一种考虑流量均衡和连通度的多目标优化模型，利用轮灌组领域知识，确定问题的变邻域特征及方法，结合遗传算法全局搜索和变邻域搜索（VNS）局部搜索能力，将 VNS 嵌入非支配排序遗传算法（NSGA-Ⅱ）中建立混合遗传算法来优化模型。采用 3 个真实案例验证算法性能，结果表明：变邻域搜索策略可以智能地引导搜索结果，有利于增加搜索空间；确定的非支配解流量均衡，支管空间分布合理；敏感性分析表明一定半径阈值范围内，流量标准差与连通性指标负相关，标准差精度由多种因素共同决定。这项研究对促进滴灌工作制度有效运行和提高轮灌组设计效率有着重要意义。

4.1 手工控制场景下轮灌组问题及研究思路

轮灌组是滴灌工作制度重要的主要组成部分[1,2]。该轮灌模式需要农户人工操作（手动控制）开关阀，劳动强度大，但是投资成本低，普及面广。目前，轮灌组大多通过手工计算，缺乏专业软件支持，随着大规模滴灌工程的应用普及，现有计算方式难以得到合理的方案，也制约了滴灌工作制度的有效运行。通过文献检索发现，灌水器堵塞机理与优化[3]、水力参数优化[4]、管网布置优化[5]、滴灌智能控制[6]、精准施肥[7]、土壤含量变化[8]、肥料吸收机理[9]、水肥一体化[10] 等滴灌问题都有丰硕的研究成果，但是滴灌轮灌组优化问题却鲜有研究，也没有相关模型和算法。究其原因，这是近些年大规模应用产生的新问题，也是一个交叉学科问题，关注者较少。在渠系研究中也存在类似的轮灌组问题，这类研究多以用水总量和作物生长关系开展研究[11-13]。例如，Balendonck 等[14] 提出了一种优化作物种植结构的灌溉管理辅助决策系统，它是将灌溉用水有效性和质量相结合产生的。程帅等[15]选择总配水与轮灌组之间引水持续时间差异值最小构建渠系优化配水模型。渠系模型和算法可为本书提供一定理论参考，但是并不能直接应用到滴灌轮灌组，两者在空间分布、水力特性、灌溉模式、计算标准上都有本质区别。

轮灌组是一个NP难问题。采用单一优化算法具有一定局限性，如遗传算法具有很强的全局搜索能力，但是缺乏局部搜索能力。变邻域搜索（variable neighborhood search，VNS）算法是一种有效的局部搜索算法[16]，具有很强的局部搜索能力，但是全局搜索能力较弱。充分发挥不同算法优势，建立混合算法成为一种常见的解决方案。例如Zhao等[17]提出了一种改进的基于序列映射机制的混洗复杂进化算法；Akram等[18]提出一种模拟退火与淬火相结合用于车间调度的优化问题的算法；已广泛应用在组合优化[19]、生产调度[20]、车辆路径[21]等问题中的算法等。针对多目标优化问题，非支配排序遗传算法（NSGA-Ⅱ）[22]是目前应用非常普及的一种算法。该算法的目的是得到最接近帕累托前沿的成员，这些成员根据其排名进行排序，并评估成员之间的拥挤距离，获得更多的分布式多样化解决方案。因此，可以充分利用NSGA-Ⅱ和VNS算法的优势，发挥遗传算法全局搜索能力和变邻域搜索的局部求解能力来优化轮灌组问题。

轮灌组支管集中连片有利于日常管理与维护，目前还欠缺这方面的评价指标。Miroslav Fiedler最早从图论的角度出发提出了代数连通度相关理论[23]。连通度是一种评估区域间空间结构特征对目标影响的评价指标。在网络路由领域，通过连通度来评估网络性能[24,25]。如Shang提出了加权网络的自然连通度[26]以及局域自然连通度[27]。Wu等[28]提出自然连通度需要从复杂网络的内部结构属性出发，刻画了网络中替代途径的冗余性。水系研究中，连通度多集中用于水系分形特征和水系发育定量化研究方面[29]，评价方法包括生态学法[30]、图论法[31]等。交通邻域连通度主要研究区域交通路网可达性、空间特征及其演变规律等[32]。上述研究表明，连通度对具有空间关系的目标来说是一种较好的评价指标，但是单纯依靠邻接关系并不能充分表明区域间的连通关系，合理的连通度是在考虑地理维度的基础上，还要考虑其他因素的影响。

根据《微灌工程技术标准》（GB/T 50485—2020）要求，轮灌组划分需要满足各管网流量均衡，同时，各轮灌组控制区域应集中连片。因此，在上述相关研究基础上，本章提出以流量均衡和连通度为指标的多目标模型，不仅充分考虑滴灌水力特征，满足管网流量均衡，也充分考虑支管空间分布，设计连通度来评估轮灌组集中连片程度。同时，为解决传统GA缺乏局部搜索能力的问题[33]，将变邻域搜索算法（VNS）融合到非支配排序遗传算法（NSGA-Ⅱ）中来求解模型。

4.2 模型构建

图 4-1 是一个滴灌组问题示意图，图中圆点为滴灌支管，如圆点 a 和 b。
支管 a 所在圆形区域表示支管 a 及其所属毛管控制的灌溉区域，竖虚线表示分干管。轮灌组由若干子轮灌组构成，如图 4-1 中有 5 个轮灌组，每个轮灌组包含若干支管。假设轮灌组 5 包含支管为 3-1、4-2 和 5-2，其中"-"前代表分干管，"-"后代表支管号。轮灌工作制度运行时，首先开启一个轮灌组内支管及其全部毛管，待一个轮灌组灌水完成后，开启下一个轮灌组，然后再关闭上一个轮灌组，直至所有

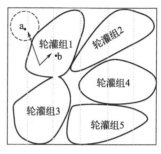

图 4-1 轮灌组问题示意图

轮灌组顺序灌溉后，就完成了整块地的灌溉。在灌溉水量一定的条件下，采用轮灌工作制度管网口径小，可以减少工程投资，提高设备利用率，增加灌溉面积，这也是目前新疆滴灌工程主要的应用模式。

轮灌组的计算方法：首先在水源、土壤、作物等基础数据及水力参数的基础上，计算设计灌水定额 m、设计灌水周期 T 和一次灌水延续时间 t；然后根据管网及水力系统压力等要求，确定实际轮灌组数；最后根据支管流量数据，将支管分配到各轮灌组，具体计算公式见式(4-5)。标准中规定了轮灌组计算方法及水力要求，但是如何将支管划分到合适的轮灌组成为一个需要解决的现实问题。目前工程人员大多采用 Excel 推算的方式，但效率低，尤其是在大规模地块设计中很难得到合理的方案。滴灌运行中，不同的轮灌组水流途径不同，产生的管网系统水力状态也不相同，流量不均衡容易造成管网破裂或水头损失过大。不合理的划分方案也不利于日常管理与维护。

$$m = 0.1\gamma z p (\theta_{\max} - \theta_{\min})/\eta \tag{4-1}$$

$$T = (m/I_a)\eta \tag{4-2}$$

$$t = \frac{mS_e S_L}{q_d} \tag{4-3}$$

$$M_{\max} = \mathrm{INT}\left[\frac{TC}{t}\right] \tag{4-4}$$

$$M_{轮灌组} = \frac{n_总 q_d}{Q} \quad 且满足 \quad M_{轮灌组} \ll M_{\max} \tag{4-5}$$

式中　m——设计灌水定额，mm；

　　　γ——土壤密度，g/cm³；

　　　z——土壤计划湿润层深度，m；

　　　p——微灌设计土壤湿润比；

θ_{max}、θ_{min}——分别为适宜土壤含水率上、下限，%；

　　　η——灌溉水利用系数；

　　　T——设计灌水周期，s；

　　　C——系统日工作时间，s；

　　　I_a——设计耗水强度，mm/d；

　　　t——一次灌水延续时间，s；

　　　S_e——灌水器（孔口）间距，m；

　　　S_L——毛管间距，m；

　　　q_d——灌水器流量，L/h；

　　M_{max}——最大轮灌组数；

　$M_{轮灌组}$——实际轮灌组数。

　　轮灌组优化问题可以简单描述如下：将数量为 N 的支管按序列合理分配到 M 个轮灌组中，在满足约束条件下，优化一个或多个性能指标。滴灌系统运行时，每个轮灌组的总流量（Q）需要尽可能一致或相近，才能保证管路节点压力均衡。为满足流量均衡需求，建立以各轮灌组流量标准差最小为目标的数学模型，见式(4-6)：

$$\min f_1(x) = \sqrt{\frac{\sum_{j=1}^{M}(\alpha_j - F_j)^2}{M}} \tag{4-6}$$

$$\text{s.t.} \quad F_j = \sum_{j=1}^{M} f_i X_{ij} \tag{4-7}$$

$$\alpha_j = \frac{1}{M}\sum_{j}^{M} F_j \tag{4-8}$$

式中　$f_1(x)$——轮灌组流量标准差；

　　　j——某轮灌组编号；

　　　i——支管号；

　　　M——轮灌组数；

　　　f_i——第 i 条支管设计流量；

　　　F_j——第 j 轮灌组流量和；

　　　α_j——各轮灌组流量平均值。

　　邻接关系就是支管之间是否直达的关系，根据邻接关系设计一种邻接度指标用来描述轮灌组集中连片程度，计算方法如下：从某轮灌组内序列第2条支管开始计算与前面任意支管的邻接关系，只要存在直达，则记为1，并依次累加。轮灌组控制范围大致可以分为如图4-2所示几种类型。图4-2中圆圈表示支管，其中，黑色圆圈表示轮灌组内4条支管，数字1、2、3、4表示某轮灌组支管的编号序列。如图4-2(a)中，按照计算方法，4条支管全部直达，则图4-2(a)中邻接度为3。依此类推，图4-2(b)、(c)中邻接度均为3。另外，对角位置的支管设为不直达，如图4-2(d)中支管4和支管3，主要原因是按照分干管铺设路径行走，对角关系的支管到另一条支管距离较远，因此图4-2(d)、(e)邻接度均为2。图4-2(f)中，支管3和支管4都无法和任意支管直达，则邻接度为1。图4-2(g)中，支管2和支管4均和前面任意支管有直达情形，则邻接度记为2。支管3和支管1、支管2无直达情形，按照依次顺序原则，支管3与支管4也不直达。图4-2(h)中，无直达情形，邻接度记为0。

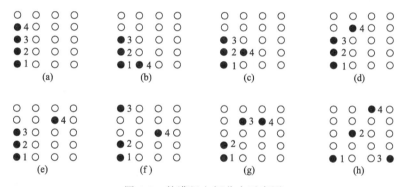

图4-2　轮灌组空间分布示意图

根据邻接度计算方法，通过计算邻接度来评估轮灌组支管分布情况，见式(4-9)：

$$R = \sum_1^M \sum_i^j r_{ij} \tag{4-9}$$

式中　r_{ij}——轮灌组任意支管i和j之间的邻接关系，根据其邻接关系，记为$r_{ij}=1$或$r_{ij}=0$。

从图4-2中也可以看出，单一邻接度指标难以全面评估轮灌组集中连片程度，如图4-2(d)、(e)、(g)中邻接度都为2，但支管空间分布有较大差异，图4-2(d)的空间分布更有利于管理。因此，增加空间距离作为邻接度的加权指标，通过计算支管空间距离来加权评估，见式(4-10)：

$$S = \sum_1^M \sum_i^j s_{ij} \tag{4-10}$$

式中　s_{ij}——组内连续支管 i、j 的距离；

　　　S——整体轮灌组距离和。

需要明确的是，这里的 S 并不是组内支管间的最优距离，而是按照轮灌组序列的支管距离累加和，另外，本章不考虑轮灌组之间最优路径问题。

由于距离与邻接度指标单位不同且常常不在同一个量级，而且距离与邻接度负相关，因此，先计算邻接度倒数，然后将两者进行归一化处理，见式(4-11)、式(4-12)：

$$S'=\frac{S-S_{\min}}{S_{\max}-S_{\min}} \tag{4-11}$$

$$R'=\frac{R-R_{\min}}{R_{\max}-R_{\min}} \tag{4-12}$$

式中　$S_{\max}$、$R_{\max}$——分别为距离和邻接度的最大值；

　　　$S_{\min}$、$R_{\min}$——分别为距离和邻接度的最小值。

将归一化后的距离和邻接度加权累加后，得到轮灌组分组连通度 D，见式(4-13)：

$$D=w_1 S'+w_2 R' \tag{4-13}$$

式中　w_1、w_2——分别为对应的权重，其和为1，权重可依据需求来确定。

根据日常管理经验，支管排列邻近有利于管理和记忆，距离近则有利于减轻日常劳动强度。

约束条件如下。

变量 0-1 约束：由于阀门只有开和关两种状态，设 X_{ij} 表示第 i 条支管在第 j 轮灌组中的开关状态，见式(4-14)。

$$\sum_{j=1}^{M}X_{ij}=1 \quad X_{ij}=0,1 \tag{4-14}$$

其他约束：一个灌水周期内，支管只能开启一次；各轮灌组内支管不能为空。

4.3　模型求解

本研究中，通过分析轮灌组邻域特征，采用变邻域搜索策略引导搜索方向。采用 NSGA-Ⅱ优化多目标模型获取帕累托前沿，其中，种群交叉、变异均采用均匀交换策略，选择算子采用精英保留策略。整体算法流程如图4-3 所示。

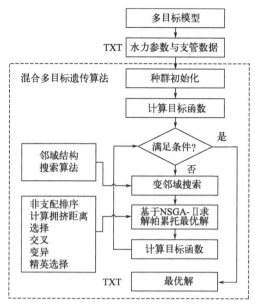

图 4-3　整体算法流程

（1）染色体编码

采用实数编码方式，列表示支管编号，支管从小到大按顺序排列，列中数字表示轮灌组编号，染色体编码表征为第 i 条支管选择在第 j 轮灌组开启。如图 4-4 所示，数字"10"表示第 3 条支管在第 10 轮灌组中开启。这种编码方式占用内存少，也可以避免支管多次开启的问题，但是可能出现轮灌组为空的情形，即不可行解。

图 4-4　染色体编码图

（2）初始化种群

根据编码方案，为避免随机初始化产生不可行解，采用网格法构造初始种群。如图 4-5 所示，其中五边形表示支管，按照轮灌组数 M 将灌溉区域划分为最大质因数区块，随机选择在 M 个区块内生成一个随机点，如图 4-5 中黑色圆点，每个黑色圆点代表 1 个轮灌组初始区域。

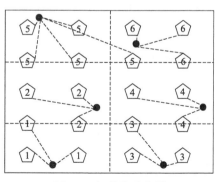

图 4-5　初始化示意图

然后依据邻近策略，采用贪心算法逐次选择黑点邻近支管，直到遍历完所有支管为止。这种初始化方法可以有效避免不可行解问题，同时使初始化解分布均匀。

（3）变邻域搜索

变邻域搜索（variable neighborhood search，VNS）从一个初始解开始，利用邻域结构不断开发邻近区域，邻域结构设计的合理与否将直接影响变邻域搜索算法的性能。轮灌组中支管的空间分布具有重要的结构特征，邻接的支管可以表示为最有利于支管集中连片的区域，因此，可以在邻接支管基础上，对非邻接部分进一步调整和优化。

支管的属性包括流量和坐标，可以通过交换流量或位置来实现扰动。为了避免支管分布扰动过大，所有的操作都必须在半径阈值内并满足约束。两种邻域结构如下。

流量移动：选择相似流量的支管并交换编码，从而构造一种解，如图4-6所示。

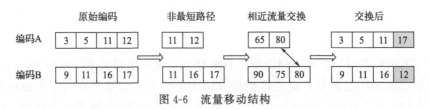

图4-6　流量移动结构

距离移动：选择距离最近的支管，并随机选择周边支管交换并构造解，如图4-7所示。

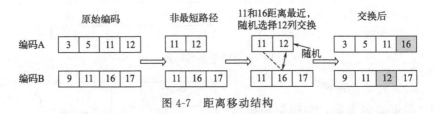

图4-7　距离移动结构

根据两种邻域结构采用变邻域扰动方法搜索局部解，算法（图4-8）给出了VNS的实现步骤。

（4）交叉、变异、选择算子

选择算子采用精英保留策略，保持比例设定在30%。为增加搜索空间，采用均匀交叉策略，即从编码第一位开始以一定概率两两交叉，直至编码最后一位，如图4-9所示。由于各种群初始化时随机点只代表某个轮灌组初始位置，并没有固定的顺序，因此，各种群轮灌组次序并不一致，例如种群1

```
Algorithm 1:变邻域搜索算法(VNS)
1 Select the set of neighbourhood structure N_k, k=1,···, K whereK=2;
2 Set Stoping condition( I )
3 S_0 ← Grid + Greed //网格法和贪心算法初始化种群
4 k ← Neighbourhood operators(); //构造邻域特征
5 i ← 1;
6 while Stopping condition is not met do
7  │    // Shaking: 从邻域特征中选择一个解
8  │    S_1 ← Shaking(S_0, k);
9  │    S_2 ← Local search(S_1, k[i]);
10 │    if S_2 has a lower cost value than S_0 then
11 │    │    S_0 ← S_2;
12 │    │    i ← 1;
13 │    │    optimize M_i;
14 │    else
15 │    │    i ← i + 1;
16 │    end
17 end
18 return the best solution
```

图 4-8　变邻域搜索算法

第一条支管所在轮灌组编号为 3，种群 2 第 1 条支管所在轮灌组编号可能为 9，当种群顺序交叉时，任意交换两个种群的编码可能会导致轮灌组次序发生混乱。因此，在交叉前，首先需要按照支管顺序对轮灌组排序，排序方法为按照各轮灌组第一条支管编号，从小到大排序，对排序后的种群再按照均匀交叉方式生成子代。交叉规则如下：首先计算各自交叉位在半径阈值范围内包含的轮灌组集合，交换时，当对方编码在集合内，则可以交换，否则，需要采用修复算法修复。同时，交换时，当产生空轮灌组问题时也需要采用修复算法修复。

编码A	2	3	5	6	7	9
编码B	4	5	8	9	12	15

编码A	2	3	8	6	7	9
编码B	4	5	5	9	12	15

修复步骤1	5	16	19	21	23
修复步骤2	6	9	10	12	14
修复步骤3	4	3	5	1	2
修复步骤4	1/4	1/3	1/5	1	1/2

编码A	2	3	2	6	7	9
编码B	4	5	5	9	12	15

图 4-9　交叉过程

变异操作可以有效避免过早收敛，保持种群的多样性，同样使用均匀变异策略，即从编码第一位开始以一定概率变异，如图 4-10 所示。算子变异也可能导致空间结构更改较大，破坏集中连片的需求，特别是当支管变异数量较多时，会使整个轮灌组结构及顺序发生混淆。所以，变异时需要遵循以下规则：所有变异操作必须在半径阈值范围内，即变异被限制在当前变异位半径阈值范围内包含的轮灌组。但是，当变异位的轮灌组只有自身时，其变异后会产生空轮灌组问题，这时就需要采用修复算法来修复。

图 4-10 变异过程

（5）修复算法

修复算法首先需要判断当前编码是否为不可行解，然后按照以下步骤修复。

步骤 1：根据支管坐标位置建立支管邻接矩阵，计算当前支管在半径阈值范围内的可行支管集合。

步骤 2：分别计算集合中支管所在轮灌组。

步骤 3：计算各轮灌组包含的支管数量。

步骤 4：根据支管数量计算倒数，并归一化，按轮盘赌策略选择编码作为修复解。

4.4 算例分析

（1）参数设置

采用 3 个滴灌案例验证算法有效性，如表 4-1 所示，案例管线布置方式相似，规模分别为 60 条、50 条和 40 条支管。其中，案例 1 面积、支管数、轮灌组和支管平均流量数值最大。案例 2 支管平均流量最小，轮灌组平均支管数最小。案例 3 面积、支管数和轮灌组最小。由于编码维数较高，默认设种群数 $N=300$，迭代次数 500，交叉概率 0.09，变异概率 0.01。在轮灌组优化过程中，如果不限制支管移动范围，容易导致轮灌组支管空间分布过于分散，降低支管集中连片程度，不利于日常管理与维护。因此，在搜索时需要控制支管邻域范围，尽可能减少支管移动半径，使其尽可能在适当的半径阈值范围内完成邻域搜索，以便支配数较少的可行解逐渐逼近帕累托最优解，同时还能获得更多非支配解。所以，半径阈值统一设置为280m。

表4-1 案例数据

案例	长/m	宽/m	支管数	轮灌组	总流量/(m³/h)	支管平均流量/(m³/h)	轮灌组平均支管数
1	820	452	60	19	4941.206	82.35	3.15
2	656	426	50	16	2956.366	59.12	3.12
3	492	411	40	12	2616.168	65.40	3.33

（2）对比分析

将3个案例数据分别输入 NSGA-Ⅱ、VNS-NSGA-Ⅱ，每个算法运行50次。如图4-11所示，提出的算法可以获得多个符合条件的非支配解集，为用户提供更多选择。从纵向分析可以看出：与传统 NSGA-Ⅱ 算法相比，VNS-NSGA-Ⅱ 都表现为求解结果更优，相同标准差条件下取得了更好的连通度。为取得更好的标准差，种群需要在更大的搜索空间寻找解，从空间分布上表现为获取更远的支管，破坏了支管集中连片程度，因此连通度指标数值变大。支管空间分布越集中连片，种群求解标准差可选空间越小，则标准差越小。横向对比结果：所有案例连通度指标结果相似，主要原因是这些案例布置方式相同，而标准差求解结果差异较大。案例1支管数量最多，标准差求解精度反而最小，主要原因是案例1支管平均流量大，轮灌组平均支管数较少，限制了优化空间。而支管数量多虽然意味着可选择的解多，但算法策略是在半径阈值范围内寻优，限制了支管数量的优势，因此支管数量大并不意味着可选解多。案例3比案例2的支管平均流量大，标准差却比案例2小，表明支管平均流量只是求解标准差精度的其中一个因素，标准差与支管

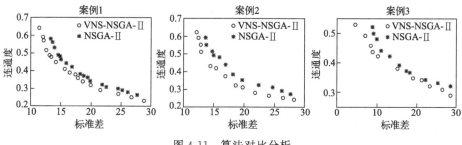

图4-11 算法对比分析

平均流量分布和空间范围都有一定关系。案例 3 工程范围小，在半径阈值范围内基本可以做到全局搜索，可以充分利用部分小流量支管参与优化，反而有利于求解标准差。可以看出，不同的案例评价指标及不同参数，对结果的优劣次序排列也有所影响，轮灌组求解结果优劣程度不能凭单一指标来确定。总的来说，标准差与连通度指标负相关，支管数与标准差无明显关系，而半径阈值范围内的支管数量和流量与标准差正相关。连通度与支管布置方式有关，与支管数量、流量无明显关联。

我们分别选择了在标准差 10~20 范围内案例 1、案例 2 和案例 3 的一组帕累托最优解，见表 4-2~表 4-4。根据式(3-18) 及表 4-2~表 4-4 中轮灌组数据，经计算后得出：案例 1 标准差 13.51、连通度 0.48；案例 2 标准差 12.87、连通度 0.51；案例 3 标准差 8.22、连通度 0.46。项目管道一般分为干管、分干管与支管三级，所有案例的分干管都在干管垂直方向布置，且支管双向布置在分干管上，因此，分干管是奇偶两两一组。如表 4-2 中，第 6 组 3-5，3-6，5-5 中，第 3 和第 5 分干管是相邻分干管，且由于是双向布置，支管也在同一列中，所以这组支管排列属于集中连片，邻接度为 2。

表 4-2 案例 1 帕累托一组解

组号	轮灌组合	组号	轮灌组合	组号	轮灌组合
1	1-1,1-5,3-7	8	1-3,2-5,2-6	15	5-9,5-10,5-12
2	1-4,2-1,3-1,4-2	9	2-7,2-8,2-9,4-7	16	1-11,3-9,4-9
3	4-4,5-3,5-6	10	4-5,5-7,5-8	17	1-12,3-11,4-12
4	1-2,3-2,5-4	11	3-10,4-6,5-11	18	2-10,3-12,4-11
5	2-4,3-3,5-2	12	1-8,1-9,2-11	19	2-2,3-4,4-1
6	3-5,3-6,5-5	13	1-6,1-7,3-8		
7	2-3,4-3,5-1	14	1-10,2-12,4-8,4-10		

表 4-3 案例 2 帕累托一组解

组号	轮灌组合	组号	轮灌组合	组号	轮灌组合
1	1-1,2-1,2-3	7	1-7,1-8,2-9	13	3-3,4-7,5-4
2	1-2,2-4,3-4	8	1-9,4-9,4-10	14	3-5,3-7,3-9
3	1-3,2-7,2-8 ,4-5	9	2-2,4-8,5-6	15	4-1,4-2,5-1
4	1-4,1-10,2-5	10	2-6,3-2,5-9	16	4-4,4-6,5-5
5	1-5,3-6,4-3	11	2-10,3-10,5-10		
6	1-6,3-8,5-8	12	3-1,5-2,5-3,5-7		

表 4-4　案例 3 帕累托一组解

组号	轮灌组合	组号	轮灌组合	组号	轮灌组合
1	1-1,1-3,1-4,2-1	5	2-2,2-3,5-6	9	4-2,5-1,5-2
2	1-2,1-6,2-4,3-3	6	2-8,3-7,3-8	10	4-3,4-4,4-6
3	1-5,2-6,3-4,3-5	7	3-1,3-2,4-1	11	4-8,5-7,5-8
4	1-7,1-8,2-5,2-7	8	3-6,4-5,4-7	12	5-3,5-4,5-5

　　半径阈值是算法的重要参数，分别设置半径阈值为 180、280、380（m），验证其对求解结果的影响程度。结果如图 4-12 所示，所有案例表明：半径阈值对标准差和连通度指标均有影响。在一定范围内，半径阈值与标准差成反比，与连通度成反比。增加半径阈值意味着增加了搜索空间，有利于实现流量均衡，但支管空间分布就越趋于分散。而半径阈值越小，则搜索空间越小，流量均衡难度增大，但支管空间分布趋于集中。案例对比结果显示：案例面积越大，半径阈值对指标影响越明显，主要原因是可选空间多，有利于改善指标。案例 3 面积较小，半径阈值 280m 基本就可以覆盖全部区域实现全局搜索，因而参数 380m 对改善指标的影响不明显。

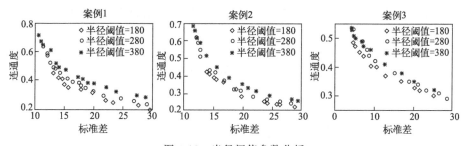

图 4-12　半径阈值参数分析

　　支管流量也是算法的重要参数，对其进行敏感度分析有利于研究支管流量对求解结果的影响程度。在其他条件不变的情况下，分别调整为当前流量的 90%、110%，仿真结果如图 4-13 所示。敏感度分析表明，设置较小的支管流量可以提高标准差精度，有利于流量均衡。支管流量越小，标准差求解精度越高；支管流量越大，则标准差求解精度越差。案例对比也表明，支管数量越多，这一趋势越明显，但是流量变化对连通度指标影响不大。需要明确的是，支管流量与管道管径、滴头间距、灌溉面积等一系列参数有关，有严格的计算标准和方法，实际工程中不能随意调整。同时，一定条件下，将支管流量变小，可能意味着需要铺设更多管网，而导致增加工程投资，不利于滴灌应用普及。因此，可以考虑将支管流量计算方法和轮灌组作为一个整体，从最优成本和流量均衡的角度来优化。

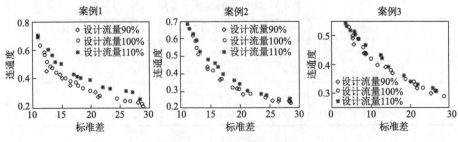

图 4-13　流量敏感度分析

由于水质、泥沙和管网质量等原因，堵塞是滴灌运行中经常发生的问题，每一条支管都有发生堵塞的概率，因此，可以生成一个随机数来模拟某条支管是否发生堵塞。在施水量一定的条件下，管网发生堵塞会减少轮灌组选择空间，加重管网资源竞争，从而影响流量均衡。通过模拟实际场景中堵塞的情形，将堵塞概率分别调整为 0.01、0.02、0.03、0.04 和 0.05，采用单目标遗传算法求解标准差变化情况，如图 4-14 所示。可以看出，随着堵塞概率的增加，所有案例标准差求解精度均有所上升，且上升趋势相似，这表明堵塞概率越大，管网流量越不均衡。通过对比可以看出，支管数量越大，堵塞对标准差影响幅度越小；支管数量越少，则影响幅度越大。

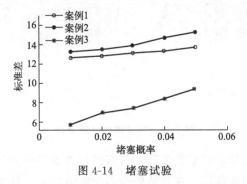

图 4-14　堵塞试验

4.5　小结

本章采用智能算法来求解轮灌组问题，针对管网流量均衡和集中连片的设计需求，以各轮灌组流量标准差最小设计基于邻接度和空间距离加权的连通度指标，建立多目标优化模型。针对单一算法局部搜索能力不足的问题，分析轮灌组领域知识，建立两种变邻域结构，将变邻域搜索算法与 NSGA-Ⅱ结合求解模型。结果表明，变邻域搜索算法可以较好地引导搜索空间，混合算法能很好地逼近帕累托前沿，求解结果符合水力标准，有利于日常管理与维护。

对半径阈值和支管流量的敏感度分析表明，在一定范围内半径阈值与标准差成反比，与连通度成反比，较小的支管流量有利于轮灌组标准差的精度。同时，考虑到支管流量对轮灌组精度的重要性，下一步考虑将支管流量计算作为模型的一部分参与优化，从整体角度来优化轮灌组。另外，滴灌轮灌组有多种应用场景，本章只考虑了传统手工操作模式下的轮灌组问题，下一步将研究自动化滴灌的轮灌组模型及优化算法。

参考文献

[1] Ning S，Zuo Q，Shi J，et al. Water use efficiency and benefit for typical planting modes of drip-irrigated cotton under film in Xinjiang[J]. Transactions of the Chinese Society of Agricultural Engineering，2013，29（22）：90-99.

[2] Wang S，Jiao X，Guo W，et al. Adaptability of shallow subsurface drip irrigation of alfalfa in an arid desert area of Northern Xinjiang[J]. PLoS One，2018，13（4）：e0195965.

[3] Jiménez-Bello M A，Alonso Campos J C，Manzano-Juárez J，et al. Methodology for flushing pressurised irrigation networks for fertigation and operation maintenance purposes[J]. Irrigation Science，2021，39（3）：375-384.

[4] Zhangzhong L，Yang P，Zheng W，et al. Effects of water salinity on emitter clogging in surface drip irrigation systems[J]. Irrigation Science，2020，40（6）：717-731.

[5] Fu Y，Zhang Y，Cai H，et al. Application of line-up competition algorithm with variable weight for tree pipe network layout optimization [J]. Applied Mechanics and Materials，2012，143-144：869-875.

[6] Shi J，Wu X，Zhang M，et al. Numerically scheduling plant water deficit index-based smart irrigation to optimize crop yield and water use efficiency[J]. Agricultural Water Management，2021，248：106774.

[7] Nie J，Cen H. Research and realization of automatic control system of precision drip irrigation fertilization[J]. Water Saving Irrigation，2011.

[8] Che Z，Wang J，Li J. Effects of water quality, irrigation amount and nitrogen applied on soil salinity and cotton production under mulched

drip irrigation in arid Northwest China[J]. Agricultural Water Management，2021，247：106738.

[9] Ning S，Zhou B，Shi J，et al. Soil water/salt balance and water productivity of typical irrigation schedules for cotton under film mulched drip irrigation in northern Xinjiang[J]. Agricultural Water Management，2021，247.

[10] Liu R，Yang Y，Wang Y，et al. Alternate partial root-zone drip irrigation with nitrogen fertigation promoted tomato growth，water and fertilizer-nitrogen use efficiency[J]. Agricultural Water Management，2020，233：106049.

[11] Masseroni D，Castagna A，Gandolfi C. Evaluating the performances of a flexible mechanism of water diversion：Application on a northern Italy gravity-driven irrigation channel[J]. Irrigation Science，2021，39（3）：363-373.

[12] Pallavan P N I，Abhirame V S，Prabha V S，et al. Characterization of water dynamics and modelling of an open channel irrigation system [J]. IOP Conference Series：Materials Science and Engineering，2020，955（1）.

[13] Ficchi A，Raso L，Dorchies D，et al. Optimal operation of the multireservoir system in the seine River basin using deterministic and ensemble forecasts[J]. Journal of Water Resources Planning and Management，2015.

[14] Balendonck J，Stanghellini C，Hemming J，et al. Farm level optimal water management：Assistant for irrigation under deficit（FLOW-AID）[J]. Leeuwarden Wageningen UR Greenhouse，2009.

[15] 程帅. 基于智能算法与 GIS 的灌溉水资源多目标优化配置[D]. 长春：中国科学院研究生院（东北地理与农业生态研究所），2016.

[16] Li X，Gao L，Pan Q，et al. An effective hybrid genetic algorithm and variable neighborhood search for integrated process planning and scheduling in a packaging machine workshop[J]. IEEE Transactions on Systems, Man, and Cybernetics：Systems，2019，49（10）：1933-1945.

[17] Zhao F，Zhang J，Zhang C，et al. An improved shuffled complex evolution algorithm with sequence mapping mechanism for job shop scheduling problems[J]. Expert Systems with Applications，2015，

42 (8)：3953-3966.

[18] Akram K，Kamal K. Hybridization of simulated annealing with quenching for job shop scheduling[C]//2015 International Conference on Fluid Power and Mechatronics (FPM). IEEE，2015：825-829.

[19] Lotfi M，Behnamian J. Collaborative scheduling of operating room in hospital network：Multi-objective learning variable neighborhood search[J]. Applied Soft Computing，2022，116：108233.

[20] Zhao F，Qin S，Yang G，et al. A differential-based harmony search algorithm with variable neighborhood search for job shop scheduling problem and its runtime analysis[J]. IEEE Access，2018，6：76313-76330.

[21] Brito J，Expósito A，Moreno J A. Variable neighbourhood search for close-open vehicle routing problem with time windows[J]. IMA Journal of Management Mathematics，2016，27 (1)：25-38.

[22] Deng W，Xu J，Song Y，et al. Differential evolution algorithm with wavelet basis function and optimal mutation strategy for complex optimization problem[J]. Applied Soft Computing，2021，100：106724.

[23] Fiedler M. Algebraic Connectivity of Graphs[J]. Czechoslovak Mathematical Journal，1973，23 (98)：298-305.

[24] Cuomo F，Cianfrani A，Polverini M，et al. Network pruning for energy saving in the Internet[J]. Computer Networks：The International Journal of Computer and Telecommunications Networking，2012，56 (10)：2355-2367.

[25] Simonetto A，Keviczky T，Babuska R. Constrained distributed algebraic connectivity maximization in robotic networks[J]. Automatica-Oxford，2013，49 (5)：1348-1357.

[26] Shang Y. Perturbation results for the Estrada index in weighted networks[J]. Journal of Physics A：Mathematical and Theoretical，2011，44 (7)：75003.

[27] Shang Y. Local natural connectivity in complex networks[J]. Chinese Physics Letters，2011，28 (6)：68903.

[28] Wu J，Barahona M，Tan Y，et al. Natural connectivity of complex networks[J]. Chinese Physics Letters，2010，27 (7)：78902.

[29] 胡尊乐，汪姗，费国松. 基于分形几何理论的河湖结构连通性评价方法[J]. 水利水电科技进展，2016，36 (6)：24-28，43.

［30］Martinez-Carreras M，Wetzel C E，Frentress J，et al. Hydrological connectivity inferred from diatom transport through the riparian-stream system［J］. Hydrology and Earth System Sciences，2015，19 (7)：3133-3151.

［31］Fazlul Karim，Anne Kinsey-Henderson，Jin Wallace，et al. Modelling wetland connectivity during overbank flooding in a tropical floodplain in North Queensland，Australia［J］. Hydrological Processes，2012，26 (18)：2710-2723.

［32］Widener M J，Farber S，Neutens T，et al. Spatiotemporal accessibility to supermarkets using public transit：An interaction potential approach in Cincinnati，Ohio-ScienceDirect［J］. Journal of Transport Geography，2015，42 (C)：72-83.

［33］Deb K，Pratap A，Agarwal S，et al. A fast and elitist multiobjective genetic algorithm：NSGA-Ⅱ［J］. IEEE Transactions on Evolutionary Computation，2002，6 (2)：182-197.

第5章

自动化滴灌轮灌组划分算法

　　为了解决自动化滴灌轮灌组划分手工计算效率低的问题。本研究分析比较了自动化滴灌与手工控制滴灌问题特征和划分原则，构建了以轮灌组流量均衡为目标的数学模型，模型以流量标准差最小为目标函数，以流量差、压力差和离散度指标等为约束条件，以支管数量、流量大小和轮灌组数为决策变量，并提出了一种基于混合变邻域的 GSRV-GA 算法进行模型求解。算法通过设计罚函数以及子代修复算法来解决工程约束以及交叉变异产生的非法解问题，然后将选择算子结合模拟退火机制以避免优化解陷入局部最优。为了提高算法搜索精度，设计了基于流量和位置调整的两种邻域结构，通过变邻域搜索来强化遗传算法的搜索能力。对新疆某团场 $70hm^2$ 灌区工程进行实例优化分析，求解的最小标准差为 $10.03m^3/h$，算法在 350 代左右实现收敛，求解时间为 2504.53s。在 3 组不同规模的案例中求解最小标准差分别为 $15.18m^3/h$、$13.93m^3/h$ 和 $7.52m^3/h$，在 1～5 条支管堵塞抖动试验中离散度指标均达到 1。该模型和算法可为后续挖掘自动化滴灌节水技术提供基础。

5.1　自动化场景轮灌组问题及研究思路

　　滴灌利用塑料管道将水通过毛管上的孔口或滴头送到作物根部进行局部灌溉，水的利用率可达 95％，比喷灌节水 35％～75％[1-2]。国内外研究中，无线传感器网络和基于物联网的信息技术在自动化滴灌中被广泛应用[3]，学者们将农情需求与物联网结合以实现最大化收益[4]。神经网络、图像处理等技术也被应用在滴灌农田灌溉[5]、小麦[6] 和玉米[7] 产量的预测。国内学者的研究则主要包括灌水器堵塞机理与优化[8]、精准施肥[9]、水肥一体化[10] 等。为了解决滴灌在大田作物上的低成本应用的问题，新疆大田灌溉往往采用轮灌工作制度[11]，而过往的研究中鲜有自动化滴灌轮灌组划分的相关报道，虽然有国内学者从使用角度提出了手工控制滴灌轮灌组划分存在的问题[12-13]，但没有提出具体解决办法。目前设计人员依据《微灌工程技术标准》（GB/T 50485—2020）计算轮灌组时大多采用 Excel 推算的方法，缺乏专业软件的支持，在面对大规模滴灌工程时计算效率低，难以适应自动化滴灌用水需求的变化，也限制和制约了自动化滴灌节水的潜能。

前期研究中提出了一种手动控制滴灌轮灌组模型及算法[14]，验证了智能算法在求解手动控制滴灌轮灌组上的可行性，但手动控制滴灌与自动控制滴灌在支管组合和工程约束方面存在较大区别。轮灌组划分可视为一种离散组合优化问题，其需要在种群多样性和搜索精度之间保持平衡[15]。基于变邻域策略通过不同动作构成的邻域结构进行交替搜索[16]，被广泛应用在区域设施布局[17]、混合流水车间调度[18] 等组合优化问题上，并取得了较好的效果。同时轮灌组划分也存在水力约束、工程需求及用户偏好等问题，单一方法难以完全解决，需要有针对性地采用混合策略和方法。

综上所述，自动化滴灌轮灌组划分是一个新问题，是目前还没有发布的研究模型和算法。该研究在前期研究基础上分析自动化滴灌轮灌组划分问题特征，提出基于流量标准差最小的目标模型和离散度指标，采用混合策略从多方面改进遗传算法，并针对离散组合优化中种群多样化和求解精度问题设计修复算法、变邻域结构和局部搜索算法，以提高求解精度。该研究可为自动化滴灌节水技术提供借鉴和参考。

5.2 模型构建

轮灌组是一系列支管的排列组合（图 5-1），图 5-1(a) 是滴灌工程示意图，滴灌按照一管二行布置，以支管编号 1-10 为例，"-" 前代表分干管，"-" 后代表支管号。图 5-1(b) 为一个轮灌组划分示意图，图 5-1(a) 中若干支管按规则分配到各轮灌组中，轮灌系统运行时，控制系统首先开启一条组内支管及控制的毛管，在一个灌水周期结束后，再开启下一个轮灌组，然后再关闭前一条组内支管，直到遍历完所有组为止。由于管网水流途径不同，导致各轮灌组流量存在差异，为避免流量不均衡而引起管网破裂或水头损失过大，各组流量应保持平衡，同时，将多条支管分散在不同的分干管有利于降低管网成本。因此，轮灌组在满足约束条件下的划分原则包括：①各组流量和相近；②各组支管应分散到不同的分干管中。

轮灌组划分问题描述如下：设 N 为支管数量，M 为轮灌组数量，则可

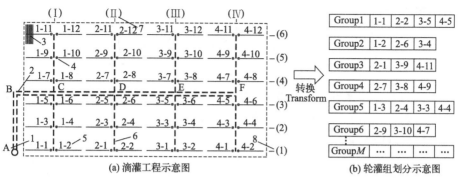

图 5-1 轮灌组转换示意图

以将支管及其连接的边组成无向图 $G=(V,E)$。其中，V 是支管的集合，$V=\{V_1, V_2, \cdots, V_N\}$，每条支管有流量 $Q(V)$ 和坐标 $O(V)$ 两个属性且每条支管只能开启一次 $\mathrm{Once}(V)$；E 是由支管对所构成的集合，$E=\{(i,j)\mid \forall\, i,j\in V, i\neq j\}$。$\mathrm{Group}(V)=\{\mathrm{Group}1, \mathrm{Group}2, \cdots, \mathrm{Group}M\}$，其中，$\mathrm{Group}$ 为某轮灌组支管的集合。将求解轮灌组转化为求解矩阵 $\boldsymbol{X}_{ij}$ 的问题，x_{ij} 表示编号为 i 的支管在编号为 j 的轮灌组中的状态，$x_{ij}=1$ 表示支管 i 在第 j 轮灌组为开启状态，$x_{ij}=0$ 则表示为关闭状态。矩阵 $\boldsymbol{X}_{ij}$ 中行表示第 j 轮灌组中支管的状态，列表示支管 i 在 M 个轮灌组中的开启状态。

依据标准水力计算方法和公式，模型建模首先根据水源、土壤、灌溉保证率及水利用系数等参数计算灌水定额、灌水周期和一次灌水延续时间等参数，然后根据管网及水力系统等确定轮灌组数，计算方法如式（5-1）所示。

$$M=\mathrm{INT}\big[\big((m_{\mathrm{d}}/I_{\mathrm{a}})\eta C\big)/\big(m_{\mathrm{d}} S_{\mathrm{e}} S_{\mathrm{L}}/q_{\mathrm{d}}\big)\big] \tag{5-1}$$

式中　M——轮灌组数量；

$\quad m_{\mathrm{d}}$——设计灌水定额，mm；

$\quad I_{\mathrm{a}}$——设计耗水强度，mm/d；

$\quad \eta$——灌溉水利用系数；

$\quad C$——系统日工作时间，一般取 $18\sim22\mathrm{h}$；

$\quad q_{\mathrm{d}}$——灌水器流量，m^3/h；

$\quad S_{\mathrm{e}}$——灌水器间距，m；

$\quad S_{\mathrm{L}}$——毛管间距，m。

针对轮灌组流量相近原则，建立以各轮灌组流量标准差最小为目标的数学模型：

$$\min f_1 = \sqrt{\frac{\sum_{j=1}^{M}\left(\frac{1}{M}\sum_{j=1}^{M}Q_i x_{ij} - \sum_{j=1}^{M}Q_i x_{ij}\right)^2}{M}} \tag{5-2}$$

式中　f_1——轮灌组流量标准差，m^3/h，用于评估轮灌组流量相近程度；

　　　Q_i——第 i 条支管的设计流量，m^3/h。

约束条件如下。

$$x_{ij} = 0,1 \tag{5-3}$$

$$0.8F_{max} < \sum_{i,j}^{N}Q_i V_{ij} < F_{max} \tag{5-4}$$

$$\Delta F = \max F_j - \min F_j < \delta \tag{5-5}$$

$$\Delta H = \max H - \min H < \gamma \tag{5-6}$$

$$H = \sum_{j}^{N}(h_{j毛} + h_{j支} + h_{j干}) \tag{5-7}$$

$$\forall\, \mathrm{Group} \neq \varnothing \tag{5-8}$$

$$\mathrm{Group}i \cap \mathrm{Group}j = \varnothing,\ \mathrm{Group}i \neq \mathrm{Group}j,$$

$$\sum_{i=1}^{M}\mathrm{Group}i = V, \forall\, i,j \in M \tag{5-9}$$

式中　$x_{ij}=0$ 和 1——支管阀门关和开；

　　　F_{max}——轮灌组最大设计流量，m^3/h，即任意轮灌组流量应小于最大设计流量，大于设计流量的 80%；

　　　F_j——各轮灌组流量集合，m^3/h；

　　　ΔF——任意 2 个轮灌组流量之差，m^3/h；

　　　δ——流量差阈值，m^3/h；

　　　H——各轮灌组压力集合；

　　　ΔH——任意轮灌组压力之差应小于一定的阈值 γ；

$h_{j毛}$、$h_{j支}$、$h_{j干}$——分别为毛管、支管和分干管压力，m；

　　　Group——轮灌组中支管的数量，式(5-8)约束为不能出现"空组"问题。

针对支管离散原则，定义一种离散度指标 D 来评估支管离散分布状态，如式(5-10)所示。

$$D = \frac{1}{N}\sum_{j}^{M}C_j \tag{5-10}$$

式中　C_j——第 j 轮灌组内分干管数量；

　　　D——离散度，通过计算各轮灌组内分干管数和支管数 N 的比值得出，离散度 D 介于 0~1 之间，趋近于 "1"，表示支管趋于分散，趋近 "0"，则表示支管趋于集中。

5.3　模型求解

从上述内容可以看出，求解模型变量维数高，目标函数和约束具有非线性特征，传统的运筹学方法难以快速解决此类问题。算法优化过程还需要解决的问题包括：①工程约束问题，见式(5-5)、式(5-6)；②支管开启问题，见式(5-3)；③轮灌组约束问题，见式(5-8)、式(5-9)；④离散指标问题，见式(5-10)；⑤算法局部最优问题；⑥种群多样化和局部搜索问题。针对以上问题，本研究基于经典遗传算法（genetic algorithm，GA）设计了多种策略，包括网格＋贪心算法（grid-greed，GG）的种群初始化方法、模拟退火（simulated annealing，SA）方法、子代修复算法（repair algorithm，RA）和变邻域搜索（variable neighborhood search，VNS）算法，本节将这种混合算法统称为 GSRV-GA，整体框架如图 5-2 所示。

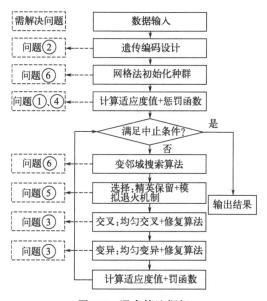

图 5-2　混合算法框架

模型求解包括染色体编码、初始化种群、目标函数、子代种群生成和变邻域搜索等环节。其中，染色体编码采用与手动控制滴灌相同的编码方式[14]。

（1）初始化种群

根据编码方案，随机初始化[19] 可能出现 "空组" 问题，采用网格＋贪心算法相结合的方法来构造初始种群,详细步骤如下。

步骤 1:将工程空间按照 M 划分为最近的最大质因数乘积 $\max = A \cdot B$ $(A,B=1,\cdots,n)$ 且 $\max \geqslant M$。

步骤 2:在 $\max$ 中随机选择 M 个区块 $M_j(j=1,\cdots,M)$,并计算每个区块 M_j 的边界。

步骤 3:在每个 M_j 边界范围内随机生成 1 个参考点 $O_j(j=1,\cdots,M)$,则 O_j 代表第 j 轮灌组的初始位置,但 O_j 并不计算在轮灌组初始解内。

步骤 4:依据海明距离最远的策略,采用贪心算法逐次计算距离 O_j 最远的支管 P_j,则 P_j 记为第 j 轮灌组内初始解,然后将参考点 O_j 替换为 P_j。

步骤 5:再次依据步骤 4 计算距离参考点 O_j 最远的支管并替换,直至遍历完所有支管为止。

步骤 6:按照编码方案进行转码后得到初始种群。

(2)适应度与惩罚函数

惩罚函数是对违反约束条件的非可行解或者试图逃离可行域的点给予惩罚[20],以实现最小化目标函数和满足约束条件间的平衡。适应度值通常包括目标函数和约束条件的偏离两部分,结合离散度指标 D 和式(5-5)、式(5-6)约束,将适应度函数计算转化为求解无约束函数的极小值问题,如式(5-11)所示。

$$\min F = f_1 + \ln[|g(\Delta F)| + |g(\Delta H)|] + \ln(D) \tag{5-11}$$

式中　　　　D——离散度,由式(5-10)定义,D 介于 0~1 之间,D 趋近于"1",表示当前种群不实行惩罚,D 趋近"0"则应给予较大惩罚;

　　　　　　F——适应度函数;

　　　　　　f_1——式(5-2)目标函数;

$g(\Delta F)$、$g(\Delta H)$——分别为算法搜索过程中约束函数的流量和扬程偏差值,当不违背约束时均取"0"。

(3)选择算子

经典遗传算法的选择算子基于固定的选择概率[21]。为了避免陷入停滞,采用精英保留策略[22]和模拟退火算法[23]相结合的方法,其中,精英保持比例设定在 10%。同时构建一种基于 Metropolis 准则的选择算子,子代选择概率依据模拟退火算法确定[24]:

$$P(k,a) = \begin{cases} F(k) \leqslant F(a) \\ F(k) > F(a), e^{\frac{1/f(k)-1/f(a)}{T_k}} \end{cases} \tag{5-12}$$

式中　$P(k,a)$——子代选择的概率;

$F(k)$——当前个体适应度值；

$F(a)$——当前种群平均适应度值；

T_k——迭代 k 次时的温度，$T_k = \alpha T_{k-1}$，$\alpha \in (0,1)$。

可以看出，采用模拟退火机制，当种群适应度大于平均值时仍具有被选择的概率，选择算子具有概率突跳能力和种群多样性，有利于跳出局部最优。

（4）交叉及变异算子

子代交叉（变异）算子均采用均匀交叉（变异）策略，即从第一位编码开始以一定概率交叉（变异）直至最后一位。交叉和变异过程中可能会导致种群发生混乱，当产生式(5-8)约束时须采用修复算法修复，修复算法详细步骤如下。

步骤 1：判断当前编码位（bit）交叉（变异）后是否存在"空组"。

步骤 2：计算各分干管所在支管集合 B_k，$B_k = \{B_1, B_2, \cdots, B_k\}$，$k$ 为分干管编号。

步骤 3：计算各轮灌组包含的支管数量 Number_j，并根据式(5-10)计算各轮灌组离散度 D。

步骤 4：选择 Number_j 前 10% 的轮灌组，且离散度 D 最小的作为参考轮灌组，设 p 为轮灌组内支管，则计算 p 在集合 B 中同时出现的支管集合 P，并以一定概率选择集合 P 中支管 p 作为编码位的修复解。

（5）基于邻域结构的局部搜索算法

变邻域搜索是指通过改变种群邻域结构的大小或类型来抖动以强化局部搜索能力[25]。根据流量标准差和离散度指标，定义邻域结构 $\omega = \{\omega_1, \omega_2\}$。其中，$\omega_1$ 为基于贪婪策略的流量调整邻域结构，调整过程如图 5-3(a) 所示；ω_2 为基于随机准则的位置调整邻域结构，调整过程如图 5-3(b) 所示。

邻域结构 ω 的早期抖动阶段，选择较多的支管可以增加种群多样性。随着迭代次数的增加，指标趋于收敛，可以逐步缩减支管数量，以提高搜索精度。同时，支管数量过多会增加不必要的搜索，影响迭代效率。分别建立 ω_1 和 ω_2 的自适应机制，计算公式如下：

$$\phi_1 = \pm |\varphi \text{flow}(\text{iter} - t/\text{iter})^2| \tag{5-13}$$

$$\phi_2 = \varphi(\text{iter} - t/\text{iter})^2 \tag{5-14}$$

式中　ϕ_1——流量调整浮动阈值，$\varphi \in (0,1)$；

flow——待调整支管流量；

iter——最大迭代次数；

t——当前迭代次数；

ϕ_2——支管选择率。

ω_1 为图 5-3(a) 步骤 3 中按照流量阈值 ϕ_1 的变化来自适应选择支管

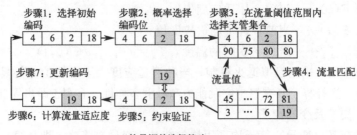

(a) 流量调整选择策略

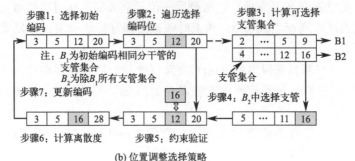

(b) 位置调整选择策略

图 5-3　两种变邻域策略

格子中数字表示支管编码，B_1 为初始编码相同分干管的支管集合，

B_2 为除 B_1 外所有支管集合

集合。

ω_2 为图 5-3（b）步骤 3 中将支管乘以 ϕ_2 来实现自适应选择可搜索的支管集合。

邻域搜索过程就是邻域结构 ω 的动态选择过程，ω 的选择是分别基于当前编码 i 的流量标准差和离散度的适应度值进行动态调整的，若当前适应度值满足小于前值，则仍使用当前 ω 结构，否则对 ω 的结构进行更换。搜索算法具体步骤如下。

步骤 1：参数初始化，选择种群 POP。

步骤 2：依据公式（5-11）计算 POP 适应度值 F。

步骤 3：概率选择 POP 中编码位 i，若无编码位，可选择执行步骤 8。

步骤 4：以概率动态选择 ω 执行变邻域搜索，若 ω 为空，则执行上一步。

步骤 5：执行式（5-5）、式（5-6）约束检测，若通过则执行步骤 6，否则，执行步骤 4；若存在"空组"问题，则采用修复算法修复后执行步骤 6。

步骤 6：计算适应度值 F，若小于前值，则更新 POP，并执行下一步，否则，执行步骤 4。

步骤 7：循环执行步骤 3～6，直至 POP 遍历完或达到算法迭代次数。

步骤8：输出 POP 编码。

5.4 实验分析

（1）参数计算与设置

试验计算机配置为 Intel(R) Core(TM) i5-7200U CPU 2.50GHz，内存为 8GB，使用 MATALB 2016a 进行编程。为验证算法有效性以及对比手动控制滴灌，故选择相同的工程设计参数、支管流量和坐标数据[14]，由式（5-1）计算，轮灌组数为 19 个。由于种群搜索空间大且编码维数高，设种群数 400、迭代次数 800、交叉概率 0.8、变异概率 0.01。

（2）算法分析

采用流量标准差、离散度和运行时间 3 项指标对比分析，运行时间是指算法求解模型一次所花费的时间。本节针对不同的问题特征，基于经典遗传算法（GA）提出基于混合变邻域的 GSRV-GA 算法，分别包括种群初始化算法（G）、模拟退火（SA）、修复算法（R）和变邻域搜索（VNS）等策略，由于研究的问题并没有其他公开的算法和测试集，因此选择与采用不同策略的算法包括遗传算法（genetic algorithm，GA）、网格贪心＋遗传算法（Grid-Greed＋GA，G-GA）、网格贪心＋模拟退火＋遗传算法（Grid-Greed＋Simulated Annealing＋GA，GS-GA）、网格贪心＋模拟退火＋修复算法（Grid-Greed＋Simulated Annealing＋Repair Algorithm＋GA，GSR-GA）和网格贪心＋模拟退火＋变邻域搜索算法（Grid-Greed＋Simulated Annealing＋Variable Neighborhood Search，GSV-GA）进行对比并分析各种策略的作用，每个算法运行 20 次并求平均值，计算结果如表 5-1 所示。

表 5-1 算法对比

算法	最小标准差 /(m³/h)	平均标准差 /(m³/h)	最大离散度	平均离散度	运行时间 /s
GA	35.3	45.74	0.81	0.74	528.63
G-GA	31.3	38.35	0.89	0.82	625.21
GS-GA	27.74	35.65	0.92	0.84	647.26
GSR-GA	13.38	35.65	0.96	0.95	1181.12
GSV-GA	13.12	17.02	1	0.95	2136.46
GSRV-GA	10.03	12.58	1	0.97	2504.53

注：GA 表示经典遗传算法，G 表示网格贪心，S 表示模拟退火，R 表示修复算法，V 表示变邻域搜索。

表 5-1 显示，GSRV-GA 在标准差和离散度两项指标上性能远优于其他算法，在最小标准差指标上比其他算法分别小 71.6%、68%、63.8%、25.0%、23.6%。对比分析来看，G-GA 优于 GA 的主要原因是前者采用网格贪心的初始化算法可以获得分散的初始种群，且将参考点作为轮灌组初始空间的方法避免了"空组"问题的产生，而 GA 采用随机初始化方式则无法避免"空组"问题，直接影响了种群多样性和迭代效率。GS-GA 采用模拟退火机制提高了算法跳出局部最优的能力，但相比 G-GA 提升效果不明显，原因是 GS-GA 无法解决子代迭代过程中产生的不可行解，而 GSR-GA 具有的子代修复机制，从指标上看效果明显。GSV-GA 具有局部搜索机制，相比 GSR-GA 算法可以获得较小的解，但是最小标准差和平均离散度相差不明显，原因是前期不可行解无法被修复影响了迭代效率，但由于变邻域搜索算法具有一定修复能力，从而弥补了无修复算法的问题。从运行时间上看，GA 采用随机法不需要计算距离且机制简单，运行时间最短，其他算法除计算邻近矩阵外，子代修复和变邻域搜索均需要耗费较长时间，从 GSR-GA 和 GSV-GA 运行时间上看，变邻域搜索计算时间最长，其次是修复算法。

从图 5-4(a) 可以看出，GSRV-GA 在 350 代左右达到收敛，展现出较好的性能。GSR-GA 和 GSV-GA 收敛性能相近，而 G-GA 和 GS-GA 接近，从 GSR-GA 与 GSV-GA 对比中可以看出，GSR-GA 前期修复算法效果明显，而 VNS 算法无法处理式(5-7)约束导致前期搜索结果并不理想，后期随着子代迭代改善了种群结构，VNS 搜索效果逐渐显现。同时本节的种群初始化算法相比随机法具有更好初始解，有利于种群多样化。图 5-4(b) 表明，在迭代过程中，流量标准差和支管离散度指标两者呈现高度正相关性，表明设计的适应度函数及惩罚函数具有合理性和有效性。

为了对比手动控制滴灌与自动化控制滴灌轮灌组支管组合的区别，表 5-2 中手动控制滴灌[14] 流量标准差为 $10.90\text{m}^3/\text{h}$，按照本节的指标计算，离散度指标为 0.73。GSRV-GA 求解的自动化滴灌流量最小标准差为 $10.03\text{m}^3/\text{h}$，离散度指标为 1。由于手动控制滴灌优化偏向为支管集中，可以看出依据图 5-1(a) 中支管布局，其各轮灌组内支管大多相邻或分配在相同分干管，这种组合方式便于手动操作开关阀，有利于减轻劳动强度。而自动化滴灌优化则偏向支管离散，表现出自动化滴灌结果中所有轮灌组内支管分散在不同的分干管中，这种组合方式则完全从经济性角度出发，有利于减少管网口径。优化指标的不同导致支管组合方式有较大差异，但两者流量标准差近似值不高于 1% 且均符合流量均衡，离散度指标分别为 0.73 和 1，也实现了各自的优化方向，表明本节算法在自动化滴灌轮灌组划分问题上具有有效性，也验证了智能算法取代传统计算方式的可行性。

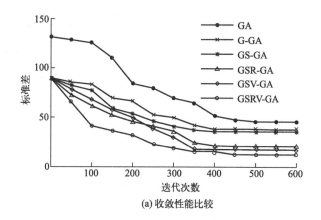

(a) 收敛性能比较

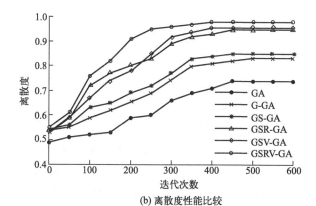

(b) 离散度性能比较

图 5-4 算法性能比较

表 5-2 轮灌组求解结果对比

组号	手动控制滴灌			自动化滴灌		
	轮灌组	流量/(m³/h)	支管数/分干管数	轮灌组	流量/(m³/h)	支管数/分干管数
1	1-1,2-1,3-3,4-4	257.86	4/4	1-1,2-8,5-6	253.88	3/3
2	1-2,2-2,3-2	261.66	3/2	1-2,3-3,4-11,5-12	244.80	4/4
3	1-3,1-6,2-7	272.33	3/2	1-3,2-9,4-7,5-5	258.99	4/4
4	1-4,3-4,3-7	251.00	3/2	1-4,2-12,4-2,5-2	255.71	4/4
5	1-5,1-8,2-8	263.85	3/2	1-5,2-3,3-7	253.18	3/3
6	1-7,3-8,3-10	251.00	3/2	1-6,3-4,5-3	276.04	3/3
7	1-9,2-12,3-12,4-12	268.00	4/4	1-7,2-11,4-8	261.66	3/3
8	1-10,1-11,1-12	272.33	3/1	1-8,2-5,3-11	261.66	3/3

组号	手动控制滴灌			自动化滴灌		
	轮灌组	流量/(m³/h)	支管数/分干管数	轮灌组	流量/(m³/h)	支管数/分干管数
9	2-3,4-3,4-6	251.00	3/2	1-9,2-10,3-5	261.66	3/3
10	2-4,3-1,4-1	251.00	3/3	1-10,2-6,4-5	261.66	3/3
11	2-5,2-6,3-6	261.69	3/2	1-11,2-7,4-3	261.66	3/3
12	2-9,3-5,4-10,4-11	270.87	4/3	1-12,3-12,5-8	276.04	3/3
13	2-10,3-11,5-10	276.05	3/3	2-1,4-4,5-7	238.29	3/3
14	2-11,4-9,5-7	276.05	3/3	2-2,3-9,5-9	276.04	3/3
15	3-9,4-5,5-8	265.38	3/3	2-4,3-10,4-1	251.00	3/3
16	4-2,5-1,5-2	240.41	3/2	3-1,4-9,5-11	265.38	3/3
17	4-7,5-3,5-5	242.84	3/2	3-2,4-12,5-10	265.38	3/3
18	4-8,5-4,5-6	257.59	3/2	3-6,4-6,5-4	265.38	3/3
19	5-9,5-11,5-12	250.28	3/1	3-8,4-10,5-1	252.69	3/3
平均		260.06	离散度 0.73		260.06	离散度 1

为了验证本节 GSRV-GA 在自动化滴灌轮灌组划分问题上的普适性，同样选择新疆生产建设兵团第三师 45 团 3 组不同规模的工程案例进行验证[14]，其中案例坡降基本小于 2.6‰，种植作物为机采棉花并采用一膜三管三行模式，滴灌带间距为 0.76m，依据相关标准选取水损系数分别为 0.4、0.5 和 0.65 进行滴灌系统设计。参数包括种群数、迭代次数、交叉概率和变异概率等与 3.4 节设置相同。案例基础参数与试验结果如表 5-3 所示，案例求解最小标准差分别为 $11.48m^3/h$、$9.84m^3/h$ 和 $5.49m^3/h$，平均为 $8.93m^3/h$，最大离散度指标均为 1，3 组不同规模的案例求解结果均符合要求，验证了算法的普适性。

表 5-3　3 组案例算法普适性验证

案例	灌区长度/m	灌区宽度/m	支管数	轮灌组数	最小标准差/(m³/h)	平均标准差/(m³/h)	最大离散度	平均离散度	运行时间/s
案例 1	820	517	70	24	11.48	15.18	1	0.97	2754.27
案例 2	656	426	50	16	9.84	13.93	1	0.98	2383.51
案例 3	492	411	40	12	5.49	7.52	1	0.97	2004.37

（3）抖动试验

由于水质、泥沙和阀门质量等原因，堵塞是滴灌运行中经常发生的问题，每一条支管都有发生堵塞的概率，因此，可以模拟支管堵塞来验证算法鲁棒性。分别随机选择 1～5 条支管来模拟堵塞并在上述 3 组案例中采用 GSRV-GA 进行试验，结果如表 5-4 所示。在模拟堵塞条件下，3 组案例依然取得了较好的解，平均标准差分别达到 $10.50 \mathrm{m}^3/\mathrm{h}$、$11.09 \mathrm{m}^3/\mathrm{h}$、$11.47 \mathrm{m}^3/\mathrm{h}$、$12.15 \mathrm{m}^3/\mathrm{h}$ 和 $12.81 \mathrm{m}^3/\mathrm{h}$，离散度也均达到 1，验证了算法的鲁棒性。图 5-5 表明随着支管堵塞数量增加，3 组案例流量标准差均有上升趋势，表明增加堵塞会减少算法选择空间，从而加重支管资源竞争，影响了流量均衡。案例 3 由于支管数量最少，因而竞争更激烈，流量标准差影响幅度最大。随着支管堵塞数量不断增加，可以预见流量标准差将逐渐变大，直至难以满足要求。

表 5-4　3 组案例抖动试验

支管	案例	最小标准差/(m^3/h)	最大离散度
1	案例 1	12.61	1
	案例 2	13.27	1
	案例 3	5.63	1
2	案例 1	12.88	1
	案例 2	13.55	1
	案例 3	6.85	1
3	案例 1	13.17	1
	案例 2	13.93	1
	案例 3	7.33	1
4	案例 1	13.34	1
	案例 2	14.76	1
	案例 3	8.37	1
5	案例 1	13.78	1
	案例 2	15.32	1
	案例 3	9.35	1

（4）讨论

① 手动控制滴灌需要支管邻近或集中分布以便后期维护，前期研究的网格遗传算法（Grid-GA）[14] 采用半径阈值参数 λ 来约束支管组合空间，并使用连通性指标来指引优化方向，而本节 GSRV-GA 则选择支管尽量分散。为了分析两者区别，将 Grid-GA 连通性指标替换为本节离散度指标，

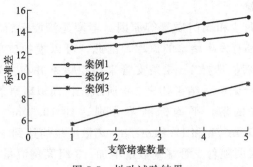

图 5-5　抖动试验结果

分别设置 λ 为 300m、400m、600m 和 800m，并选择表 5-1 为基础数据进行试验，试验结果如表 5-5 所示。可以看到，随着 λ 取值变大，最大离散度和平均离散度指标趋向变好，而搜索空间变大导致算法运行时间也逐步增加。当 λ 取较小值（300m 和 400m）时，Grid-GA 无法分散支管导致离散度指标变差，通过表 5-5 可以看出，Grid-GA 在一定 λ 范围内有求解自动化滴灌轮灌组划分的可能性，但是存在较大的不确定性。当 λ 范围较大（500m、600m）时，离散度指标可达到 1，当 λ 范围较小（300m、400m）时，离散度指标较差。由于 Grid-GA 偏向局部范围搜索，GSRV-GA 则偏向全局范围探索，而图 5-3 中两种变邻域策略是根据自动化滴灌优化方向进行设计的，本节变邻域搜索机制无法移植到 Grid-GA 中。对比表 5-1 与表 5-5 可以看出，GSRV-GA 算法更有利于求解自动化滴灌轮灌组划分问题，其计算的标准差更小，离散度指标更优，但是变邻域方法导致 GSRV-GA 运行时间相对较长。

表 5-5　Grid-GA 算法参数调整分析

半径阈值 /m	最小标准差 /(m³/h)	平均标准差 /(m³/h)	最大离散度	平均离散度	运行时间 /s
300	11.3	13.8	0.91	0.81	984.15
400	11.9	14.9	0.95	0.82	1031.45
500	12.8	16.2	1	0.86	1157.12
600	14.5	18.4	1	0.92	1344.73

② 表 5-3 和表 5-4 则表明通过不同的算法设计依然可以实现各自的工程目标，也进一步验证了智能算法在取代传统轮灌组划分计算方法的有效性。图 5-4 与表 5-2 研究表明通过多种策略可以有效解决工程约束和非法解问题，采用的变邻域方法有利于提高算法搜索精度，可以继续分析问题特征并探索与其他智能算法（如蚁群算法、粒子群算法、天牛须搜索算法等）相结

合来进一步提高算法性能。同时，由于此研究缺乏公开的测试集，今后将探索提出滴灌工程不同场景的支管数据和测试集，以便其他学者共同研究轮灌组划分问题。

5.5　小结

该研究针对自动化滴灌轮灌组划分优化问题，构建基于流量标准差最小为目标的数学模型并提出一种混合变邻域（Grid-Greed＋Simulated Annealing＋Repair algorithm＋Variable Neighborhood Search＋Genetic Algorithm，GSRV-GA）算法。该算法与采用不同策略的 GA、G-GA、GS-GA、GSR-GA 和 GSV-GA 算法相比收敛速度更快，在最小标准差指标上相比其他算法分别小 71.6%、68%、63.8%、25.0%、23.5%，表明采用修复机制与变邻域搜索算法可以解决优化中存在的各种约束并有利于增强算法搜索精度。该算法在 3 组案例中实现最小标准差平均 $8.93\mathrm{m}^3/\mathrm{h}$，模拟 1~5 条支管堵塞的抖动试验平均标准差分别为 $10.50\mathrm{m}^3/\mathrm{h}$、$11.09\mathrm{m}^3/\mathrm{h}$、$11.47\mathrm{m}^3/\mathrm{h}$、$12.15\mathrm{m}^3/\mathrm{h}$ 和 $12.81\mathrm{m}^3/\mathrm{h}$，离散度也均达到 1，验证了本章所提模型和算法在求解自动化滴灌轮灌组划分问题上的普适性和鲁棒性。同时，该算法与前面 Grid-GA 在实际案例中计算的流量标准差近似值不高于 1%，而离散度分别为 1 和 0.73，表明通过算法设计可以实现不同的轮灌组划分需求。鉴于自动化滴灌是未来滴灌发展的主要方向，该研究不仅提高了滴灌工程设计效率，也为后期进一步拓展轮灌组划分应用场景提供了理论基础，具有较好的研究和应用价值。

参考文献

[1]　Geerts S，Raes D. Deficit irrigation as an on-farm strategy to maximize crop water productivity in dry areas[J]. Agricultural Water Management，2009，96（9）：1275-1284.

[2]　Tunc T，Sahin U，Evren S，et al. The deficit irrigation productivity and economy in strawberry in the different drip irrigation practices in a high plain with semi-arid climate[J]. Scientia Horticulturae，2019，245：47-56.

[3]　Liao Y，Loures E F R，Deschamps F. Industrial Internet of things：A systematic literature review and insights[J]. IEEE Internet of

Things Journal，2018，5（6）：4515-4525.

[4] Darzi N A，Ritzema H，Karandish F，et al. Alternate wetting and drying for different subsurface drainage systems to improve paddy yield and water productivity in Iran[J]. Agricultural Water Management，2017，193：221-231.

[5] Gu J，Yin G，Huang P，et al. An improved back propagation neural network prediction model for subsurface drip irrigation system[J]. Computers and Electrical Engineering，2017，60：58-65.

[6] Garg B，Aggarwal S，Sokhal J. Crop yield forecasting using fuzzy logic and regression model[J]. Computers and Electrical Engineering，2018，67：383-403.

[7] Liu S，Xu L，Li D. Multi-scale prediction of water temperature using empirical mode decomposition with back-propagation neural networks [J]. Computers and Electrical Engineering，2016，49：1-8.

[8] 王新端，白丹，郭霖，等. 改进的滴灌双向流道结构参数对水力性能影响[J]. 排灌机械工程学报，2016，34（12）：1093-1098.

[9] 田敏. 基于物联网技术的作物养分信息快速获取与精准施肥智能控制系统研究[D]. 石河子：石河子大学，2018.

[10] Liu R，Yang Y，Wang Y，et al. Alternate partial root-zone drip irrigation with nitrogen fertigation promoted tomato growth，water and fertilizer-nitrogen use efficiency[J]. Agricultural Water Management，2020，233（C）：106049.

[11] 马晓鹏，龚时宏，谢香文，等. 新疆天山北坡滴灌发展现状、存在的问题及建议[J]. 节水灌溉，2015（4）：92-94，98.

[12] 马章进. 新疆大田滴灌工程运行中存在的问题及解决建议[J]. 水利技术监督，2018（5）：79-80，191.

[13] 杨光龙，洪亮. 支管轮灌滴灌模式在大田应用中的优点浅述[J]. 农业科技与信息，2008（10）：42.

[14] 李伟，陈伟能，田敏，等. 滴灌轮灌分组优化模型与算法[J]. 农业工程学报，2021，37（10）：73-81.

[15] Yang C. Parallel-series multiobjective genetic algorithm for optimal tests selection with multiple constraints[J]. IEEE Transactions on Instrumentation and Measurement，2018，67（8）：1859-1876.

[16] Qiang Y，Member S，IEEE，et al. Multimodal estimation of distribution algorithms[J]. IEEE Transactions on Cybernetics，2016，

47（3）：636-650.

[17] García H L, Salas M L, Carmona M C. A hybrid coral reefs optimization-variable neighborhood search approach for the unequal area facility layout problem[J]. IEEE Access, 2020, 8: 134042-134050.

[18] Tang L, Wang X. An improved particle swarm optimization algorithm for the hybrid flowshop scheduling to minimize total weighted completion time in process industry[J]. IEEE Transactions on Control Systems Technology, 2010, 18（6）: 1303-1314.

[19] Zhu Y, Lee K Y, Wang Y. Adaptive elitist genetic algorithm with improved neighbor routing initialization for electric vehicle routing problems[J]. IEEE Access, 2021, 9: 16661-16671.

[20] Wang X, Gao L, Mao S, et al. CSI-based fingerprinting for indoor localization: A deep learning approach[J]. IEEE Transactions on Vehicular Technology, 2017, 66（5）: 763-776.

[21] Choi K, Jang D H, Kang S I, et al. Hybrid algorithm combing genetic algorithm with evolution strategy for antenna design[J]. IEEE Transactions on Magnetics, 2016, 52（3）: 1-4.

[22] Du H, Wang Z, Zhan W, et al. Elitism and distance strategy for selection of evolutionary algorithms [J]. IEEE Access, 2018, 6: 44531-44541.

[23] Xiong J, Liu X, Zhu X, et al. Semi-supervised fuzzy C-means clustering optimized by simulated annealing and genetic algorithm for fault diagnosis of bearings[J]. IEEE Access, 2020, 8: 181976-181987.

[24] Silva B H, Machado I M, Pereira F M, et al. Application of the simulated annealing algorithm to the correlated WMP radiation model for flames[J]. Inverse Problems in Science and Engineering, 2020, 28（9）: 1345-1360.

[25] Silva G, Silva P, Santos V C, et al. A VNS algorithm for PID controller: Hardware-in-the-loop approach [J]. IEEE Latin America Transactions, 2021, 19（9）: 1502-1510.

第6章

自动化滴灌精准施水模型和算法研究

针对自动化滴灌轮灌组与支管区域用水需求匹配问题，通过对滴灌轮灌组每个支管区域的土壤信息进行采集，并基于采集到的土壤水分信息，计算得到各支管施水时间处方图，建立基于轮灌组流量均衡和施水时间最短的多目标优化模型，并确定其约束条件。采用智能算法优化轮灌组次序和施水时间达到精准施水的目的。3组仿真数据验证表明，建立的模型和算法有效，相比默认施水时间可分别少 2.8%、11.1% 和 12.3%，既解决了传统灌溉方式施水无法对接需水需求的问题，又缩短了整体施水时间，实现了节约用水的目的，具有较好的应用价值。

6.1 基于轮灌组的精准灌溉问题及研究思路

自动化滴灌通过传感器采集多项参数（包括土壤湿度、蒸发量、温度等数据），通过网络将这些信息传递给灌溉监测控制器或计算机进行分析处理，依次自动启停预设轮灌组的电磁阀，进行全程自动化灌溉，可以实现总量控制、定额管理，是精准农业重要的技术保障[1,3]。国内外研究中，以 WSNs 和 IoT-Based 为代表的信息技术在自动化滴灌中被广泛应用[2,3]。文献 [4] 提出了一种使用 WSNs 进行作物种植的自动灌溉系统，其通过无线传感器节点、执行器和气象站，使用 ZigBee 网络直接连接到便携式控制器。为了提高滴灌智能化水平以更好地适应作物各阶段灌溉需求，学者们将农情需求与物联网结合[5] 以实现最大化收益。有学者[6] 提出了动态灌溉调度系统（AgriSens），可为作物生育周期的不同生长阶段提供实时、自动、动态和远程人工灌溉。这些智能滴灌实现了根据农情信息计算作物用水需求，可以智能化地决定灌水时间和灌水总量，结合物联网等技术手段实现了智能滴灌和节水的目的。其他研究还包括灌水器堵塞机理与优化[7,8]、精准施肥[8]、水肥一体化[9] 等。

国内外研究主要关注于自动化滴灌精准控制和智能滴灌，但在新疆，出于节约成本的目的，一般采用轮灌灌溉模式，轮灌模式水量相对集中，管理简便，是目前新疆膜下滴灌工程的主要应用模式。轮灌组由若干子轮灌组共同组成，每个子轮灌组又包含若干支管。轮灌工作制度运行时，轮灌组内部支管及其所有毛管全部开启，一个轮灌组灌水完成后，开启下一个轮灌组内的支管，然后再关闭前一个轮灌组，直至所有轮灌组顺序完成灌水后，就完成了整个地块的灌溉。依据轮灌组顺序人工开关阀劳动强度大，难以实现灌水精确控制，制约了节水灌溉的潜力。通过文献查询发现，基于轮灌组的自动化滴灌精准施水问题鲜有研究。虽然部分国内学者从使用角度提出了轮灌组划分存在的问题[10,11]，但是这些研究主要针对手动控制滴灌，对自动化缺乏有针对性的研究。

综上所述，针对上述问题，本研究旨在提供一种基于轮灌组的自动化滴灌精准施水方法，通过传感器布点精准获取轮灌组各支管所在区域的施水需求，建立流量均衡和施水时间最短的数学模型。采用智能算法优化轮灌组次序和施水时间，将支管电磁阀与土壤施水需求精准对接以达到精准施水的目的，既解决了传统灌溉方式施水无法对接需水需求的问题，又缩短了整体施水时间，实现了节约用水的目的。本研究引入智能算法来分析自动化滴灌轮灌组支管分配原则和水力计算标准，探索算法在自动化滴灌轮灌组优化问题上的可行性，以期保障轮灌工作制度有效运行，为今后自动化滴灌大规模应用普及的研究提供借鉴和参考。

6.2　模型构建

在规模化大田作物中，为了减少成本往往采用较小口径干管，但是，当所有滴头同时灌溉时会出现滴头流量较小或压力不足的问题，影响灌溉效率和均匀度。新疆大田一般采用轮灌灌溉模式，这种模式可以选择口径较小的干管，节约了管网投入，水泵等设备投入也较少，是目前新疆滴灌工程的主要灌溉模式。图 6-1 是一个滴灌轮灌工程示意图，图中有 5 个轮灌组，每个轮灌组均包含若干支管。假设轮灌组 5 包含支管 3-1、4-2 和 5-2。不同的轮灌组水流途径不同，产生的管网系统水力状态也不相同，轮灌组划分需要满足各轮灌组流量均衡及其

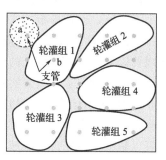

图 6-1　轮灌组示意图

他水力约束。轮灌组优化问题可以简单描述为将数量为 N 的支管按序列合理分配到 M 个轮灌组中，在满足约束条件下，优化一个或多个性能指标。

现有自动化滴灌精准施水主要存在以下问题。

① 自动化滴灌系统虽然可以自动控制轮灌组支管电磁阀的启停，但是，自动化系统内部的轮灌组是固定且是提前预设的，只是按照固定轮灌组远程控制电磁阀开启和关闭，没有充分挖掘自动化滴灌的潜能。

② 自动化滴灌无法根据支管区域的灌水需求生成合适的轮灌组，会出现有的区域没有灌够，有的区域反而灌多的情况，不能实现特定电磁阀的精准施水。

③ 自动化滴灌轮灌组是按照流量均衡的原则设计的，没有考虑不同地块灌水需求差异化问题，缺乏将灌水需求和流量均衡相结合来优化轮灌组的方法。

④ 现有自动化滴灌系统大多采用改进滴灌硬件装置或者网络控制方式实现控制施水流量，提高了工程成本，增加了维护难度，缺乏从软件角度来实现精准施水的方法。

我们可以将轮灌组问题转化为求解矩阵 X_{ij} 的问题，其实质就是在满足约束条件下将 N 条支管以某种组合分配到 M 个轮灌组中，并满足行间流量标准差最小且各轮灌组中支管离散分布：

$$X_{ij} = \begin{Bmatrix} X_{11} & X_{21} & \cdots & X_{N1} \\ X_{12} & X_{22} & \cdots & X_{N2} \\ \vdots & \vdots & \vdots & \vdots \\ X_{1M} & X_{2M} & \cdots & X_{NM} \end{Bmatrix} \tag{6-1}$$

针对自动化滴灌精准施水存在的问题，本研究建立一种基于轮灌组的自动化滴灌精准施水方法，具体方法如图 6-2 所示。图 6-2(a) 表示在滴灌工程每个支管施水中心区域放置土壤水分传感器，并采用 Zigbee 网络将采集的土壤水分数据传递到控制中心。图 6-2(b) 表示基于各支管的施水中心区域的土壤水分信息，采用彭曼公式计算得到各支管区域的土壤含水量。每个方块代表一个支管施水区域，实际各支管灌溉区域为不规则区域，灌溉面积大小不一致，支管排布方式与图 6-1 类似，示意图共有 9 个支管区域。图 6-2(c) 表示作物生长的土壤推荐需水量，数据通过文献查询。图 6-2(d) 表示将现阶段最适宜作物生长的土壤含水率作为施水目标来计算施水量，计算方法为土壤推荐需水量减去实际含水量。图 6-2(f) 表示各支管区域设计流量。图 6-2(e) 表示结合支管设计流量与支管区域施水量处方图，各支管需施水量除以各支管设计流量生成的各支管区域施水时间处方图，即各支管需要多久可以精准灌溉完支管区域。

首先建立以各轮灌组流量标准差最小为目标的数学模型：

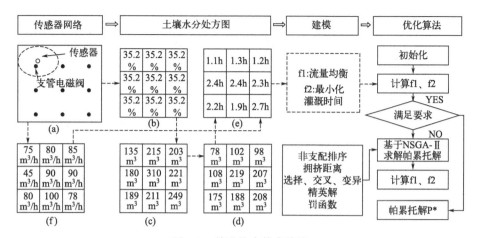

图 6-2　精准施水技术路线

$$\min f_1(x) = \sqrt{\frac{\sum\limits_{j=1}^{M}(\alpha_j - F_j)^2}{M}} \qquad (6\text{-}2)$$

$$F_j = \sum_{j=1}^{M} f_i X_{ij} \qquad (6\text{-}3)$$

$$\alpha_j = \frac{1}{M}\sum_{j}^{M} F_j \qquad (6\text{-}4)$$

式中　$f_1(x)$——轮灌组流量标准差；

M——设计轮灌组数；

j——轮灌组编号；

i——支管编号；

f_i——第 i 条支管设计流量；

F_j——第 j 轮灌组流量和；

α_j——各轮灌组流量平均值。

在满足作物生长需求的基础上，将各支管电磁阀启停时间与支管施水时间处方图精准对接，通过优化缩短各轮灌组施水时间，达到精准施水的目的。建立以施水时间最短为目标的数学模型：

$$\min f_2(x) = \sum_{j=1}^{M} T_j \qquad (6\text{-}5)$$

$$T_j = \max(t_i X_{ij}) \qquad (6\text{-}6)$$

式中　$f_2(x)$——轮灌组施水时间，s；

T_j——第 j 轮灌组内最大施水时间，s；

t_i——第 i 条支管需要的施水时间，s。

确定约束条件：

变量 0-1 约束：由于阀门只有开和关两种状态，设 X_{ij} 表示第 i 条支管在第 j 轮灌组中的开闭状态，如式(6-7)。

$$\sum_{j=1}^{M} X_{ij} = 1 \quad X_{ij} = 0,1 \tag{6-7}$$

流量偏差约束：F 为轮灌组最大设计流量，即第 j 个轮灌组流量和应小于最大流量，大于设计流量的 80%，见式(6-8)。

$$0.8F < \sum_{i=1}^{N} f_i X_{ij} < F \tag{6-8}$$

扬程约束：H 表示各轮灌组扬程集合，任意轮灌组扬程差应小于一定阈值，阈值大小由需求决定，见式(6-9)。

$$\Delta H = \max(H_j) - \min(H_j) < \delta \tag{6-9}$$

式中　ΔH——第 j 个轮灌组扬程之差；

δ——扬程差阈值，m^3/h。

6.3　模型求解

我们采用 NSGA-Ⅱ算法来优化多目标模型，其中，种群交叉、变异采用均匀策略，选择算子采用精英保留策略。NSGA-Ⅱ是一种优秀的多目标优化算法，经常被用来作为其他算法的参考算法。优化的本质就是在各轮灌组流量均衡的基础上，根据灌水时间处方图将灌水时间相近的支管放到一组，减少整体灌水时间，以达到精准施水和节水的目的。

（1）染色体编码

根据滴灌工程的支管流量数据、支管灌溉时间处方图数据进行实数编码，其中，列表示 N 条支管，支管从小到大按顺序排列，列中数字表示每条支管对应的轮灌组，染色体编码表征为支管 i 在第 j 轮灌组开启。如图 6-3 所示，采用实数编码方式，i 表示分支管编号，j 表示轮灌组编号，数字"2"表示第 3 条支管在第 2 轮灌组中开启，这种编码方式可以避免支管多次开启，占用内存少，有利于提高计算效率。

图 6-3　遗传编码

（2）初始化种群

传统随机初始化方案会产生大量不可行解，因此，采用贪心策略来完成初始种群构建，方法为在全局解空间中随机生成 M 个随机点，M 表示轮灌组数，通过邻近策略遍历支管来构建初始种群。

（3）子代生成方法

子代交叉和变异均采用均匀交叉策略，方法为以一定概率，从编码第一位开始交叉或变异，直至编码最后一位，这种方法可以增加搜索空间。交叉、变异过程会产生不可行解问题，需要进行修复，修复方法为计算所有轮灌组内支管数量并排序，倒序归一化后，以轮赌盘策略选择轮灌组作为当前修复值。选择算子采用精英保留策略。

6.4 实验分析

（1）参数设置

选择一个工程规模为60条支管的案例，为了对比验证本节算法的有效性，分别建立3组仿真数据，分别表示不同区域的施水时间，即施水时间处方图。仿真方法为采用随机函数生成一次灌溉时间的90％、70％和50％条件下的正态分布数据，默认轮灌组一次灌水时间为4h，种群数 $N=300$ ，迭代次数500，交叉概率0.09，变异概率0.01。

（2）算法分析

将3个仿真数据分别输入改进的NSGA-Ⅱ，如图6-4所示，混合算法可以获得多个符合条件的非支配解集，为用户提供更多的选择。

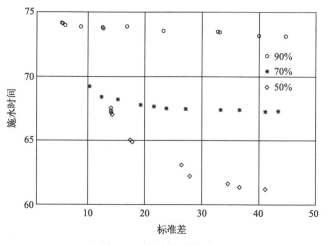

图6-4 帕累托前沿对比

分别求解3组仿真数据的帕累托前沿，由于当前案例轮灌组为19，一次灌水时间为4h，则默认灌水时间为76h，对比分析可以看出，在90％条件下，帕累托曲线较为平缓，求解精度最高，求解结果的最小标准差为

$5.5\,\mathrm{m^3/h}$，施水时间达到 $74.15\mathrm{h}$，相比默认灌水时间可节约 2.4%。从 70% 和 50% 的曲线图可以看出，整体帕累托倾斜角度逐渐变大，而求解精度逐渐变小，最小标准差分别为 $10.35\,\mathrm{m^3/h}$ 和 $13.93\,\mathrm{m^3/h}$，相比默认灌水时间分别减少 8.9% 和 10.9%，表明不同的缺水条件下求解结果有所区别，需水程度越高，则求解的帕累托前沿斜度越大，反之则较为平缓。主要原因是施水差异程度对标准差和施水时间有较大的扰动，差异程度越大，则扰动幅度越大，限制了种群的多样性，不利于求解精度提高。3 组解的施水时间呈现逐步下降趋势，这和时间处方图中施水时间长短具有相关性。

自动化滴灌不需要手工开关阀，因此支管离散分布到不同的分干管有利于降低工程成本。定义一种离散关系来描述支管离散分布状态，记为 C，则轮灌组整体分散度为：

$$C=\frac{1}{N}\sum_{j}^{M}\sum_{i}^{n}C_{\mathrm{s}} \tag{6-10}$$

式中　C——支管分散度指标，介于 $0\sim1$ 之间，通过各轮灌组内支管分散度累计和与支管数比值计算得到；

　　　C_{s}——轮灌组内支管是否分配在唯一的分干管上，是记为 1，否则记为 0。

离散度 C 越趋近于 1，则表示组内支管分散程度越高，更有利于分散管网流量。C 越趋近 0，则表示组内支管趋于集中。

分别选择标准差 $10\sim20\,\mathrm{m^3/h}$ 范围内的 3 组解，见表 6-1~表 6-3。按表 6-1~ 表 6-3 中轮灌组数据，90% 条件下标准差 $12.48\,\mathrm{m^3/h}$、施水时间 $73.86\mathrm{h}$；70% 条件下标准差 $12.14\,\mathrm{m^3/h}$、施水时间 $67.58\mathrm{h}$；50% 条件下标准差 $14.38\,\mathrm{m^3/h}$、施水时间 $66.65\mathrm{h}$。3 组解中没有支管全部集中于单一分支管的情况，标准差符合流量均衡需求，相比默认施水时间分别少 2.8%、11.1% 和 12.3%，表明当土地含水量越少，可节约用水量越大，证明算法对减少滴灌使用成本具有较好的应用价值。

表 6-1　90%条件下一组帕累托解

组号	轮灌组合	组号	轮灌组合	组号	轮灌组合
1	1-1,1-6,4-1	8	1-11,2-10,3-11	15	3-4,5-1,5-3
2	1-2,2-4,3-7	9	1-12,2-11,3-10	16	3-12,4-9,5-11
3	1-3,1-7,3-6	10	2-2,2-3,4-2	17	4-4,4-6,5-8
4	1-4,2-5,3-1	11	2-7,3-9,5-6	18	4-7,4-11,5-10,5-12
5	1-5,1-10,4-10	12	2-8,3-3,3-5,4-5	19	4-8,4-12,5-4
6	1-8,2-6,3-8	13	2-9,2-12,5-7,5-9		
7	1-9,2-1,5-2	14	3-2,4-3,5-5		

表 6-2　70%条件下一组帕累托解

组号	轮灌组合	组号	轮灌组合	组号	轮灌组合
1	1-1,1-3,2-1,4-7	8	1-12,2-9,3-11,5-12	15	3-8,4-3,4-6
2	1-2,2-3,2-6	9	2-2,3-5,5-1	16	3-10,4-9,5-11
3	1-4,1-8,2-8	10	2-7,3-3,5-10	17	4-1,4-10,5-5
4	1-5,1-6,2-4	11	2-11,4-4,4-12	18	4-2,5-2,5-4
5	1-7,1-11,3-6	12	3-1,3-2,5-7	19	4-8,5-6,5-9
6	1-9,2-5,3-12	13	3-4,4-5,5-3		
7	1-10,2-10,2-12,3-9	14	3-7,4-11,5-8		

表 6-3　50%条件下一组帕累托解

组号	轮灌组合	组号	轮灌组合	组号	轮灌组合
1	1-1,2-3,4-8	8	1-10,2-8,3-8	15	2-11,3-9,5-11
2	1-2,1-4,4-4	9	1-11,2-5,3-10	16	3-2,4-2,5-3
3	1-3,1-5,3-3,4-7	10	1-12,4-11,5-9	17	3-5,4-5,5-7
4	1-6,2-9,2-12,4-6,5-12	11	2-1,5-1,5-2	18	3-6,4-10,5-10
5	1-7,2-4,4-3	12	2-2,3-1,5-4	19	3-7,4-12,5-6
6	1-8,4-9,5-8	13	2-6,4-1,5-5		
7	1-9,2-10,3-4	14	2-7,3-11,3-12		

6.5　小结

　　本章提出了一种基于轮灌组的自动化滴灌精准施水模型和算法，建立了基于流量均衡和施水时间最短的数学模型。采用智能算法优化轮灌组次序和施水时间，将支管电磁阀与土壤施水需求精准对接，通过优化控制电磁阀施水时间达到精准施水的目的。结果表明，该模型和算法可以较好地逼近帕累托前沿，求解结果符合水力标准，缩短了整体施水时间，具有较好的应用价值。

参考文献

[1] Panigrahi P. Optimizing growth, yield and water use efficiency (WUE) in Nagpur mandarin (citrus reticulata) under drip irrigation and plastic mulch[J]. Indian Journal of Soil Conservation, 2010,

38（1）：42-45.

[2] Panigrahi P, Srivastava A K. Effective management of irrigation water in citrus orchards under a water scarce hot sub-humid region[J]. Scientia Horticulturae, 2016, 210：6-13.

[3] Liao Y, Rocha Loures Eduardo de Freitas. Industrial Internet of things：A systematic literature review and insights[J]. IEEE Internet of Things Journal, 2018, 5 (6)：4515-4525.

[4] Zhou Y, Yang X, Wang L, et al. A wireless design of low-cost irrigation system using ZigBee technology [R]. IEEE 2009：572-575.

[5] Darzi-Naftchali A, Ritzema H, Karandish F, et al. Alternate wetting and drying for different subsurface drainage systems to improve paddy yield and water productivity in Iran[J]. Agricultural Water Management, 2017, 193：221-231.

[6] Roy S K, Misra S, Raghuwanshi N S, et al. AgriSens：IoT-based dynamic irrigation scheduling system for water management of irrigated crops[J]. IEEE Internet of Things Journal, 2021, 8 (6)：5023-5030.

[7] Kim Y, Evans R G. Software design for wireless sensor-based site-specific irrigation [J]. Computers and Electronics in Agriculture, 2009, 66 (2)：159-165.

[8] Car N J, Christen E W, Hornbuckle J W, et al. Using a mobile phone short messaging service (SMS) for irrigation scheduling in Australia-farmers' participation and utility evaluation[J]. Computers and Electronics in Agriculture, 2012, 84：132-143.

[9] Garg B, Aggarwal S, Sokhal J. Crop yield forecasting using fuzzy logic and regression model[J]. Computers and Electrical Engineering, 2018, 67 (C)：383-403.

[10] 马章进. 新疆大田滴灌工程运行中存在的问题及解决建议[J]. 水利技术监督, 2018 (5)：79-80, 191.

[11] 杨光龙, 洪亮. 支管轮灌滴灌模式在大田应用中的优点浅述[J]. 农业科技与信息, 2008 (10)：42.

第7章

滴灌工程成本优化问题研究思路

7.1 背景和研究意义

膜下滴灌是在滴灌技术与覆膜种植技术的优点相结合的基础上，针对新疆规模化种植特点，组装集成的一种适于机械化大田棉花栽培的现代化节水灌溉技术[1-3]。这项技术使新疆生产建设兵团棉花生产在近几年取得了突飞猛进的发展。大量生产实践成果毋庸置疑地证明，其他条件同等的情况下，利用这项技术的棉花的产量和效益遥遥领先于其他灌溉方式[4,5]。其他大部分大田作物使用这项技术时，也产生了与此相同的效应。这项技术节水、节地、节肥（药）、节省劳力，增产增收，并且提高了作物抵御灾害的能力和农产品质量，经济、生态、社会效益好，提供了调控农作物生长的条件，成为农业生产标准化的重要手段，是农业现代化建设迈出的重要一步[6-9]。

制约滴灌大规模普及的最主要因素是成本问题。为了解决成本问题，新疆大田作物一般采用轮灌灌溉方式，这种模式可以选择口径较小的干管，节约了管网投入，水泵等设备投入也较少，是目前新疆滴灌工程的主要灌溉模式[10,11]。而国内外学者大多关注物联网技术、农情信息的应用，对滴灌的成本优化问题缺乏系统性研究[12]。有部分学者从某一环节研究了滴灌成本问题，但主要面向管网优化环节[13]。例如，徐刚等将模拟退火算法和遗传算法相结合，形成混合优化算法，对树状管道网络进行了优化[14]。蔡焕杰等对不同灌溉系统下的管道网络流量进行了研究，并利用遗传算法对管道网络进行了优化设计[15]。王新坤[16] 将遗传算法融入模拟退火算法，利用局部搜索函数和全局优化函数对管道网络进行优化。李援农等[17] 采用遗传算法对自压微灌农田管道网络系统进行了优化设计，采用罚函数处理约束，并对遗传算法的种群初始化方法进行了改进，避免了不满足约束的个体的生成。魏志莉[18]利用最小生成树法对某山区自压滴灌管道网络系统进行了优化设计，确定了管道网络的最优布局。这些管网优化的研究虽然在一定程度上解决了成本优化问题，但是自动化滴灌是一种人和机器协同运作的复杂系统，单独优化某一个环节并不代表从整体上来思考最优成本，也可能带来人力成本的增加。很多研究表明，滴灌中成本和管理是负相关的，管网优化中，虽然干网管径变小会降低施工成本，但是会增加工人维护和人工成本。为了节约成本以实现规模化普及，需要从全局来平衡成本问题，而现有研究往往注重某一环节，缺乏全流程的深度分析和整合优化，缺乏有效的成本降低优化方法和策略。

以群体演化的方法来解决滴灌的成本问题，群体演化从强调专家个人智能模拟走向群体智能，可以实现跨时空汇聚群体智能，以支撑形成群体数据-知识-决策自动化的完整技术链条[19]。以灌溉工作制度为研究主线，深度分析规划、控制和管理3个环节的关键流程。规划环节重点研究田间供水总量、田间水力分布参数与管网布置和灌溉工作制度的关系，确定可行的管网优化策略和方法；控制环节重点研究田间信息获取与水分需求，研究复杂需求条件下的管网施水模型、优化方法、匹配的控制器和执行机构；管理环节重点研究人机协同策略以及最优人力成本模型下的关键参数和优化方法。采用群体智能算法、博弈论等方法，对上述3个环节的关键流程进行多模态信息感知，并对获取的知识点进行持续性评估和演化，解决在开放的动态环境下的群体与机器的协同强化。在以上研究基础上，开发自动化滴灌服务体系架构以及群体智能的协同决策与控制系统，实现自动化滴灌的精准管控，充分挖掘自动化滴灌的潜力，从全局角度不断演化并智能地分析工程中存在的问题，为滴灌工程设计、实施和管理提供决策支持和分析，并从水力参数、管网口径、施水策略和管理方式等角度提出降低工程成本的解决方法和策略。项目的实施有利于降低自动化滴灌工程成本，对促进新疆生产建设兵团滴灌领域数字化发展，提升企业经济效益，提高水资源利用水平和农民增收增效有直接作用。

7.2　总体目标

成本因素是制约滴灌大规模应用普及的最主要因素。本项目从全流程的角度来探索降低自动化滴灌成本的问题，以现有灌溉工作制度为主线，深度分析滴灌工程在规划、控制和管理等关键流程，分别构建管网模型、滴灌工作制度优化模型、自动控制模型和人力成本模型。采用群体智能算法、博弈论等方法对关键模型进行持续性评估和演化，从全局角度不断演化并智能地分析工程中存在的问题和降低成本的途径与参数。在以上研究基础上开发开放式服务体系架构以及智能决策系统，并从水力参数、管网口径、施水策略和管理方式等角度智能地提出降低工程成本的途径和方案。在示范区开展优化模型验证与示范应用工作，以期为降低滴灌工程成本提供可推广的智能解决方案，达到促进滴灌领域数字化发展，提升企业经济效益，提高水资源利用水平和农民增收增效的作用。

7.3　滴灌工程成本概算与效益分析

7.3.1　成本投资概算

7.3.1.1　主要依据及有关规定

① 本工程概算严格按《水利工程设计概（估）算编制规定》（水总〔2014〕429 号）进行编制，按《水利部办公厅关于印发〈水利工程营业税改征增值税计价依据调整办法〉的通知》（办水总〔2016〕132 号）进行调整。

② 新疆维吾尔自治区交通运输厅于 2021 年 4 月发布的《新疆维吾尔自治区公路工程建设项目估概预算编制办法补充规定》。

③ 国家发改委、建设部印发的《关于印发〈建设工程监理与相关服务收费管理规定〉的通知》（发改价格〔2007〕670 号）颁发的收费标准。

④ 国家计委、建设部发布的《工程勘察设计收费管理规定》（计价格〔2002〕10 号）。

⑤《水利部办公厅关于调整水利工程计价依据增值税计算标准的通知》（办财务函〔2019〕448 号）。

⑥《关于印发〈新疆水利水电工程设计概（估）算计列安全保障措施专项费等三项费用的规定〉的通知》（新水厅〔2021〕153 号）。

7.3.1.2　定额依据

① 水利建筑工程执行水利部颁布的《水利建筑工程概算定额》。

② 概算定额中不足的子目，参照 2005 年水利部颁布的《水利工程概预算补充定额》及 2005 年新疆维吾尔自治区水利厅颁布的《新疆维吾尔自治区水利水电工程补充预算定额》。

③ 水利工程施工机械台时费执行 2002 年水利部颁布的《水利工程施工机械台时费定额》，不足的子目参照 2005 年新疆维吾尔自治区水利厅颁布的《新疆维吾尔自治区水利水电工程补充预算定额》。

7.3.1.3　基础单价

① 人工预算单价。人工预算单价执行水利部发布的《水利工程设计概

（估）算编制规定》的有关规定。项目地区类别为四类工资区，按河道工程［灌溉工程（2）］计取。其中，工长人工预算单价为 8.86 元/工时，高级工人工预算单价为 8.25 元/工时，中级工人工预算单价为 7.01 元/工时，初级工人工预算单价为 5.10 元/工时。

② 材料价格。

根据水利部印发的《水利工程营业税改征增值税计价依据调整办法》的规定，采购及保管费乘以调整系数 1.1，运杂费除以系数 1.03。

水泥、钢筋、混凝土骨料等主要材料价格采用新疆喀什地区 2021 年 8 月建设工程综合价格信息。

③ 其他材料。原价执行喀什地区 2022 年 5 月的价格，并参考市场调节价格综合考虑分析计算。

④ 材料补差。主要材料预算价格超过规定的材料基价时，应按基价计入工程单价参与取费，概算价与基价的差价以材料价差形式计算，材料补差列入单价表中并计取税金（增值税销项税额）。主要材料预算价格低于基价时，按预算价计入工程单价。主要材料基价见表 7-1。

表 7-1　主要材料基价

序号	材料名称	单位	基价
1	柴油	元/t	2990
2	汽油	元/t	3075
3	钢筋	元/t	2560
4	水泥	元/t	255
5	砂石料	元/m^3	70

7.3.1.4　风、水、电价格

施工用电全部采用柴油发电机发电，综合电价 2.39 元/(kW·h)。

施工用水从附近渠道拉运，根据施工组织设计提供的施工方法，经计算，施工用水水价为 0.94 元/m^3。

施工用风根据施工组织设计提供的施工方法、工艺流程、设备型号及台数分析计算，综合风价 0.5 元/m^3。

7.3.1.5　施工机械使用费

根据水利部印发的《水利工程营业税改征增值税计价依据调整办法》的规定，施工机械台时费定额中的折旧费除以调整系数 1.13，修理及替换设备费除以调整系数 1.09，其他数值不变。

7.3.1.6　混凝土及砂浆材料价格

按设计要求的混凝土强度、级配、标号，参照《水利建筑工程概算定额》附录混凝土材料配合比表计算。混凝土配合比表中是卵石、粗砂混凝土，本工程混凝土粗骨料采用的是碎石，细骨料为中砂，应根据《水利建筑工程概算定额》附录换算。

混凝土单价按"营改增"调整，将混凝土中各项材料的数量和不含增值税进项税额的材料价格进行计算，超过部分计取材差后列入相应工程单价中。例如，水泥、石子、砂预算价格低于限价时按实际预算价格计入。

7.3.1.7　主要设备价格编制依据

主要设备价格由设备原价、运杂费、运输保险费、采购及保险费组成。价格通过对厂家询价和市场价综合考虑（运至工地）。安装费参照相关已完工程有关资料分析确定。

7.3.1.8　费用计算标准及依据

① 建安工程费用构成是根据《水利工程设计概（估）算编制规定》和《水利工程营业税改征增值税计价依据调整办法》计算确定的，取费标准见表7-2。

表7-2　取费标准

序号	工程类别	工程单价费(税)率/%				备注
		直接工程费	间接费	企业利润	税金	
一	建筑工程					
1	土方工程	5.5	4	7	9	
2	石方工程	5.5	8.5	7	9	
3	砂石备料工程(自采)	0.5	5	7	3	
4	模板工程	5.5	6	7	9	
5	混凝土浇筑工程	5.5	7	7	9	
6	钢筋制安工程	5.5	5	7	9	
7	钻孔灌浆工程	5.5	9.25	7	9	
8	锚固工程	5.5	9.25	7	9	
9	疏浚工程	5.5	6.25	7	9	
10	掘进机施工隧洞工程(1)		4	7	9	
11	掘进机施工隧洞工程(2)		6.25	7	9	
12	其他工程	5.5	7.25	7	9	
二	机电、金属结构设备安装工程	6.2	70	7	9	

企业利润按直接工程费＋间接费之和的 7% 计。

税金按直接工程费＋间接费＋企业利润之和的 9% 费率计。

② 独立费用计算标准及依据

a. 工程建设监理费按照建设部、国家发改委印发的《建设工程监理与相关服务收费管理规定》计算。

b. 工程勘察费、设计费按《工程勘察设计收费管理规定》计取。

7.3.2　工程效益分析与综合评价

本工程的主要任务为通过对田、水、路、林的综合整治，改善农田灌溉和交通条件，使项目区成为"田成方，林成行，路成网，旱涝保收"的高标准农田。

7.3.2.1　工程规模

项目区建设规模为 0.4 万亩高标准农田。

根据《水利水电工程等级划分及洪水标准》（SL 252—2017）及《灌溉与排水工程设计标准》（GB 50288—2018）中的分等指标，确定本项目工程等级为 Ⅳ 等，工程规模为小（1）型，主要建筑物级别为 4 级，次要建筑物级别为 5 级。

7.3.2.2　工程建设内容

本工程对项目区 3908 亩农田进行高标准农田建设。主要建设内容如下。

① 土地平整面积 3908 亩，田间道路 1.205km，配套涵桥 2 座。

② 实施田间高效节水面积 3908 亩，分为 5 个系统，新建沉淀池 4 座，新建系统首部泵房 4 座、配套高压线 1.45km。

7.3.2.3　工程工期及管理机构

项目建设管理办公室负责制定有关项目建设的方针、政策，组织审查项目设计和实施方案，对项目重大问题做出决策，并负责协调各有关部门的关系，解决有关事宜。

7.3.2.4　工程固定资产投资

根据《水利建设项目经济评价规范》（SL 72—2013，项目建设时期标准）附录 B 水利建设项目国民经济评价投资编制办法，将国民经济评价投资在工程设计概（估）投资的基础上进行调整。

剔除工程设计概（估）算中属于国民经济内部的转移支付部分，主要有计划利润、设备储备贷款利息、税金；剔除预备费中的价差预备费；调整基本预备费。

① 剔除工程概算中属于国民经济内部转移支付的计划利润、税金。

注意：机电设备中不含以上两项费用。

② 按影子价格调整项目所需主要材料费用。

③ 按影子价格调整主要设备投资。

④ 调整基本预备费。

⑤ 剔除预备费中的价差预备费。

因国内影子价格每年均有变化，且不能及时公布，故本项目经济分析中主要材料、主要设备费用等的影子价格换算系数均取 0.9。

经以上调整后的项目固定资产投资为 1045.3 万元。

7.3.2.5　年运行费分析

① 项目的固定资产投资。年运行费是指微灌工程运行管理中每年所需支付的各项经常性费用，包括能耗费、维修费、更新费。

② 流动资金。节水改造工程的流动资金主要包括维持工程正常运行所需的燃料、材料、备品、备件和支付职工工资等周转资金。

③ 固定资产余值。根据《水利建设项目经济评价规范》（SL 72—2013）附录 C 的规定可知，机井、金属结构、机电的折旧年限为 20 年，而本工程使用的 PE 支管折旧年限为 5 年。固定资产折旧从正常运行期的第一年算起共 15 年。固定资产折旧年限为 16 年，在其经济使用期结束时，根据该工程施工管理状况预测固定资产余值，按项目固定资产投资的 5% 考虑。

7.3.2.6　工程效益分析

本工程属节水改造工程，其经济效益主要表现在三个方面：增产效益、节省生产资料费用、省工效益。

（1）增产效益

采用滴灌工程措施后，改善了农业生产条件，改善了灌溉面积 0.4 万亩，据已实施节水灌溉的地区统计，现状均为底产田亩均产量 200kg，本工程实施后，棉花滴灌比常规灌溉亩均增产 105kg 左右，棉花单价 7.3 元/kg，增产效益 242.49 万元，0.4 万亩可实现的增产效益按水利分摊系数 0.4 扣除后为 96.99 万元。

（2）节省生产资料费用

通过实施滴灌工程，做到水肥同施，在提高肥料的利用率的同时，也减少了病虫害。据已实施节水灌溉的地区统计，实施节水灌溉每亩棉花可节省化肥 5kg 左右，每公斤按 3.5 元计算，3908 亩（水利分摊系数扣除后）年可节约肥料 2.74 万元；每亩棉花可节省农药 0.6g 左右，每公斤按 3.8 元计算，3908 亩（水利分摊系数扣除后）年可节约农药 0.36 万元。

（3）省工效益

省工效益主要体现在灌溉水管理上，常规灌溉灌水每百亩地平均需 8 名职工管理，节水灌溉每百亩地只需 2 人，改善灌溉面积 3908 亩可节省劳力约 220 人；灌溉管理工资按棉花生产期计算为 3000 元/人，福利按 14% 计算，则节约资金 $3000 \times (1+14\%) \times 220 = 75.24$（万元）。

7.3.2.7　国民经济评价

（1）规范依据

① 国家发改委、建设部发布的《建设项目经济评价方法与参数》（第三版）。

② 中华人民共和国行业标准《水利建设项目经济评价规范》（SL 72—2013）。

③ 中华人民共和国财政部 1992 年 12 月 30 日颁布的《工业企业财务制度》。

（2）基本参数

① 国民经济评价原则上采用影子价格。

② 社会折现率取 8%。

③ 该工程初步配套水平年为 2023 年，建设期 1 年，运行期 15 年，计算期 16 年。

④ 折现计算的基准点定在建设期的第一年年末，各项费用和效益均按年末发生和计算。

（3）经济评价指标

① 依据规范公式计算国民经济各项指标：

a. 经济内部收益率（EIRR）。经济内部收益率是项目计算期内各年的净效益现值累计等于零时的折现率：

$$\sum_{t=1}^{n} (B-C)_t (1+\text{EIRR})^{-t} = 0 \qquad (7\text{-}1)$$

b. 经济净现值（ENPV）。经济净现值是用社会折现率，将项目计算期内各年的净效益折算到计算期初的现值之和：

$$\text{ENPV} = \sum_{t=1}^{n} (B-C)_t (1+i_s)^{-t} \qquad (7\text{-}2)$$

c. 经济效益费用比（EBCR）。经济效益费用比是用社会折现率将项目计算期内的效益现值与费用现值进行比运算：

$$\text{EBCR} = \frac{\sum_{t=1}^{n} B_t (1+i_s)^{-t}}{\sum_{t=1}^{n} C_t (1+i_s)^{-t}} \qquad (7\text{-}3)$$

式中　B——年净效益；

　　　C——年费用；

　　　n——计算期；

　　　t——计算期各年的序号；

　　　i_s——社会折现率。

② 国民经济评价结果

根据以上评价依据、评价方法以及本项目效益和费用，编制该项目国民经济效益费用流量表。

7.3.2.8　社会评价

项目实施后，可以提高灌溉保证率，解决农业干旱缺水矛盾，提高农业综合生产力能力；可以推动农业种植结构和耕作技术的重大变革，促进传统农业向高产、优质、高效的现代农业转变，实现农业增产和农民增收；可以改善农业生产条件，推进农业的现代化和管理的科学化，有效推进社会主义新农村建设；有利于防止土壤次生盐渍化，保护农业生态环境，促进农业可持续发展；可以为当地产业结构调整、粮食生产、优质棉生产、优质林果业、现代畜牧业、养殖业、新型工业等及生态建设提供可靠的水资源保障。提升农业节水在经济社会发展和生态保护中的重要地位，是推动经济增长方式转变、建设节约型社会的关键所在，对实现人与自然和谐相处，加强水环境保护，推动经济社会快速、协调、健康发展具有十分重要的意义。

7.3.2.9　生态环境评价

实施水利措施可提高水的利用率，节约的水可用来滋养周边生态，加强和改善了绿洲农业，巩固和维护了农业生态环境。林业措施通过营造农田防护林，可抵御风沙侵袭绿洲、调节项目区气候、防沙固土、防止水土流失，有效地改善了生态环境。项目区的气候、土壤、地质状况，农作物种植结构，水资源情况决定了实施项目的必要性和可行性。在此实施低产田改造，同时注重生态环境的治理开发，对提高项目区农业生产水平，节约水资源，扩大绿洲面积，扩大农田林网规模，改善项目区的气候有明显作用。保护生态环境有着巨大的经济意义和社会意义，生态效益显著。

7.3.2.10　综合评价

经过以上分析，国民经济评价中的各项指标均满足规范要求，通过了内部收益率、经济净现值、效益费用比评价，社会折现率为 8% 时，满足国民经济效益和社会效益要求。

7.4　研究内容

围绕总体目标开展自动化滴灌成本优化研究，从全流程的角度来解决自动化滴灌成本的问题，以灌溉工作制度为主线，深度分析规划、控制和管理3个环节的关键流程，分别构建管网模型、滴灌工作制度模型、自动控制模型和人力成本模型。采用群体智能算法、博弈论等方法对关键模型进行持续性评估和演化，从全局角度智能评估和分析工程参数，并从水力参数、管网口径、施水策略和管理方式等角度提出降低工程成本的解决方法和策略。主要研究内容如下。

① 滴灌工程管道投资占据了整个系统投资的一半以上，在分析现有管网优化设计模型的基础上，结合灌溉管道水力学特性，建立适应于滴灌管网系统的优化设计模型，解决管网系统的投资和能耗优化问题；研究田间供水总量、田间水力分布参数与管网布置，确定可行的管网优化策略和方法。

② 传统灌溉工作制度设计方法不仅效率低，且很难得到合理的方案，影响了滴灌设施用水效率，目前也缺乏灌溉工作制度的模型和优化方法。研究灌溉工作制度优化模型，解决计算效率问题，减少工程施工成本和后期维护成本。

③ 研究自动化滴灌精准控制优化模型。精准施水是减少水资源浪费，降低运行费用的有效手段，研究与作物需水相结合的自动控制方法，可节约灌水时间等运行成本；研究田间信息获取与水分需求，研究复杂需求条件下的管网施水模型、优化方法和匹配的控制器；研究建立自动化滴灌精准施水模型的方法，建立流量均衡和施水时间最短的数学模型，通过优化控制电磁阀的施水时间达到精准施水的目的。

④ 研究自动化滴灌人力成本优化模型。研究人机协同策略以及最优人力成本模型，减少人力成本；分析自动化滴灌应用场景，研究建立以4种模型为基础的最小成本目标函数，采用遗传算法、蚁群算法等群体智能算法来计算最小成本，并持续反演和优化，确定有效的关键参数和方法。

⑤ 评估应用场景与用户需求，从水力参数、管网口径、施水策略和管理方式等角度给出智能策略和方法。

7.5　实施方案和技术路线

整体技术方案如图 7-1 所示。

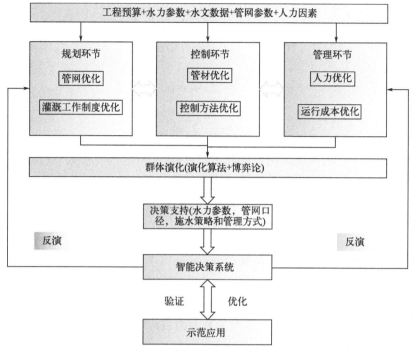

图 7-1　整体技术方案

（1）管网优化建模技术路线

滴灌工程所用灌水器较多，水泵等设备的年运行费用以及管道投资较大，应建立适应于滴灌管网系统的优化设计模型。采用理论分析、优化设计与实例验证相结合的方法，初步建立管网优化数学模型：

$$\min F(D) = y_1 \sum_{i=1}^{n} a D_i^b L_i + y_2 \sum_{i=1}^{n} \frac{L_i}{D_i^{4.871}} \left(\frac{q_i}{C_i} \right)^{1.852} \tag{7-4}$$

式中　C_i——第 i 段管网年运行费；

　　　q_i——第 i 段管网水泵流量，m^3/h；

　　　L_i——第 i 段管长，m；

　　　D_i——第 i 段管径，m；

　　　n——管段数；

　　a、b——回归系数，由不同管道管径及单价系列资料，用最小二乘法确定；

　y_1、y_2——常数。

（2）灌溉工作制度优化建模技术路线

根据水力计算方法，本项目以流量均衡及其他约束条件，建立以各轮灌组流量标准差最小为目标的数学模型：

$$\min f(x) = \sqrt{\dfrac{\sum\limits_{j}^{N_L}(\alpha_j - F_j)^2}{N_L}} \qquad (7\text{-}5)$$

$$F_j = \sum_{j=1}^{N_L} Q_i X_{ij} \qquad (7\text{-}6)$$

$$\alpha_j = \frac{1}{N_L}\sum_{j}^{N_L} F_j \qquad (7\text{-}7)$$

式中　$f(x)$——轮灌组流量标准差；

　　　j——轮灌组编号；

　　　i——支管编号；

　　　Q_i——第 i 条支管设计流量，m^3/h；

　　　F_j——第 j 轮灌组流量和；

　　　α_j——各轮灌组流量平均值。

（3）滴灌自动控制优化模型

在满足作物生长需求的基础上，将各支管电磁阀启停时间与支管施水时间处方图精准对接，建立以施水时间最短为目标的数学模型：

$$\min f(x) = \sum_{j=1}^{M} T_j \qquad (7\text{-}8)$$

$$T_j = \max(t_i X_{ij}) \qquad (7\text{-}9)$$

式中　M——设计轮灌组数；

　　　j——轮灌组编号；

　　　i——支管编号；

　　$f(x)$——轮灌组施水时间，s；

　　　T_j——第 j 轮灌组内最长施水时间，s；

　　　t_i——第 i 条支管需要的施水时间，s。

（4）滴灌工程人力优化模型技术路线

针对滴灌工程人力成本问题，拟构建基于柔性工时约束条件下的人力资源调度优化模型，寻找同时考虑完成时间、资源成本和工作时间的多目标优化的调度方案，建立的数学模型如下：

$$\min(z_1 = CT, z_2 = RC, z_3 = OT) \qquad (7\text{-}10)$$

$$CT = \max\{FT_{N+1}\} \qquad (7\text{-}11)$$

$$RC = \sum_{j=0}^{N+1} c_{c_j}^{S_j} \qquad (7\text{-}12)$$

$$OT = \sum_{j=0}^{N+1} \Delta t_j^{S_j} \qquad (7\text{-}13)$$

式中 j——项目活动编号；

N——项目所包含的活动综述；

0、$N+1$——分别为虚拟活动；

FT_{N+1}——活动 N 的完成时间；

S_j——活动 j 所采用的工作模式；

$\Delta t_j^{S_j}$——活动 j 在选择 S 模式下的时间；

$c_{c_j}^{S_j}$——活动 j 在选择 S 模式下的活动成本；

CT——项目完成时间；

RC——项目总的资源成本；

OT——项目工作时间。

（5）群体演化技术路线

分析滴灌工程全流程的复杂性目标和参数，研究滴灌工程多阶段动态群体建模与决策过程，建立以4种模型为基础的最小成本目标函数，采用遗传算法、蚁群算法、有限理性博弈等来计算帕累托最优的最小成本参数，并在示范应用过程中不断调参和进行算法优化，逐步建立自动化滴灌条件下成本最优的解决方案。在解决多模态、多目标优化的群体优化过程中，采用各种方法提高搜索能力，防止算法陷入局部区域，还需要制定合适的选择机制来提高决策空间的多样性，进而更好地解决多模态、多目标优化，为用户提供多样化可选择的帕累托解。群体演化技术方案如图7-2所示。

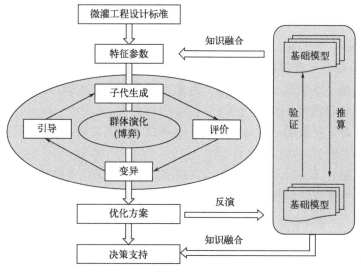

图 7-2　群体演化技术方案

7.6 小结

自动化滴灌流程包括规划、运行和管理等多个环节，流程涉及面广，而自动化滴灌成本问题又涉及多方面因素，难以从某一个环节来优化，也缺乏相关研究。拟采用全流程演化计算和博弈的方式来分析成本问题，计算维度和复杂度较高，需要根据工程实际建立可行的全流程模型和优化算法，并从管网口径、水力参数和灌溉工作制度等方面提出改进意见，具有较高的复杂度。

本研究主要包括以下创新点。

① 以灌溉工作制度为主线，从降低工程成本的角度提出优化的方法和策略，提出包括管网布局、灌溉工作制度等模型的建模方法，解决传统施工靠经验或简单计算的问题，从智能算法的角度提出可定量化的计算方法，是一种应用创新。

② 滴灌成本优化研究大多是关注某个独立环节，如管网优化或运行费用等，对包括灌溉工作制度和人力成本在内的全流程过程研究较少，缺乏从全局角度来优化的方法。项目将群体演化与博弈论等方法运用到成本优化中，对滴灌工程规划、运行、管理的所有环节进行分析和演化，是一种集成创新。

参考文献

[1] 徐飞鹏，李云开，任树梅. 新疆棉花膜下滴灌技术的应用与发展的思考[J]. 农业工程学报，2003，19（1）：25-27.

[2] 邵光成，蔡焕杰，吴磊，等. 新疆大田膜下滴灌的发展前景[J]. 干旱地区农业研究，2001，19（3）：122-127.

[3] 戴婷婷，张展羽，邵光成. 膜下滴灌技术及其发展趋势分析[J]. 节水灌溉，2007（2）：43-44，47.

[4] 马富裕，周治国，郑重，等. 新疆棉花膜下滴灌技术的发展与完善[J]. 干旱地区农业研究，2004，22（3）：202-208.

[5] 邢英英，张富仓，张燕，等. 膜下滴灌水肥耦合促进番茄养分吸收及生长[J]. 农业工程学报，2014，30（21）：70-80.

[6] 李毅，王文焰，王全九. 论膜下滴灌技术在干旱-半干旱地区节水抑盐灌溉中的应用[J]. 灌溉排水学报，2001，20（2）：42-46.

[7] 高龙，田富强，倪广恒，等．膜下滴灌棉田土壤水盐分布特征及灌溉制度试验研究[J]．水利学报，2010，41（12）．

[8] 张琼，李光永，柴付军．棉花膜下滴灌条件下灌水频率对土壤水盐分布和棉花生长的影响[J]．水利学报，2004（9）：123-126．

[9] 杨广，雷杰，孔春贤，等．膜下滴灌水源矿化度对棉花生长的影响及AquaCrop模拟[J]．农业工程学报，2022，38（21）：83-92．

[10] 肖林刚，马艳，宋兵伟，等．温室膜下微喷灌溉技术研究进展[J]．新疆农业科学，2023，60（7）．

[11] 余姣，周和平．新疆膜下滴灌技术应用现状及展望[J]．农业科学，2023，13（8）：719-728．

[12] 陆红飞，王涛，乔冬梅，等．物联网在农业灌溉中的应用：从灌溉自动化到智慧灌溉[J]．灌溉排水学报，2023，42（1）：87-99．

[13] 季宗虎，惠磊，孙栋元，等．基于物联网的水肥一体化系统[J]．农业工程，2023，13（11）：68-75．

[14] 段晓宁，何武全，李渤，等．自压滴灌系统田间管网工程建设规模优化研究[J]．灌溉排水学报，2022，41（6）：64-70．

[15] 赵荣恒．自压滴灌管网系统优化方法与辅助设计软件研发[D]．杨凌：西北农林科技大学，2020．

[16] 王新坤．微灌管网水力解析及优化设计研究[D]．杨凌：西北农林科技大学，2004．

[17] 李援农，马朋辉，胡亚瑾，等．灌区自压微灌独立管网系统优化设计研究[J]．水利学报，2016，47（11）：1371-1379．

[18] 魏志莉．山地自压滴灌系统树状管网的优化设计[D]．西北农林科技大学，2019．

[19] 高岳林，杨钦文，王晓峰，等．新型群体智能优化算法综述[J]．郑州大学学报（工学版），2022，43（3）：21-30．

第8章
响应式滴灌智控用水决策系统研究思路

8.1 背景和研究意义

新疆地处内陆干旱区，水资源相对贫乏[1,2]，截至 2022 年新疆以滴灌为主要模式的农业高效节水面积达 6200 万亩，占总灌溉面积的 60％ 以上，为新疆农业节水增效、协调经济社会生态环境用水结构发挥了重要作用[3,4]。轮灌是为了降低工程成本所采用的一种灌溉方式，其水量相对集中，管理简便，适用于集中连片的规模化经营土地，也是新疆滴灌工程主要应用模式。轮灌组划分是轮灌工作制度的核心，工程人员依据《微灌工程技术标准》（GB/T 50485—2020）划分时，大多基于手工计算或 Excel 推算[5,6]，用户在使用过程中也无法根据外部因素变化及时调整，制约了新疆滴灌灌溉制度实行的有效性和科学性。在高标准农田建设以及精准灌溉背景下，因地制宜及时制定灌溉方案是提高作物用水效率和收益最大化的重中之重。利用新的技术手段解决轮灌组划分的时效性和动态响应问题，最大限度发挥滴灌效应已成为行业和用户的迫切需求。

近年来新疆的滴灌系统逐步向智能化和精准化转变，无线传感器技术因具有成本低、精度高等优势，在新疆的滴灌工程中被广泛应用[7]，国内外学者普遍采用传感器获取墒情信息并以此制定灌溉计划[8,9]；新疆大田面积广，组织管理统一，连片农田土壤水分含量差异大，处方图常被用来在这种规模化地块中提供精准指引，由于轮灌组支管序列与处方图受环境与工程参数影响，均存在时空变异性，加大了两种技术融合的难度。针对新疆地理特征以及多应用场景业务需求，突破电磁阀灌溉时间及次序与作物需求精准匹配的方法，建立轮灌组支管"因地制宜"的动态响应能力具有极大的研究潜力和难度；为了避免因压力不均衡导致管网水头损失或破损，轮灌组划分需要满足"标准"指标约束以及各种应用场景需求,这是典型的 NP 难问题。由于决策变量维数高,目标函数和约束具有非线性特征,传统的运筹学方法难以快速解决此类问题。同时,现有滴灌工程水力计算都是在单机上进行,不仅时效性较差,也无法向外提供实时计算服务。项目组前期研究验证了演化算法在求解轮灌组划分问题上的可行性,而集群计算通常用来改进单台计算机的计算速度和可靠性。如何结合演化算法与集群计算技术的优势,提高模型求解精度和质量,进而解决轮灌组划分的时效性,是突破轮灌模式的瓶颈和迫切需要解决的关键问题。

国内外研究中,以无线传感器和物联网为代表的信息技术在滴灌工程中被广泛应用[7,8]。将滴灌施水与土壤墒情结合可实现作物收益最大化[9,10]。Zhou 等[11] 通过 ZigBee 网络与无线传感器建立连接,实现了墒情数据的采集和传输,并取得了较好的收益。滴灌智能控制[12]、精准施肥[13]、滴灌灌水器堵塞机理与优化[14]、管网布置优化[15]、精准滴灌系统[16]、水肥一体化[17] 等研究的文献较多,神经网络、图像处理等技术也被应用在农田滴灌灌溉[18]、小麦[19] 和玉米产量的预测[20]。学者们从多个角度对滴灌技术进行研究并取得了丰硕的成果。但上述研究缺乏与大田轮灌工作制度的结合,"按需灌溉"的精准模式没有考虑新疆大田轮灌模式管网压力、流量限制等因素,难以适应新疆大田滴灌的现实条件。处方图能够指引精准施肥(水)的走向,非常适合新疆地理特征。如张泽[21] 建立了滴灌棉田土壤氮素处方图,结果表明变量施肥区中棉花干物质的积累量和氮吸收量较传统方式显著增长。于丰华等[22] 利用处方图变量施肥方法使氮肥追施量减少 27.34%。和贤桃[23] 设计了一种处方图式变量播种控制方法。杨青等[24] 通过处方数据结合机械行走速度、施水幅宽等计算出某一时刻的应施水量,实现了适时适量施水。以上研究大多需要硬件设备(无人机、施水机等)支持,运行成本较高。有学者通过低成本的传感器网络结合处方图精准指引灌溉,如 Roy 等[25] 提出基于处方图的实时、自动、动态的灌溉调度系统(AgriSens)。Nemali 等[26] 通过湿度传感器建立处方图解决了墒情误差造成的损失。Panigrahi[27] 通过作物水分胁迫指数(CWSI)来安排作物灌溉和优化用水。由此可见,通过传感器网络采集墒情信息并生成处方图技术路线较成熟,但依然缺乏与新疆滴灌轮灌模式的融合研究。

在渠系研究中也存在类似轮灌组划分的概念[28,29],如程帅[30] 选择总配水与轮灌组之间引水持续时间差异值最小构建渠系优化配水模型。智能算法在渠系轮灌组划分问题上取得了较好效果[31],其模型和算法虽然具有一定理论参考意义,但并不能直接应用在滴灌轮灌组划分问题中。国内部分学者从使用角度提出了滴灌轮灌组划分存在的问题,如马章进等指出传统轮灌组划分方式没有充分考虑土地种植承包方式问题，容易产生不必要的社会矛盾。潘渝等[32]指出现有轮灌方案按照预先指定的轮灌次序表进行灌溉，缺乏人性化的管理，不能兼顾农民的切实需要。通过文献检索，上述研究中并没有给出解决轮灌组划分问题的模型和算法。李伟等分别针对手工滴灌和自动化滴灌应用场景提出了滴灌轮灌分组模型[33,34]，首次将演化算法运用到轮灌组划分问题，建立了以流量标准差最小为目标的优化模型。轮灌组支管序列和处方图都具有空间和时间变异性，处方图变异依据墒情信息，而轮灌组支管序列变异则依据工程约束，考虑分析两者的时空演变机理，通过处方图来引导轮灌组划分，不仅有利于实现精准灌溉，也能够满足"标准"中管网、流量等指标约束，而这方面的研究尚未有相关报道。

演化计算在解决 NP 难问题中展现出优秀的性能[35]，被广泛应用于网络优化[36]、生产调度[37]、车辆路径[38]等问题，演化算法需要重点解决搜索多样性和搜索精度问题[39]。在提高种群多样性方面，最常用的方法是小生境策略[40]，目前最流行的方法包括 crowding[41]、speciation[42]、clustering[43] 及 neighborhood strategies[44]等。针对小生境策略参数敏感性高的问题，学者们采用聚类方法进行子种群的划分[45]来解决敏感性问题。其中，近邻传播聚类（affinity propagation clustering，APC）算法是由 Frey 和 Dueck 在 Science 中首次发表，其核心思想在于对聚类中心的刻画，算法采用点点之间交换信息的方式聚类并对其他"离群点"进行归纳处理[46]，其具有自适应调整特性，面对多参数问题具有较好的适用性。局部搜索策略是一种最常用的增强搜索收敛性的方法[47]，如 Wang 等[45] 和 Chen 等[48]分别提出了用自适应的标准差设置方法解决局部搜索问题。变邻域搜索（variable neighborhood search，VNS[49]）算法通过变动和交替改变邻域结构来扩大搜索空间，可以更快地摆脱局部最优解和得到近似最优解[50]，避免迭代过程中出现的早熟现象，被广泛应用在区域设施布局[51]、混合流水车间调度[52]等组合优化问题。由于种群多样性和收敛性是相互影响的，提高种群多样性的同时很有可能会削弱算法的收敛性，研究者们提出了多种群协同框架和自适应控制策略等方案，如 Chen 等[48]提出的 DIDE 算法采用了一种新型的求解框架，避免了划分子种群带来的困难，同时也能提高种群多样性。

目前国内外基于集群的大规模计算平台相对成熟，国内很多高校、科研机构已具有基于高性能计算集群的大规模计算服务系统，如在化学领域，贵州大学高性能计算化学实验室在自行组建的 16 个节点 PC 集群计算系统上开发了远程可视计算化学系统 RVCCS，浙江大学组建了多节点并行运算的 Beowulf 计算机集群，海洋大学的高性能计算集群为该校海洋信息系统与数值模拟中心提供了计算支持等。但是在滴灌工程领域，目前还缺乏相关的集群计算平台。

随着中央"以水定地"原则的提出以及新疆水资源刚性约束深入推进，对滴灌节水技术提出了新的要求。本研究聚焦轮灌组划分的时效性和响应能力两个瓶颈问题，将人工智能方法深度融合到轮灌工作制度，构建轮灌模型的可实时计算与动态响应能力，对提高新疆农业灌溉用水效率，缓解水资源紧缺，保证农业可持续发展具有重要意义。本研究聚焦的问题也是目前亟待解决的现实问题。

8.2　研究思路

滴灌轮灌组划分研究具有明显的地域特色，相关文献报道较少，现有"按需灌溉"的精准模式缺乏与新疆大田轮灌工作制度的结合，相关工作还需要进一步深入研究。针对新疆地理特征，处方图技术在指引精准滴灌方面有较大发展潜力，同时处方图空间分布与轮灌组支管序列都具有时空变异特征，拟采用"时空处方图与轮灌组支管序列联动"的独特理念，通过揭示两者时空演变机理，突破电磁阀灌溉时间及次序与作物需求融合匹配的方法，建立以灌水时间最短和满足工程约束为目标的多目标模型，并通过敏感性参数表征与指标体系优选解决模型响应问题，有望实现处方图与大田轮灌工作制度的有机结合。同时，为了提高计算效率，拟构建一种基于双层框架的协同演化策略提高种群多样性和收敛性以获得更多最优解，并将开发的原型系统部署在集群平台为用户提供实时计算服务，最后在研究区开展模型验证与优化工作。综上所述，本文将传感器、处方图、模型建模、演化算法和集群计算等技术进行融合，为滴灌轮灌工作制度深度开发和节水技术发展提供新的思路和方法，对新疆大田滴灌节水技术具有重要研究价值和应用前景。

8.3　研究内容

针对拟解决的问题，项目从基础理论、模型建模与协同演化算法三个方面开展研究，研究内容设置框架如图 8-1 所示。

（1）时空处方图与滴灌轮灌组联动机理研究

① 土壤墒情传感器筛选、布点优化和数据采集。

② 时空处方图生成。

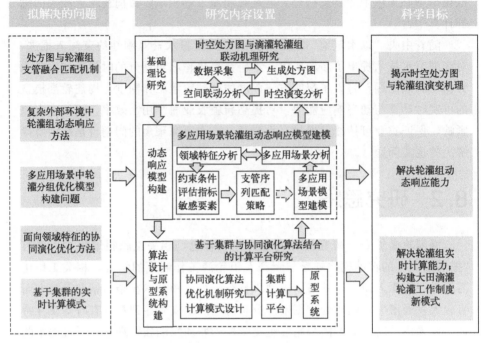

图 8-1　研究内容设置框架

③ 处方图和作物需求迁移演变分析。

④ 处方图与轮灌组支管序列时空联动分析。

（2）多应用场景轮灌组动态响应模型建模

① 滴灌多应用场景特征分析。

② 敏感性参数表征与响应。

③ 异构模型数据同化与匹配策略研究。

④ 约束条件和评估指标构建。

⑤ 多目标优化模型建模。

（3）基于集群与协同演化算法结合的计算平台研究

① 算法筛选、分析和双层协同演化框架研究。

② 基于 APC 聚类算法的自适应机制设计。

③ 面向领域特征的变邻域局部搜索算法设计。

④ 基于集群的原型系统开发与验证。

8.4　实施方案和技术路线

根据项目总体目标以及设计思路，选择合适的电磁阀、传感器和网络设施，建立土壤墒情监测系统以实现对农情信息的长时间连续监测，研究土壤传感器布置方式、深度、数据采集周期和格式。在上述设施基础上，深度分析田间农情监测数据，作物生长及需水情况，规划、控制和管理等环节的关键流程并建立模型，采用群体智能算法对关键模型进行持续性评估和演化，从全局角度评估和优化田间作物高效用水模式，研究选择兼顾成本与效率平衡的传感器设施和布点优化方法，确定自动化滴灌最优成本条件下的工程参数和方法。滴灌田间终端控制方式是自动控制应用关键技术，在最优工程参数和农情信息基础上，进一步研究复杂需求条件下的管网施水模型、优化方法和灌水小区匹配算法。研究自动化滴灌精准施水模型和方法，构建流量均衡和施水时间最短的数学模型和优化算法。研究实际滴灌应用场景和评估指标，从田间作物高效用水、精准施水策略和管理方式等角度给出符合需求的智能化控制策略和方法，开发具有作物生长监测、需水监测、墒情监测、灌溉工作制度、预警管理、成本分析和权限管理等功能模块的自动化滴灌智能用水决策系统，具有自纠错和 24 小时×30 天持续运行能力的综合服务平台。

拟采用的总体技术路线如图 8-2 所示。

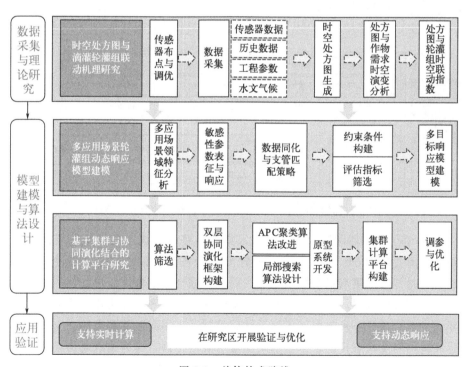

图 8-2 总体技术路线

（1）时空处方图与滴灌轮灌组联动机理研究

规模化大田灌溉自动化滴灌系统由核心组件构成，包括中央控制器、田间工作站、阀门控制器、电磁阀以及先进的田间信息采集与监测设备。该系统通过广泛布设于田间的传感器网络，精准采集并实时监测土壤墒情数据，随后这些数据被高效传输至中央控制器，利用先进的系统软件对这些数据进行深度分析，系统能够自动制定灌溉策略，实现远程实时监控与轮灌组的精准定时灌溉。这一过程不仅确保了灌溉管理的灵活性，还显著提升了灌溉作业的智能化水平，有效指导了科学灌溉实践，从而提高了水资源利用效率和农业生产效益。

时空处方图与滴灌轮灌组联动机理研究技术路线如图 8-3 所示，具体研究技术路线如下。

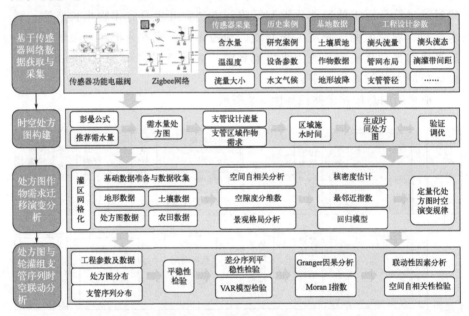

图 8-3　时空处方图与滴灌轮灌组联动机理研究技术路线

① 基于传感器网络数据获取与采集技术路线。选用集成传感器的电磁阀，距滴管带 10cm，分三层 15cm 深安装于各支管施水中心，通过 Zigbee 网络实时传输土壤墒情至控制中心。同时，综合土壤墒情、作物特性、气候及水文等基础数据，以及设备性能、实验基地详情等，优化传感器部署，以降低成本，提升节水效率。田间无线阀控制器采用高性能蓄电池，支持双路脉冲阀控制及状态反馈，并可选配土壤水分传感器，作为无线通信终端。电磁阀（图 8-4）作为灌溉控制核心，直接接收田间控制器指令，自动开关灌溉阀门。传感器则监测灌溉系统状态及土壤水分，布置于适宜深度以精确控

制灌溉。无线通信采用 GPRS 全无线漫游组网，实现数据远程传输，各电磁阀通过专用地址接收控制中心指令，实现精准灌溉。

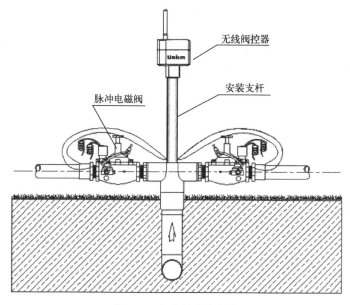

脉冲电磁阀

无线阀控器

安装支杆

图 8-4　电磁阀选购方案

自动控制系统由中央控制器（含微机与控制软件）、田间工作站、RTU/解码器、电磁阀及信息采集监测设备五大部分构成。中央控制器为系统大脑，负责数据处理与指令生成。田间工作站依据地形与信号条件灵活布局，作为信息中转枢纽，双向传输中央控制器与 RTU/解码器间的数据与指令。RTU/解码器直接控制电磁阀，实现灌溉自动化，同时收集并上传田间信息。电磁阀的布局依据节水灌溉轮灌组设计，精准控制灌溉区域，提升灌溉智能化水平。

② 时空处方图构建技术路线。处方图构建时采用彭曼公式计算得到各支管区域的土壤含水量，通过文献检索作物推荐需水量以及现阶段最适宜作物生长的土壤含水量，并以此为基础计算施水目标，通过试验分析调整生成土壤水分处方图。结合支管设计流量与支管区域施水量处方图，计算各支管区域施水时间，生成时间处方图，为优化匹配提供参数。

③ 处方图作物需求迁移演变分析技术路线。首先网格化灌区，采用空间自相关分析、空隙度分维数和景观格局分析等方法处理灌区基础数据，对比分析作物需求与含水量处方图的关系，从处方图时间序列、空间维度出发，运用核密度估计、最邻近指数、回归模型等方法分析处方图演变规律，揭示规模农田作物水肥高效利用的生态演变机理。

④ 处方图与轮灌组支管序列时空联动分析技术路线。对比分析灌区工程参数、水文气候以及历史资料，采用 Eviews8.0 软件进行数据平稳性 ADF 检验，然后构建 VAR 模型进行多变量 Granger 因果检验。空间自相关分析是确定某变量在空间中的相关性以及相关程度的一种检验方法，拟采用 Moran I 指数来检验处方图和支管序列的全局空间相关性及属性取值之间关系，揭示两者的联动性和影响因素，为数据模型构建提供空间检验和指引。

（2）多应用场景轮灌组动态响应模型建模

多应用场景轮灌组动态响应模型建模技术路线如图 8-5 所示，具体研究技术路线如下。

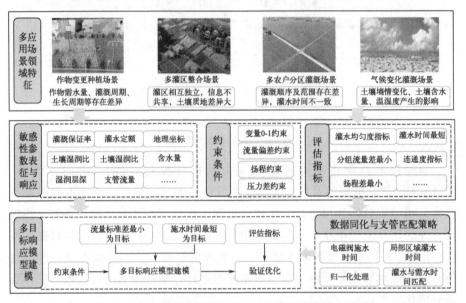

图 8-5 多应用场景轮灌组动态响应模型建模技术路线

① 多应用场景领域特征技术路线。由于各灌区相对封闭，不同区域土壤、地块条件差异大，拟研究作物变更、多农户分区管理、多灌区整合以及气候变化等应用场景，包括不同场景条件下数据获取、分析、特征和检验/验证过程。针对主要作物（棉花、玉米和小麦）建立不同作物、不同墒情、不同气候的用水优化配置方案和精准施灌控制指标，为进一步开展验证和农田分区施灌管理提供基础数据支撑。

② 敏感性参数表征与响应技术路线。首先基于"标准"细化轮灌组计算过程，筛选灌溉保证率、灌溉水利用系数、土壤湿润比、湿润层深、灌水定额、灌水周期和单次灌水延续时间、支管流量、电磁阀地理坐标以及土壤

含水量等参数，根据不同应用场景设计权重指标体系，并通过后期验证过程进一步筛选或优化权重，为模型响应提供参数支持。拟确定的评估指标包括灌水均匀度、灌水时间、分组流量差、扬程差、连通度等。拟确定的约束条件如下。

变量 0-1 约束：由于阀门只有开和关两种状态，设 X_{ij} 表示第 i 条支管在第 j 轮灌组中的开闭状态，见式(8-1)：

$$\sum_{j=1}^{M} X_{ij} = 1 \quad X_{ij} = 0, 1 \tag{8-1}$$

流量偏差约束：F 为轮灌组最大设计流量，第 j 轮灌组流量和应小于最大流量，大于设计流量的 80%，见式(8-2)：

$$0.8F < \sum_{i=1}^{N} f_i X_{ij} < F \tag{8-2}$$

扬程约束：H 表示各轮灌组扬程集合，任意轮灌组扬程差应小于一定阈值，阈值大小由需求决定，见式(8-3)：

$$\Delta H = \max H_j - \min H_j < \delta \tag{8-3}$$

式中　ΔH——第 j 轮灌组扬程之差；

δ——扬程差阈值。

压力差约束：

$$\Delta H = \max H - \min H < \gamma \tag{8-4}$$

$$H = \sum_{j}^{N} (h_{j毛} + h_{j支} + h_{j干}) \tag{8-5}$$

式中　ΔH——任意轮灌组压力之差，ΔH 应小于一定阈值 γ；

$h_毛$、$h_支$、$h_干$——分别为毛管、支管和分干管压力，m。

③ 异构模型数据同化与支管匹配策略技术路线。首先分析滴灌轮灌组支管序列时空分布变异性，针对在模型匹配过程中存在数据异构问题，通过与支管流量数据对比，土壤墒情中含水量经过计算后可转变为时间处方图，对相关区间数进行归一化处理，为匹配模型提供形式和度量单位统一的指标及数据。匹配策略以电磁阀施水时间与局部区域需水时间为目标建立匹配机制。拟构建以流量均衡和施水时间最短为目标的数学模型，通过优化缩短各轮灌组施水时间达到精准灌溉与节水的目的。

④ 多目标响应模型建模技术路线。建立以各轮灌组流量标准差最小为目标的数学模型：

$$\min f_1(x) = \sqrt{\frac{\sum_{j=1}^{M} (\alpha_j - F_j)^2}{M}} \tag{8-6}$$

$$F_j = \sum_{j=1}^{M} f_i X_{ij} \tag{8-7}$$

$$\alpha_j = \frac{1}{M} \sum_{j}^{M} F_j \tag{8-8}$$

式中　$f_1(x)$——轮灌组流量标准差；

　　　　M——设计轮灌组数；

　　　　j——轮灌组编号；

　　　　i——支管编号；

　　　　f_i——第 i 条支管设计流量，m^3/h；

　　　　F_j——第 j 轮灌组流量和；

　　　　α_j——各轮灌组流量平均值。

拟建立以施水时间最短为目标的数学模型：

$$\min f_2(x) = \sum_{j=1}^{M} T_j \tag{8-9}$$

$$T_j = \max(t_i X_{ij}) \tag{8-10}$$

式中　$f_2(x)$——轮灌组施水时间，s；

　　　　T_j——第 j 轮灌组内最大施水时间，s；

　　　　t_i——第 i 条支管需要的施水时间，s。

（3）基于集群与协同演化结合的计算平台研究

基于集群与协同演化结合的计算平台技术路线如图 8-6 所示，具体研究技术路线如下。

① 基于双层架构协同演化算法设计技术路线。拟选择遗传算法作为研究的基础算法。采用实数编码方案，通过贪心邻近策略遍历支管来构建初始种群；为避免算法陷入停滞，采用精英保留策略和模拟退火相结合的方法；通过设计修复算法解决子代产生过程中的不可行解，采用概率修复方法增加多样性。

这里提出一种双层架构协同演化框架，包含寻觅层和寻优层。寻觅层在搜索空间中找到尽可能多的最优解，然后交给寻优层进一步提升最优解的精度。通过寻觅层和寻优层的协同演化来平衡多样性和收敛性挑战。在寻觅层中，采用基于变邻域的搜索算法对存档个体寻优。首先依据邻近关系将个体划分为不同的区域，定位到统一最优解区域的个体被划分为一类，然后按照概率或者适应度排名选择个体作为最优解，并采用变邻域搜索方法进行演化并提升最优解的精度。

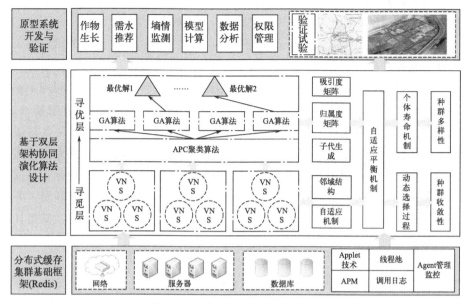

图 8-6 基于集群与协同演化结合的计算平台研究技术路线

② 聚类算法与局部搜索算法技术。在寻优层中采用改进的 APC 聚类算法提升种群多样性。为了避免个体长期处于无效或劣质解，引入个体寿命机制，个体在其当前寿命期间自适应调整定位到一个最优解。当满足某个条件时，最优解被保存到外部存档中，然后重新初始化继续搜寻解。当外部存档解达到过滤条件时，这些存档会被输送到寻觅层以进一步提高搜索精度。APC 聚类算法通过吸引度矩阵和归属度矩阵不断迭代生成聚类中心，将种群变异操作和自适应机制引入 APC 聚类算法可进一步增强种群多样性。拟采用以下方法：拟设定个体范围和边界，随机选择个体在边界范围内实现变异；拟设计一种自适应范围调整策略，调整幅度随着 APC 聚类中心个数变化而变化，聚类中心数量越多，则调整幅度越大，反之，则越小；拟设计一种评估指标定期监测 APC 聚类算法迭代效果，当达到评估指标阈值时，依次执行变异机制和自适应调整策略，种群不断迭代演化，直到评估次数结束，然后输出结果。

面向领域特征的变邻域局部搜索算法设计拟定义邻域结构 $\omega = \{\omega_1, \omega_2\}$。式中，$\omega_1$ 为基于贪心策略的流量调整邻域结构；ω_2 为基于随机准则的位置调整邻域结构。建立 ω_1 和 ω_2 的自适应机制，计算公式如下：

$$\phi_1 = \pm \left| \varphi \times \text{flow}(\text{iter} - t/\text{iter})^2 \right| \tag{8-11}$$

$$\phi_2 = \varphi(\text{iter} - t/\text{iter})^2 \tag{8-12}$$

式中，ϕ_1 为流量调整浮动阈值；ϕ_2 为支管选择率；$\varphi\in(0,1)$；flow 为待调整支管流量；iter 为最大迭代次数；t 为当前迭代次数。

通过 ϕ_1 或 ϕ_2 自适应选择来实现邻域自适应平衡机制、设计邻域结构 ω 的动态选择过程。

③ 集群计算平台技术。基于集群的远程计算平台计算模式拟利用 Applet 技术、基于 XML 的 SBML 标准、Servlet 与 Applet 之间的通信技术、线程池技术及负载平衡机制等一系列 Web 技术，将构建的模型与后台算法库对接并转化为模型所需要的数学表达。通过集群计算节点获取服务端所需要的数据和模型，调用算法库进行仿真并返回计算结果，并在前端标识后反馈滴灌系统电磁阀控制程序。原型系统拟采用 Java 程序开发语言开发，并将系统部署在集群系统中，具有作物生长、需水推荐、墒情监测、模型计算、数据分析和权限管理等功能模块。

（4）智能决策模式技术路线

智能决策的重点是根据用户需求给出合理的解决方案。工程实践中存在水源、气候等多种制约因素，需要构建多样化的自动化滴灌应用场景和评估指标，然后对用户特征筛查组合并作为特征模型的参数输入系统，结合群体演化模型给出的优化参数和方案，从水力参数、管网口径、施水策略和管理方式等角度给出符合用户需求的策略和方法，最后评估策略合理性和可行性。智能决策系统给出的结果是一组解决方案，具体包括管网铺设方案、轮灌组方案、施水方案、人力规划方案等，决策系统可以根据用户需求，结合工程所处阶段选择合适的方案或选择某子模型给出的方案。

具体技术路线如图 8-7 所示。

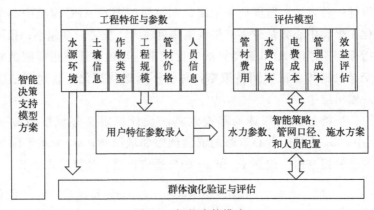

图 8-7　智能决策模式

（5）智能决策系统开发技术路线

系统基于 Python 平台开发，具体功能如图 8-8 所示。

① 调度管理。通过对泵站、可控灌溉阀门等状态信息的测量、对气象信息的实时采集，为自动灌溉、自动控制提供调度支持，并自动形成数据报表及相应的统计信息报表等。

② 墒情检测。可根据需求监测土壤、空气、湿度、雨量等信息，能够全面、科学、真实地反映被监测区的土壤变化，为滴灌系统决策提供土壤墒情状况基础信息。

③ 轮灌工作制度。经过群体演化智能模块的判断和处理，实现基于演化模型的智能决策，并自动形成轮灌工作制度和数据报表及相应的统计信息等。

④ 预警管理。为用户提供实时遥测数据显示和历史数据、墒情测报成果、配水调度成果查询等。根据灌区的雨情和墒情等信息进行土壤墒情预报。

⑤ 成本分析。综合考虑来水情况和土壤墒情初步确定灌溉调度方案，通过方案优选功能对调度方案进行优选，确定最优方案。

⑥ 服务平台。软件服务平台支持多级用户管理及访问权限管理。

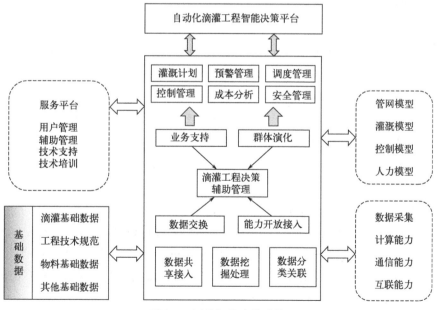

图 8-8　开放智能决策系统

8.5 小结

轮灌作为新疆滴灌工程主要应用模式，在区域水资源利用，生态用水改善以及节本增效中发挥了重要作用。近年来随着中央"以水定地"原则的提出，以及新疆水资源刚性约束深入推进，对滴灌节水技术提出了新的要求。本研究聚焦轮灌模式的时效性和响应能力两个瓶颈问题，从多源数据获取、处方图生成、模型建模、演化算法、原型验证思路出发，通过"时空处方图与支管序列联动"的独特理念，揭示两者时空演化机理，突破电磁阀灌溉时间及次序与作物需求融合匹配的方法，建立以灌水时间最短和满足工程约束为目标的多目标模型，并通过敏感性参数表征与指标体系优选解决模型响应问题。同时，为了提高计算效率，研究基于双层结构的协同演化框架平衡种群收敛性和多样性，并结合集群计算提升模型求解精度和质量，进而构建轮灌模式实时计算与动态响应能力。本研究提供了微观层面的精准施水思路和方法，对提高农业灌溉用水效率，缓解水资源紧缺，保证农业可持续发展具有重要意义。

参考文献

[1] Geerts S, Raes D, et al. Deficit irrigation as an on-farm strategy to maximize crop water productivity in dry areas[J]. Agricultural Water Management，2009，96 (9)：1275-1284.

[2] Tunc T, Sahin U, Evren S, et al. The deficit irrigation productivity and economy in strawberry in the different drip irrigation practices in a high plain with semi-arid climate[J]. Scientia Horticulturae, 2019, 245：47-56.

[3] Moreno M A, Córcoles J I, Tarjuelo J M, et al. Energy efficiency of pressurised irrigation networks managed on-demand and under a rotation schedule[J]. Biosystems Engineering, 2010, 107 (4)：349-363.

[4] 马晓鹏，龚时宏，谢香文，等. 新疆天山北坡滴灌发展现状、存在的问题及建议[J]. 节水灌溉，2015 (4)：92-94, 98.

[5] 马章进. 新疆大田滴灌工程运行中存在的问题及解决建议[J]. 水利技术监督，2018 (5)：79-80, 191.

［6］ 杨光龙，洪亮．支管轮灌滴灌模式在大田应用中的优点浅述［J］．农业科技与信息，2008（10）：42.

［7］ Roy S K，Roy A，Misra S，et al．AID：A prototype for agricultural intrusion detection using wireless sensor network［C］//2015 IEEE International Conference on Communications（ICC）．Piscataway：IEEE，2015.

［8］ Kumar A，Surendra A，Mohan H，et al．Internet of things based smart irrigation using regression algorithm［C］//2017 International Conference on Intelligent Computing，Instrumentation and Control Technologies（ICICICT）．Amsterdam：Elsevier，2017.

［9］ Liao Y，Loures E F R，Deschamps F．Industrial Internet of things：A systematic literature review and insights［J］．IEEE Internet of Things Journal，2018，5（6）：4515-4525.

［10］ Darzi-Naftchali A，Ritzema H，Karandish F，et al．Alternate wetting and drying for different subsurface drainage systems to improve paddy yield and water productivity in Iran［J］．Agricultural Water Management，2017，193：221-231.

［11］ Zhou Y，Yang X，Wang L，et al．A wireless design of low-cost irrigation system using ZigBee technology［R］．IEEE，2009.572-575.

［12］ 田敏．基于物联网技术的作物养分信息快速获取与精准施肥智能控制系统研究［D］．石河子：石河子大学，2018.

［13］ 王建阳．河套灌区不同灌溉与覆膜方式下土壤水盐离子动态变化研究［D］．呼和浩特：内蒙古农业大学，2019.

［14］ Zhangzhong L，Yang P，Zheng W，et al．Effects of water salinity on emitter clogging in surface drip irrigation systems［J］．Irrigation Science，2021，39（2）：209-222.

［15］ 王新端，白丹，郭霖，等．改进的滴灌双向流道结构参数对水力性能影响［J］．排灌机械工程学报，2016，34（12）：1093-1098.

［16］ Shi J，Wu X，Zhang M，et al．Numerically scheduling plant water deficit index-based smart irrigation to optimize crop yield and water use efficiency［J］．Agricultural Water Management，2021，248（1）：106774.

［17］ Liu R，Yang Y，Wang Y，et al．Alternate partial root-zone drip irrigation with nitrogen fertigation promoted tomato growth，water and fertilizer-nitrogen use efficiency[J]. Agricultural Water Management，2020，233：106049.

[18] Gu J，Yin G，Huang P，et al. An improved back propagation neural network prediction model for subsurface drip irrigation system[J]. Computers and Electrical Engineering，2017，60：58-65.

[19] Garg B，Aggarwal S，Sokhal J. Crop yield forecasting using fuzzy logic and regression model[J]. Computers and Electrical Engineering，2018，67：383-403.

[20] Liu S，Xu L，Li D. Multi-scale prediction of water temperature using empirical mode decomposition with back-propagation neural networks [J]. Computers & Electrical Engineering，2016，49：1-8.

[21] 张泽. 基于 GIS 的土壤氮素分区管理与施肥模型建立研究[D]. 石河子：石河子大学，2015.

[22] 于丰华，曹英丽，许童羽，等. 基于高光谱遥感处方图的寒地分蘖期水稻无人机精准施肥[J]. 农业工程学报，2020，36（15）：103-110.

[23] 和贤桃. 处方图式变量播种控制系统研究与试验[D]. 北京：中国农业大学，2018.

[24] 杨青，庞树杰，李勇军，等. 基于 GPS 和 GIS 的变量施水控制系统设计[J]. 农业机械学报，2006，37（12）：126-129.

[25] Roy S K，Misra S，Raghuwanshi N S，et al. AgriSens：IoT-based dynamic irrigation scheduling system for water management of irrigated crops[J]. IEEE Internet of Things Journal，2021，8（6）：5023-5030.

[26] Nemali K S，Iersel M W V. An automated system for controlling drought stress and irrigation in potted plants[J]. Scientia Horticulturae，2006，110（3）：292-297.

[27] Panigrahi P. Optimizing growth，yield and water use efficiency （WUE）in Nagpur mandarin （citrus reticulata） under drip irrigation and plastic mulch[J]. Indian Journal of Soil Conservation，2010.

[28] Masseroni D，Castagna A，Gandolfi C. Evaluating the performances of a flexible mechanism of water diversion：Application on a northern Italy gravity-driven irrigation channel[J]. Irrigation Science，2021，39（3）：363-373.

[29] Ficchì A，Raso L，Dorchies D，et al. Optimal operation of the mul-

tireservoir system in the Seine River basin using deterministic and ensemble forecasts[J]. Journal of Water Resources Planning and Management，2016，142（1）：05015005.

[30] 程帅. 基于智能算法与 GIS 的灌溉水资源多目标优化配置[D]. 长春：中国科学院研究生院（东北地理与农业生态研究所），2016.

[31] Zhang X，Zhang F，Zhang Y，et al. Water saving irrigation decision-making method based on big data fusion[J]. International Journal of Performability Engineering，2019，15（11）：2916-2926.

[32] 潘渝，李凌锋，李芳松. 随机轮灌理念在滴灌管网设计中的应用[J]. 节水灌溉，2014（8）：66-68.

[33] 李伟，陈伟能，田敏，等. 滴灌轮灌分组优化模型与算法[J]. 农业工程学报，2021，37（10）：73-81.

[34] 李伟，邓红涛，田敏，等. 基于混合变邻域的自动化滴灌轮灌分组算法[J]. 农业工程学报，2022，38（7）：155-162.

[35] Rezaeipanah A，Matoori S S，Ahmadi G. A hybrid algorithm for the university course timetabling problem using the improved parallel genetic algorithm and local search［J］. Applied Intelligence，2021，51（1）：467-492.

[36] Eskandarpour M，Zegordi S H，Nikbakhsh E. A parallel variable neighborhood search for the multi-objective sustainable post-sales network design problem［J］. International Journal of Production Economics，2013，145（1）：117-131.

[37] Zhao F，Qin S，Yang G，et al. A differential-based harmony search algorithm with variable neighborhood search for job shop scheduling problem and its runtime analysis［J］. IEEE ACCESS，2018，6：76313.

[38] Julio B，Airam E，José A M. Variable neighbourhood search for close-open vehicle routing problem with time windows[J]. IMA Journal of Management Mathematics，2016，27（1）：25-38.

[39] Yang C. Parallel-series multiobjective genetic algorithm for optimal tests selection with multiple constraints[J]. IEEE Transactions on Instrumentation and Measurement，2018，67（8）：1859-1876.

[40] Thomsen R. Multimodal optimization using crowding-based differential evolution[C]//Evolutionary Computation，CEC2004.

[41] Mahfoud S W. Crowding and preselection revisited[C]//Parallel Prob lem Solving from Nature 2, 1992: 27-34.

[42] Li J, Balazs M E, Parks G T, et al. Erratum: A species conserving genetic algorithm for multimodal function optimization[J]. Evolution-ary Computation, 2003, 11 (1): 107-109.

[43] Qiang Y, Member S, IEEE, et al. Multimodal estimation of distri-bution algorithms [J]. IEEE Transactions on Cybernetics, 2017, 47 (3): 636-650.

[44] Qu B, Suganthan P N, Liang J. Differential evolution with neighbor-hood mutation for multimodal optimization[J]. IEEE Transactions on Evolutionary Computation, 2012, 16 (5): 601-614.

[45] Wang Z, Zhan Z, Lin Y, et al. Automatic niching differential evolu-tion with contour prediction approach for multimodal optimization problems [J]. IEEE Transactions on Evolutionary Computation, 2020, 24 (1): 114-128.

[46] Frey B J, Dueck D. Clustering by passing messages between data points[J]. Science, 2007, 315 (5814): 972-976.

[47] Chen W, Yang Q. Probability distribution based evolutionary compu-tation algorithms for multimodal optimization[J]. Journal of Comput-er Research and Development, 2017, 54 (6): 1185-1197.

[48] Chen Z, Zhan Z, Wang H, et al. Distributed individuals for multi-ple peaks: A novel differential evolution for multimodal optimization problems [J]. IEEE Transactions on Evolutionary Computation, 2020, 24 (4): 708-719.

[49] Yang Q, Chen W, Li Y. Multimodal estimation of distribution algo-rithms[J]. IEEE Transactions on Cybernetics, 2016, 47 (3): 636-650.

[50] Li X, Gao L, Pan Q, et al. An effective hybrid genetic algorithm and variable neighborhood search for integrated process planning and scheduling in a packaging machine workshop[J]. IEEE Transactions on Systems, Man, and Cybernetics: Systems, 2019, 49 (10): 1933-1945.

[51] Garcia-Hernandez L, Salas-Morera L, Carmona-Munoz C, et al. A hybrid coral reefs optimization—variable neighborhood search ap-

proach for the unequal area facility layout problem[J]. IEEE Access，2020，8：134042-134050.

[52] Tang L，Wang X. An improved particle swarm optimization algorithm for the hybrid flowshop scheduling to minimize total weighted completion time in process industry[J]. IEEE Transactions on Control Systems Technology，2010，18（6）：1303-1314.

第9章

智慧农业建设可行性研究

9.1 研究背景

自改革开放以来，我国农业农村发展取得了举世瞩目的成就。特别是在1982年1月1日，中共中央发出第一个关于"三农"问题的"中央一号文件"以来，党中央、国务院对"三农"问题给予了高度重视。这一文件的发布，不仅标志着我国农村改革进入了新的历史阶段，也为后续的农业农村发展奠定了坚实的政策基础。党中央、国务院围绕"三农"问题，出台了一系列具有里程碑意义的政策，为农业和农村发展指明了方向。从家庭联产承包责任制的实施，到农业税费的取消，再到现代农业的推进，每一项政策的出台都深刻影响着农业农村的发展进程。特别是在党的十八大以来，党中央、国务院进一步加大了对"三农"工作的支持力度，提出了一系列新的战略举措和政策措施，推动农业农村发展取得了新的历史性成就。

在信息化快速发展的今天，农业农村发展也面临着新的机遇和挑战。为了应对这些挑战，党中央、国务院在2019年的中央一号文件中明确提出实施数字乡村战略。这一战略的提出，标志着我国农业农村发展进入了一个新的阶段。数字乡村战略的核心是深入推进"互联网＋农业"，扩大农业物联网示范应用，推进重要农产品全产业链大数据建设，加强国家数字农业农村系统建设。这一战略的实施，有力推动了信息技术与农业农村的深度融合，促进农业生产的智能化、精准化、高效化。同时，数字乡村战略还将促进农村电子商务的发展，推动农产品出村进城，扩大农产品市场，提高农民收入。在数字乡村战略的推动下，我国农业农村信息化水平得到了快速提升。各省市农业农村部门积极响应中央号召，相继实施了一系列政策措施，如打通农村信息化"最后一公里"梗阻、打通互联网进村通道以及《推进农业电

182

子商务发展行动计划》等。这些措施的实施,不仅有效解决了农村信息化发展的瓶颈问题,也为我国农业农村信息化水平的提升奠定了坚实的基础。

同时,随着人工智能、大数据、物联网等现代信息技术在农业农村领域的广泛应用,农业生产方式、经营方式、管理方式等方面都发生了深刻变革。这些变革不仅提高了农业生产效率,也促进了农村经济的发展和农民收入的增加。信息化是农业现代化的重要支撑和驱动力。为了贯彻落实党中央、国务院的决策部署,推动信息技术与农业农村全面深度融合,我国正在加快构建适应"三农"发展要求的农村信息化支撑体系。这一体系的建设,将实现对农业信息的精准采集、科学分析、智能决策和高效管理,从而有力推动农业现代化的发展。同时,我国还在加强农业信息化基础设施建设,整合信息资源,建立贯穿农业生产、服务体系、执法监管、市场营销全过程的信息平台。这一平台的建设,将促进农业生产的科学化、效率化、市场化,提高农产品的质量和竞争力。新疆作为一个农业资源丰富的地区,在推进农业农村信息化发展方面具有得天独厚的优势,拥有丰富的农业资源和独特的生态环境,为农业生产提供了良好的条件。同时,新疆还拥有较为完善的交通网络和通信基础设施,为农业农村信息化发展提供了有力的支撑。在数字乡村战略的推动下,充分利用现代信息技术,推动农业生产的智能化、精准化、高效化。通过搭建完善的信息服务平台,将农业涉及的各方面的生产信息都集中统筹起来,提高资源的使用效率,优化产业结构,促进农业的市场化改革和农产品的商业化程度提升。同时,还可以积极探索数字"三农"服务平台的信息管理手段,促进农业生产的科学化、效率化、市场化。通过利用互联网平台相关信息化技术,为农业信息化发展提供一个全新的平台,推动农业产业化、现代化、集成化发展,提高农民收入,实现农业可持续发展。

目前智慧农业存在的问题主要包括以下几个方面。

① 农业信息化建设薄弱。目前农业信息化发展处于起步阶段,各地区发展还存在一定差距。一是信息资源利用程度较低。数据管理缺乏统一的标准和规范,数据存储管理分散,造成了过量的数据冗余和数据不一致性,使得数据资源难以查询访问,决策层无法获得有效的决策数据支持。二是覆盖不广。一些农业发展领域如农业生产经营、技术推广等工作较少使用信息化手段。三是信息孤岛。不同业务主管部门根据自身工作需要分散开发或引进的信息平台,形成了信息孤岛,缺乏整体的、共享的、网络化可用度高的信息资源体系。四是数据来源基础薄弱,资金支持不足。目前支持农业农村信息化的项目数量较少,农业农村大数据的组织、研究,农业农村信息化的投入还比较有限。

② 政府组织与管理职能不够明确。从农村信息服务建设的现实和发展

看，其离不开政府强有力的支持。但目前各级政府和部门在农村信息服务建设过程中的主导作用不够强，组织和管理力度还有待进一步加强。一是一些管理部门和领导在对农村信息服务的认识上还存在误区。有些部门在农村信息服务建设时，不是过分强调硬件设施建设，就是忽视信息资源开发、新技术应用等软件资源建设，甚至有些部门和领导认为农村信息服务建设是农民群众自己的事情，政府不应过多介入。二是农业管理体制条块分割。农村信息服务涉及种植业、林业、畜牧业、渔、副等产业形式，其又分管于各个不同的行政部门，在农村信息服务建设当中就出现了各级政府和管理部门各自为政、分散管理的状态，使得农村信息服务缺乏统一的管理和长远发展的规划，各环节缺乏信息交流和合作，重复建设、资源浪费严重，实际效果不佳。三是农业项目管理效率低下，造成了工作繁多、手续原始、人员有限，从而造成了项目管理效率低下。

③ 农民获取和利用信息的能力弱。目前，主要通过政府网站、农村信息服务网站、信息服务站、农村综合信息示范点等信息服务平台为广大农民提供了各类信息服务。然而，很多信息都没有被农民有效地利用起来，甚至很多农民可能还不知道有这些服务平台，说明政府对平台的宣导力度不够，农民获取和利用信息的能力比较弱。主要表现在以下几方面：一是农民在农作物的生产过程中，选择种植的农作物的依据绝大多数是靠规律和经验，只有极少数是从互联网网站上查询的；二是当农民遇到技术性问题时，主要还是靠与老农交流和凭经验解决，而从农村信息服务站和网上获取信息的非常少；三是在销售农产品时，决定农产品价格的主要依据还是靠农民间的相互交流，而只有少数农民参考信息服务站提供的价格信息。

④ 缺乏有效的农村资源资产信息化手段。农村资源资产的信息化水平普遍比较低，无纸化办公缺乏，尚没有统一的农村资源资产的管理信息化平台。农村资源资产的基础数据比较缺乏，资源数据采集量少、采集范围小，数据保存和分析的能力比较弱。资源数据在各级管理单位的共享不足，导致农业农村局在管理中存在对土地经营权、村合作社股权、消费权的总体情况掌握困难，权益流转管控困难，信息核实比较困难，基层工作人员信息反馈困难等问题。更为重要的是，由于缺乏农村资源资产的数字化手段，造成资产确权困难和不便，限制了资产高效流转和创新金融手段的施行，无法提高社会资本、城市资源对美丽乡村建设更大规模的投入，不能从根本上解决乡村振兴过程中的资金投入不足和产业升级动力不足两大难题。

⑤ 未妥善解决"最后一公里"问题。信息服务"最后一公里"问题是指信息传输到用户手上的最后一段距离。近年来，虽然加快了广播电视"村村通""村村通电""光网工程"等工程的实施，广播电视网络、通信网络及

计算机网络三大网络也初具规模，信息服务体系也基本形成，广播电视、电话和手机等信息工具被大量应用，但是存在城乡信息基础设施不平衡，村域信息服务点基本空白，电商物流只能到达乡代收点等制约农民享受信息服务的"最后一公里"问题。

　　农业作为我国的基础产业，对我国经济发展和社会稳定有直接的影响。我国的农业虽然在信息化和全球化中得到了一定的发展，但是以环境和资源作为代价的粗放式经营并不利于农业的可持续科学发展。信息化是农业现代化的制高点，以农业信息化发展为基础的集约化发展模式是农业可持续发展的科学模式。国家已经连续多年在中央一号文件中提出全面推进农业信息服务体系的建设，农业信息化建设已经受到国家的高度重视和大力推进，上升到战略高度。农业信息化是指通过使用互联网技术、通信技术、光电技术、电子计算机技术等信息技术和工具，使农业的生产、管理、销售、购买等环节更加智能、科学。而信息技术的发展和应用是农业信息化发展的重要依托。所以说，基于互联网的农业信息化发展模式是农业可持续发展的强大动力。为了实现乡村振兴，需要继续加强农业农村信息化建设，推动信息技术与农业农村的深度融合。具体而言，可以依托数字乡村战略的实施，加强农业信息化基础设施建设，整合信息资源，建立贯穿农业生产、服务体系、执法监管、市场营销全过程的信息平台。同时，积极探索农村集体经济新的实现形式和运行机制，推动资源变资产、资金变股金、农民变股东，激发农村经济发展的新动能。此外，可以借助互联网相关信息技术，推动农村电子商务的发展，扩大农产品市场，提高农民收入。通过搭建农村电商平台，将农产品销售与互联网紧密结合起来，打破传统销售模式的束缚，实现农产品的快速流通和高效销售。总之，智慧农业建设具有广阔的前景和深远的意义。

9.2　建设目标

　　建设目标是通过构建一个全面集成的智慧农业体系，显著提升农业生产的效率和质量，同时减少资源消耗和人力投入。通过集成先进的首部控制系统、田间智能灌溉系统以及展厅展示系统等，实现灌溉用水的精准管理和高效利用，减少水资源和电能的消耗，降低人工的劳动强度，从而显著降低人力投入成本。利用专业配套的数据采集通信线，将各类数据实时传输至气象计算机的气象数据库中，以便进行统计、分析和处理。这些数据不仅可用于提升农业生产决策的科学性，还将为评估项目生态效益、经济效益和社会效益提供有力支撑。

广泛运用智慧物联网管理系统、种植数字化管理和溯源系统以及智慧管理平台等先进技术，以解决劳动力短缺问题，确保粮食生产安全，推动农业降本增效，同时保障农产品的绿色安全。借助大屏显示、虚拟仿真、数字孪生等技术手段，实现基地生产状况、环境数据、管控日志等的实时可视化展示。该体系将对自动控制系统地理位置、区域范围、种植品种、环境气候、销售状况等数据进行准确获取和直观展示，为项目管理提供强大的数据支持。

同时，通过搭建"互联网＋高效节水农业"管理服务平台，显著提升灌区的管理能力，实现需水—配置—调度—评价的科学化管理，进一步促进农业生产的自动化和智能化，提高农业生产效率和资源利用效率。

9.3 建设内容

项目为喀什地区某地智慧农业建设项目，拟建成集中连片、设施配套、高产稳产、生态良好、抗灾能力强、与现代农业生产和经营方式相适应的智慧农业项目，是保障国家粮食安全的关键举措，也是推进农业绿色发展的重要途径。

本项目建成智慧农业管理平台 1 套，分首部控制系统、田间智能灌溉系统、展厅展示系统、种质资源保护模块、基地管理、产品管理、种植管理、智能检测、智能控制、环境监测、气象监测、作业报表、运营管理、安全管理、运营统计、数字地块、数据管理、智慧农机等多个功能服务模块。

9.4 效益分析

项目实施后，不仅获得了明显的经济效益，而且也将取得巨大的社会效益，具体体现在以下几点。

① 保障食品安全。农业物联网技术的应用实现了农业生产管理的精准化，可以有效控制投入的化肥、农药和饲料添加剂等危害健康物质的残留问题。流通环节的智能储运技术为农产品的保鲜和防腐提供了技术支持，而食品安全溯源技术更是为食品安全监控提供了保障。所以说，农业物联网技术的应用可以有效保障食品安全。

② 节约资源。农业物联网技术所带来的资源节约除具有节约经济成本的经济效益外，从资源保护的视角看，也具有积极的社会效益。

③ 精确预测和统计农业产量，引导农业产业结构平衡发展。农业物联

网通过遥感技术进行产量预测，将传感器件集成到机械装备上可实现精确测产，使得农业产量预测和精确测产技术得以广泛应用，有助于引导产业结构平衡发展，避免因信息不对称所导致的产业结构失衡，进而引发农民增产不增收等问题。

④ 实现"人"从"在场"束缚中解放。农业物联网技术实现了农业生产管理的远程化和自动化，降低了农业从业者到生产现场进行作业的必要性；而农产品智能储运技术也使流通环节的从业者的"在场"参与必要性大大降低。"人"得以从"在场"的束缚中得到进一步松绑。这里的"人"既包括农业生产管理者，也包括提供咨询诊断服务的专家，还包括物流搬运人员以及销售终端的结算人员等。这种"人"的进一步解放对于人类突破改造自然活动的实体"在场"限制具有极其重大的社会价值和意义。

⑤ 通过规划建设，产品质量有保障，富有营养，提高了人们生活质量，满足了人们需求，增强了人民体质，促进了社会和谐稳定。

⑥ 充分发挥自然环境与生态优势，做大做强数字农业，创新经营形式，增加农民收入，推进农村城镇化、农民职业化和农业现代化建设。

⑦ 智慧农业的应用改变了过去基于感性经验的农业生产管理方式，通过精确、科学的数字化控制手段进行农业生产和管理，可以有效避免用药、施肥、灌溉等行为的过度化和滥用，从而避免对生态环境的破坏，起到保护生态环境的作用。药物的滥用会给农业生态系统中其他生物的生存带来危机，肥料的滥用会带来土壤结构失衡和环境污染，过度灌溉则会导致土壤的板结和盐碱化。基于精确数字化控制的数字农业技术的应用，可以避免和减少这种生态环境破坏的问题，实现农业发展与资源和环境承载力的平衡。

9.5　系统功能分析

（1）田块整治

控制田块内田面高差保持在一定范围内，尽可能满足精耕细作、灌溉与排水的技术要求。田块平整采用方格网法，将地块划分成若干单元，单元内推高填低，尽量依据自然地形、地势，合理设计高程，使挖填土方量最少，尽量做到填挖平衡。

（2）灌溉和排水

为了减少地面蒸发，提高水资源利用效率，实现水肥一体化灌溉，在项目区推广采用节水灌溉方式。田间灌排系统完善、工程配套、利用充分，输、配、灌、排及时高效，灌溉水利用效率和水分生产率明显提高，灌溉保证率不低于50%。

（3）农田防护和生态环境保护

根据因害设防、因地制宜的原则，对农田防护与生态环境保护工程进行合理布局，与田块、沟渠、道路等工程相结合，与村庄环境相协调，完善农田防护与生态环境保护体系。

（4）农田输配电

对适宜采用电力灌排和信息化技术的农田，铺设高压和低压输电线路，配套建设变配电设施，为泵站、机井及信息化工程等提供电力保障。根据农田现代化建设和管理要求，合理布设强弱电设施。输配电设施布设应与田间道路、灌溉与排水等工程相结合。建成后，实现农田机井、泵站等供电设施完善，电力系统安装与运行符合相关标准，用电质量和安全水平得到提高。

（5）物联网监测功能

物联网监测是以农情监测设备（传感器、监测终端、传输终端等）部署为基础，在各类种植区域内部署多个监测点，对多项重要的环境要素进行监测。数据通过物联网系统上传至云服务器后实现云共享，管理者打开云平台即可实时获取相应数据，并通过云平台的数据计算和应用能力，对数据进行进一步的更具实用性的分析、对比，获取更多、更全、更实用的帮助农企、农户进一步优化种植的可靠数据。

9.6 系统性能分析

9.6.1 查询、计算性能指标

（1）动态扩容需求

集群支持在线动态扩容。

（2）数据离线计算性能需求

① 数据集成。当前资源下，支持每秒接入的数据量不少于 200MB，并发任务数不少于 500 个。

② 数据治理。数据治理领域包括数据标准、数据模型、元数据、数据质量等。每秒处理数据不少于 50MB，并发任务数不少于 200 个。

③ 数据开发。数据清洗、转换，每秒处理数据不少于 100MB，小时处理数据不少于 0.35TB，并发任务数不少于 200 个。多表关联、统计分析等处理任务，每秒处理数据不少于 50MB，小时处理数据不少于 0.15TB，并发任务数不少于 200 个。

④ 数据查询。查询类任务并发数≥200 个，展现最终结果响应时间≤3s。

（3）数据存储

支持 PB 级别的数据存储，并支持扩展。

9.6.2　系统稳定性

系统在可靠性、易用性和可扩展性等方面，需满足以下要求。

① 可靠性要满足系统 $7 \times 24h$ 不间断服务的要求。

② 系统可用率≥99.99％，即每年的不可用时间少于 9h。

③ 采用标准接口，界面友好，使用方便。

④ 支撑基础设施、软件结构、数据库等方面的设计能满足功能不断扩展，以及系统容量和用户数量不断增长的要求。

9.6.3　视频图像质量

① 视频编解码支持通用的 H.264 与 H.265 标准。

② 实时视频图像及存储视频图像帧率不低于 25 帧/s。

③ 视频图像存储分辨率及存储码流设定：存储分辨率为高清 200 万像素，存储码流为 25 帧 4Mbps。

④ 系统内视音频信息的显示、存储、播放具有原始完整性，即在色彩还原性、图像轮廓还原性（灰度级）、事件后继性等方面均与现场场景保持最大相似性（主观评价），最终显示图像质量高于五级图像质量。

9.6.4　基本网络要求

（1）网络传输协议要求

平台联网系统的网络层支持 IP，传输层支持 TCP 和 UDP。

（2）网络性能指标

① 网络时延上限值为 150ms。

② 时延抖动上限值为 50ms。

③ 丢包率上限值为 1×10^{-3}。

④ 包误差率上限值为 1×10^{-4}。

9.6.5　时延指标要求

当图像（包括其他信息）经由网络传输时，时延指标应满足下列要求。

① 前端设备与接入展厅（即接入平台）的信息延迟应≤2000ms。

② 前端设备与用户端设备间端到端延迟时间（不含解码缓存的延时，即用户端首次发起点播信令到接收到前端设备视频流数据包的时延）应≤2500ms。

③ 前端设备的编码 1 帧间隔设置应≤1000ms。

9.6.6 应用系统数据存储量

本项目根据智慧农业管理平台、首部控制系统、田间智能灌溉系统数据存储量，租赁 1 台 8 核 16GB、配 Linux 操作系统和 16 核 64GB 数据库的应用服务器，1 台 500GB 系统盘、2TB 数据盘的数据服务器，1 台 500GB 系统盘、1TB 数据盘的地图服务器。

9.6.7 备份系统存储量

业务应用系统数据在云服务器进行备份，云服务器租赁 1 台 8 核 16GB、配 Linux 操作系统和 16 核 64GB 数据库的应用服务器，1 台 500GB 系统盘、2TB 数据盘的数据服务器，1 台 500GB 系统盘、1TB 数据盘的地图服务器。

9.6.8 智慧农业管理平台

① 访问速度方面。页面打开速度小于 3s，简单类查询速度小于 3s，复杂类查询分析速度小于 10s。

② 稳定性方面。在利用本系统正常工作时，不应出现妨碍工作顺利进行的系统错误或意外中止情况。除特殊原因外，普通故障修复时间＜30min，重大故障 24h 内完成修复。

③ 资源利用方面。在进行海量数据的查询、统计、分析的过程中，允许对 CPU 和内存的占用率提升及对网络宽带占有量的加大，但在操作结束后，应该及时释放所占用的资源，以保证工作人员利用计算机顺利进行其他工作。

④ 使用灵活性方面。当系统与其他软件的接口发生变化，用户的操作方式、运行环境、信息获取方式以及对期望获取的信息结果发生变化时，软件系统要做到易于调整，拥有高度的灵活性。

9.6.9 首部控制系统和田间智能灌溉系统

① 要求能够连续 7×24h 不间断工作。

② 易用性要求。满足操作风格简约明了的要求，满足用户使用时的操作简便、提示清晰明了的要求。

③ 可靠性要求。a. 系统达到操作极限时，不崩溃，不异常退出，也不丢数据。b. 在屏蔽用户的错误操作和用户输入非法指令时，系统不崩溃，不异常退出，也不丢数据。c. 系统运行失效时应能较快重建系统，并对用户输入的数据有校验机制。

④ 可维护性要求。要求系统支持二次开发，并配有操作日志；要求日志记录准确无误，并可对操作日志进行追踪。

9.7　智慧农业总体架构

9.7.1　总体设计

9.7.1.1　设计原则

以"节水优先、空间均衡、系统治理、两手发力"的新时期治水思路为引领，尊重信息化发展规律，加快实现从局部治理向系统治理转变。在数据采集、数据资源服务和数据共享交换的基础上，统一构建农村高效节水数据服务体系和专业应用系统。

从思想上要做到从"分散使用"向"共享利用"转变，从"片面强调建设"向"建设与管理并重"转变，从"满足日常需求"向"提升综合决策支撑能力"转变，从高效节水整体需求出发，深入挖掘数据应用价值，以水利信息化建设推动业务能力总体发展。

在国家水利信息化相关顶层设计文件的指导下，做到设计依据充分、理念先进、方法科学合理，总体框架清晰、拟定的发展目标明确、发展策略得当，技术体系先进实用、实施路径和保障体系切实可行。在具体系统设计上遵从以下原则。

（1）先进性

① 系统设计达到国内先进水平，采用国际或国内目前的先进技术，切实可行并容易实现。

② 遵循国际标准和国内外有关的规范要求。

③ 符合计算机和网络通信技术的最新发展潮流，并且是应用成熟的系统。

（2）实用性

① 针对实际应用的特点，具有多种管理方式。

② 系统设计应符合工程的实际需要。

③ 系统配置既强调先进性也要注重实用性，应注意系统配置的经济效益，达到综合平衡。

④ 根据实际需要进行系统配置。

（3）可靠性

① 具备在规定条件和时间内完成用户所要求的功能的能力，能长期稳定地工作，满足 $7 \times 24h$ 运行的要求。

② 结构简单，连接点少，可靠性高。

③ 对工作条件和工作环境要求较低。

④ 系统启动快，系统掉电后再来电或网络传输中断后再恢复正常，系统恢复迅速。

⑤ 系统故障率低，维护维修方便。

⑥ 充分利用已建资源，终端设备能和现有系统无缝集联，具有高度统一性和兼容性，技术切实可行。

（4）集成性

① 高度集成，体积小，重量轻，移动方便，便于连接。

② 在高度集成前提下，具有多种功能，便于相关设备接入。

③ 各设备的功能，在系统集成后能充分发挥，能一体化协作。

④ 系统参数配置少，调整少，自动化程度高，使用方便，操作简单。

（5）可扩展性

① 系统设计要考虑今后信息化建设的发展，系统应具有较强的扩展性。

② 考虑接口的扩展性，并考虑今后与其他类型网络的连接。

③ 系统方案中应体现渐进性，即系统可分步实施。

④ 设计必须符合相关国际、国家及行业规范及标准。

9.7.1.2 设计思路

本项目在已实施的高标准农田建设项目灌溉基础工程上，以物联网技术的精确感知、远程传输和智能分析等功能为支撑，通过建设高效节水灌溉自动化测控体系以及信息化系统，实现农业环境的精确监测，农业灌溉、施肥自动化控制，农业资源的高效利用以及农产品质量的全面提升，进而推动农业现代化的发展。

① 建设高效节水灌溉自动化测控体系，建立首部、田间管网、土壤墒情、农田小环境气候等数据的采集系统及全天候视频监控系统，为设备运行管理与业务经营管理提供重要的技术支撑和运行保证。同时，自动测控体系的实时监测、程序化的故障跟踪与保护，为配电系统及水机系统的可靠运行提供了重要保证。

首部泵房和机井数据采集与监控，实现项目区水源与水泵控制联动。通过自动化手段减少初级管理人员，并实现工程的精细化管理，提高供水保障率，降低供水成本。

田间管网数据采集与监控，能够通过自动化手段，及时准确发现田间管网风险点，提高管理效率和灌溉保障率。

通过信息报送、查询、分析、汇总和项目管理信息处理网络化和灌溉管理信息化，全面推进农业农村局、用水协会的信息化管理水平，提高其工作效能和管理效率。

②　本项目信息系统的建设遵循相关规划要求，信息基础设施建设和业务应用模块的建设及监督管理均符合新疆智慧农业框架要求。在设计过程中，系统框架考虑预留接口并支持扩展，为将来搭建本区域"智慧节灌"框架提供可能性；同时，按照智慧水利要求，充分整合网络基础设施、业务系统和信息资源，促进资源的共建、共享、共用，推动惠农区数字水利协调发展。

紧密结合用户管理需求。通过"一人一页"，为管理多层级用户、农户以及社会公众提供个性化门户，满足个性化需求；实行统一建设分级应用。

9.7.1.3　总体架构设计

智慧农业基地建设项目建设了高效节灌自动化测控体系，并在此基础上建设了高效节水灌溉专题数据库，以及包含基础信息、自动控制滴灌系统、灌溉管理等功能的应用系统，通过智能门户、"一张图"及"一人一页"提高智慧农业基地建设项目管理效率与服务水平。项目的总体架构可分为基础设施层、数据层、平台层、公共服务层、业务应用层、用户层、高效节灌信息化系统以及标准规范和保障体系。

①　基础设施层，集成已有监控设施，实现网络末端覆盖，提供智慧农业信息化体系的"云、网、端"。在云平台方面，基于租赁的阿里云平台，对高效节水灌溉信息化体系进行统一部署，后期可统一迁移至政务云平台。网络方面，基于运营商提供的公共网络资源、自动化测控体系，实现高效节水灌区首部、蓄水池、田间数据的采集与监控。

②　数据层，全部融入云平台服务器。服务器汇集、整合、共享提供高效节水灌溉信息化体系所需的各相关数据，包括首部泵房的数据采集、蓄水池的数据采集、田间阀门开关状态、土壤墒情和田间气象数据采集，还将建设高效节灌专题数据库，对高效节灌业务管理的各类相关信息进行存储。

③　平台层，建设高效节灌业务应用平台。本项目在云平台服务基础上，结合高效节水灌溉智能化工程建设形成高效节灌业务应用平台。

④　公共服务层，主要包括组织机构、权限管理、应用接口、消息传送、报表图表、用户管理等模块。

⑤　业务应用层，全面覆盖管理过程，提升工作效率。通过统一的平台架构以及统一的技术标准，整合已建系统数据及功能，新建基础信息、自动控制滴灌系统、智能灌溉、统计分析、水费统计等主要业务应用。建成后，业务应用层覆盖高效节水灌溉管理全过程，业务简化后在移动 App 中实现。系统为核心的灌溉管理子系统提供具有模型支撑的智能化管理。

⑥　高效节灌信息化系统。高效节灌信息化系统是用户实现水利管理及

服务的本质手段，根据用户职责、需求分类实现对用户自由的流程、功能、数据、信息支撑。用户不需访问各应用系统，可根据单位、用户权限等实现不同的门户访问。

⑦ 标准规范与保障体系，保证信息化系统安全、稳定、高效运行。建设标准规范、有体制机制保障的信息化系统在建设、管理与运行时，统一采集、网络、数据、平台、项目验收等标准，并且要从组织领导、资金保障、队伍建设、人员信息化素养提升、信息化考核等方面保障高效节水灌溉自动化工程的建、管、用。项目建设及运行过程中，需从网络安全、数据安全、应用安全等角度，充分发挥安全硬件的作用，同时利用权限管理、接口服务等手段，确保项目建成后的安全运行。

9.7.2 总体建设任务

通过建立智慧农业管理平台、首部控制系统、田间智能灌溉系统、展厅展示系统等，充分提高灌溉用水效率，实现节水、节电，降低劳动强度，降低人力成本。通过专业配套的数据采集通信线与计算机进行连接，将数据传输到气象计算机气象数据库中，用于统计分析和处理，展现出了可观的生态效益、经济效益和社会效益。

将智慧化、数字化、信息化的硬件设备、软件系统和先进技术深入和广泛地应用于农业领域，通过打造智慧物联网管理系统、种植数字化管理和溯源系统以及智慧管理平台，解决劳动力短缺问题，做好粮食安全保障，推动农业降本增效，确保农产品绿色安全，提升农产品品质和品牌，优化农业生态和实现农业碳中和。

9.7.2.1 智慧农业管理平台

智慧农业管理平台是一种基于互联网、物联网、大数据等技术，为农业生产和管理提供信息化支持的平台。它通过采集、传输、处理农业数据，实现农业生产全程监控，提高农业生产效率和质量，降低生产成本，促进农业可持续发展。智慧农业管理平台可以帮助农民和农企提高生产效率和农产品质量，改善农业生产环境，提高农产品质量和安全，降低生产成本，促进农业可持续发展。

9.7.2.2 首部控制系统

通过智能土壤墒情仪、智能孢子监测仪、智能气象监测站、智能虫情监测站、智能杀虫灯、田间长势智能视频监控等相关设备可以实现土壤墒情、气象情况、作物生长状况和病虫害情况的实时监测和记录。通过数据分析和决策支持软件，农民可以了解农田的情况，并采取相应的措施作出灌溉、施肥、防病虫害等管理决策。

9.7.2.3 田间智能灌溉系统

田间智能灌溉系统可以帮助生产者很方便地实现自动水肥一体化管理。系统由无线灌溉控制器、全自动电动执行器（电动球阀）、无线智能网关、信号中继器、智能水肥一体机、变频控制柜、施肥罐（含搅拌电机）组成。实现智能化控制：包括实现智能化监测、控制灌溉中的供水时间、施肥浓度以及供水量。实时监测的灌溉状况：当灌区土壤湿度达到预先设定的下限值时，电动球阀可以自动开启，当监测的土壤含水量及液位达到预设的灌水定额后，可以自动关闭电磁阀或电动阀系统。可根据时间段调度整个灌区电磁阀或电动阀的轮流工作，并手动控制灌溉和采集墒情。整个系统可协调工作实施轮灌，充分提高灌溉用水效率，实现节水、节电，降低劳动强度，降低人力成本。

9.7.2.4 展厅展示系统

展厅展示系统以"数字化"为核心通过多媒体设备（大屏幕等），通过声音、图像、文字等多种方式，向参观者展示农副产品的品种、特色、质量、溯源等信息，让参观者仿佛置身于农田。造型展示内容包括农副产品的实物、模型、图片、标识等，通过真实、仿真、动态等多种形式，展示农副产品的形态和风味，以"地域"为主要划分依据，以"品质"为主要展示内容。

9.7.3 智慧农业总体设计

9.7.3.1 编制依据

（1）规范性文件

《水利水电工程初步设计报告编制规程》（SL 619—2021）。

《灌溉与排水工程设计标准》（GB 50288—2018）。

《微灌工程技术标准》（GB/T 50485—2020）。

《节水灌溉工程技术标准》（GB/T 50363—2018）。

《泵站设计标准》（GB 50265—2022）。

《水利水电工程施工组织设计规范》（SL 303—2017）。

《水利建设项目经济评价规范》（SL 72—2013）。

《计算机软件文档编制规范》（GB/T 8567—2006）。

《系统与软件工程　系统与软件质量要求和评价（SQuaRE）第10部分：系统与软件质量模型》（GB/T 25000.10—2016）。

《水环境监测规范》（SL 219—2013）。

《土壤墒情监测规范》（SL 364—2015）。

《视频安防监控系统工程设计规范》（GB 50395—2007）。

《通信管道与通道工程设计标准》（GB 50373—2019）。

《水利工程建设与管理数据库表结构及标识符》（SL 700—2015）。

《水利政务信息数据库表结构及标识符》（SL 707—2015）。

《水利信息系统运行维护规范》（SL 715—2015）。

《水利信息系统运行维护定额标准》。

（2）其他文件

① 国家及地方有关政策、法规、规划。

② 项目建设地总体规划及控制。

③ 项目建设单位提供的有关材料及相关数据。

④ 国家公布的相关设备及施工标准。

⑤《乡村振兴战略规划（2018—2022 年）》。

⑥《中共中央 国务院关于实施乡村振兴战略的意见》。

⑦《数字乡村发展战略纲要》。

⑧《中共中央 国务院关于落实发展新理念加快农业现代化实现全面小康目标的若干意见》（2015 年 12 月 31 日）。

⑨《农产品质量安全追溯操作规程通则》（NY/T 1761—2009）。

⑩《国务院关于印发促进大数据发展行动纲要的通知》（国发〔2015〕50 号）。

⑪《国家现代种业提升工程项目运行管理办法（试行）》（2020 年 2 月 27 日）。

⑫《中国特色农产品优势区管理办法（试行）》（2020 年 7 月 15 日）。

⑬《农业农村部政务服务"好差评"管理办法》（农办法〔2020〕4 号）。

⑭《农业部关于推进农业农村大数据发展的实施意见》（农市发〔2015〕6 号）。

⑮《农村人居环境整治村庄清洁行动方案》（农社发〔2018〕1 号）。

⑯《中共中央 国务院关于坚持农业农村优先发展做好"三农"工作的若干意见》（2019 年 1 月 3 日）。

⑰ 项目区 1∶2000 地形图测绘成果。

⑱ 项目区相关基础资料。

9.7.3.2 系统总体功能要求

项目建设基于"互联网＋高效节水农业"管理服务平台进行项目片区高效节灌自动化建设，基本功能主要满足操作人员对灌溉过程现地操作、远程控制和运行管理的直接需要，完成田间的阀门启闭控制和首部运行监控任务。实现的基本功能如下。

① 采集。采集首部泵站的引水数据以及其他相关数据，主要包括泵站的电量监测、流量监测、液位监测、压力监测、设备状态、机井水位等数据。采集田间电动阀的状态、土壤墒情及网关运行状态等数据。

② 视频监视。监视是指在监视站点采集动态图像，并可以通过控制镜头、云台对采集画面进行操作。系统可以进行用户管理及权限划分，统一分配画面操作的控制权。

③ 控制。泵站机组设备、辅机设备等的控制与调节由现地监控系统实现，站控级可进行远方开停机操作，根据流量平衡原则并结合调度命令确定泵站开停机台数、阀门等的启闭和开度调节。根据水量调度分配的水量计划方案制定水量分配过程，设置控制命令进行控制。控制前要经过统一的权限判别。

实现通过计算机、手机等操作终端远程启闭阀门、定时或定量灌溉、制定和执行轮灌计划、反馈阀门工作状态。

实现田间设备与首部设备联动控制功能，远程控制首部水泵的启停，并与田间灌溉控制阀门开关和计划轮灌实时联动，实现首部压力、流量控制。

④ 实现灌溉管网关键点压力和流量、土壤墒情、气象等信息要素的监测、存储和分析。

9.7.3.3　通信网络系统建设

（1）网络规划

通信网络系统建设主要是对泵站的自动化系统网络、田间高效节灌及渠道测控系统网络进行建设。在保证应用系统数据信息传递安全可靠的前提下，以资源共享、带宽共享、节省投资为原则进行计算机网络系统设计。

本项目调度中心、泵站通过运营商专线实现与灌溉云服务器进行远程通信和人机交互。田间电动阀、智能阀门控制器通过无线传输的方式传输信号至田间 LoRa 网关，网关采用 GPRS/4G 网络通过运营商网络传输信号至灌溉云服务器，土壤墒情监测站等设备采用 GPRS/4G 网络通过运营商网络传输信号至灌溉云服务器。

（2）泵站自动化系统网络比选

1）三种通信方式的优缺点。

首部泵站，现状是未接入通信网络，现地通信条件较好，可接入附近运营商专线，同时，无线 GPRS/4G 网络通信信号强度良好。泵站监测设备包括液位传感器、压力传感器、电磁流量计、电动阀、首部控制柜等，其中液位传感器、压力传感器通过模拟量接入首部控制柜，电磁流量计通过 RS-485 总线方式接入首部测控终端，进行数据统一采集传输；泵站配置 2 台网络摄像机，上述首部控制柜及视频摄像机均需要进行数据传输，产生通信流量。根据泵站网络实际情况，可选用有线通信（包括自建光纤、租用运营商专线）、运营商 GPRS/4G 无线网络服务等方式构建本项目泵站通信网络。

① 基于无线 GPRS/4G 的公共通信网络。自 2018 年以来，中国移动、中国联通与中国电信三大运营商的 GPRS 带宽理论传输速率可达到下行 100Mbps、上行 50Mbps，在数据的传输效率与传输稳定性上有了极大的保障，其具有以下优势。

高速传输：数据传输速率 10 倍于 GSM，可以稳定地传送大容量数据。

使用方便：实时无线传输，不用搭建繁杂的传输渠道。

广域覆盖：有良好的通信范围且通信模块可以根据不同的运营商选择。

永远在线：GPRS 通信在激活后保持永久在线，随时保持网络联系。

数据计费：仅按产生的数据量收取费用，如传输自动化采集数据，数据量较小且资费较低；如传输视频数据，则需要的资费较高。

② 有线通信。有线通信方式是指利用金属导线、光纤等有形媒质传输信息的方式。在工程建设上，常用的有线通信方式有租用第三方运营商专用信道，通过现场架空光缆、地埋光缆通信等。有线通信具有以下特点。

a. 信号受电磁干扰程度小，有较好的保密性。

b. 通信容量大，传输频带宽，中继距离长。

c. 信号串音小，传输质量高。

其中，租用第三方运营商专用信道是租用电信/移动/联通等数据业务服务商的专用 DDN/VPN 信道，对中大型城市、居民居住聚集区等人员相对集中的场所覆盖程度较高，但由于信息量较大，导致使用费用相对较高，由运营商进行统一维护。

③ 自建光纤有线网络。自建网络通常采用光纤环网。自建网络初期投资较大，建设周期长，需要养护和维护。但自建网络稳定、可扩展性强、后期运行费用低。自建网络可以根据实际需求采用 PTN/SDH 光纤环网、工业以太网、无线以太网等多种形式，并可以与互联网、GPRS/4G 公共通信网络等其他形式的网络有效融合。

2）针对本项目的通信方案比选。

以上三种通信传输方式可从传输稳定性、运行维护及投资造价等方面进行比较，见表 9-1。

① 传输稳定性。本项目通信网络主要用于泵站监测站点数据传输，包括水泵运行数据及视频监视数据的网络传输，其中视频监视数据的网络传输

对网络宽带的要求较高，拟设计为定时抓拍、回传视频进行后端分析的传输形式。在调取摄像头时，回传视频流数据，但在考虑视频监视数据的传输稳定性后，优先采用有线通信传输方式。

② 运行维护。自建光纤对后期运行维护的要求较高，需要配置有执业资格的运行维护人员。同时，若自建光纤在使用过程中出现破损、故障等，运行维修费用较高，需要较大的人力、物力投入，故在一般的水利信息化建设项目中，不推荐使用此种方式搭建通信网络，应优先考虑运营商提供的通信网络服务。

③ 投资造价。从投资造价考虑，运营商提供的通信网络仅需要投入初始的部分建设费用以及每年的通信资费，运营商提供专人对通信网络进行保障安全运行的维护服务。自建光纤的初始造价较高，包括土建施工（地埋或架空）及光缆设备费用，同时，在后续使用过程中，如果出现破损、故障等情况，运维费用较高，故从投资造价方面考虑，优先考虑运营商提供的通信网络服务。

表 9-1　泵站自动化系统网络通信方式比选

项目名称	无线 GPRS/4G	运营商专用信道	自建光纤网络
建设费用	很低,仅需购置 DTU 模块和开户	低,需架设专线光缆、购置路由器和开户	高,需建设专网光缆并配套光设备
运行费用	按测点流量包月(4G 费用高)	较高,按测点流量包月或年	无
通信距离	不受限制	不受限制	根据建设路由
可靠性	普通,受移动网络影响	普通,受移动网络影响	很高,稳定
数据带宽	较低	中等,根据申请带宽及运营商网络情况	很高,可选 155MHz、622MHz、2.5GHz 网络
数据安全	普通	中等,受运营商和路由器影响	很高
适用范围	数据量小、实时性和可靠性要求低的站点	数据量中等、实时性和可靠性要求一般的站点	数据量大、实时性和可靠性要求高的站点
网络可融合性	低,需外网节点	低,需外网节点	高,可多网融合
维护费用	低	低	很高

3）泵站通信方式比选结果：综合表 9-1 所示各方面的比较，推荐优先使用运营商提供的通信网络服务，即采用第三方运营商专线构建通信网络，搭乘运营商专用信道，将泵站监测站点数据传输至调度控制中心。鉴于实地考察泵站监测点位置及信号强度等因素，综合考虑本项目泵站监控站点采用运营商专线进行数据传输。

（3）田间自动化系统网络比选

根据本项目灌溉片区的实际情况，田间自动化系统设备包括智能阀门控制器、土壤墒情监测站，均需要进行数据传输，产生通信流量。

智能阀门控制器及土壤墒情监测站分布于田间，较为分散，有线通信方式受物理环境影响，不能任意敷设线路，建设投资成本大，不适用于田间灌溉场景，故仅考虑无线网络通信方式。项目区无线 GPRS/4G 网络均已覆盖，智能阀门控制器对阀门自动控制，采集电动阀组运行状态，单站点所需通信数据量较小，传输条件满足本项目通信传输需求。可选通信方式包括：各智能阀门控制器单点选用无线 GPRS/4G 进行数据传输；或者采用智能无线网关，汇聚一定数量的智能阀门控制器通信节点，再通过无线 GPRS/4G 进行数据传输。

将上述两种方式从投资费用、运行维护等方面进行比较。

① 投资费用。本项目配置的智能阀门控制器，采用单站点无线 GPRS/4G 通信方式，需配置相同数量的物联网卡，整体投资费用较高；集中采集无线 GPRS/4G 通信方式仅需要在智能网关处配置物联网卡，由于田间阀门监控需传输的数据量很小，单个网关的费用也很低。

② 运行维护。单站点无线通信方式与集中采集无线通信方式相比，后续维护较为烦琐，需对每个站点进行运行维护，所需人力、物力投入较大，不利于后期运行维护，运维管理效率较低。集中采集无线通信方式整个网络没有中心节点，每个节点独立维护自己的路由信息，不需要节点之间进行路由绑定，运维较为简便。此外，实际应用的智能阀门控制器多为锂电池供电，采用单站点无线 GPRS/4G 通信方式对电量消耗较大，与集中采集方式相比，更换电池次数较多，增加了运行期维护人力物力的消耗，运维费较高。

综合上述各方面的比较，田间智能阀门控制器推荐采用集中采集无线 GPRS/4G 通信方式，智能网关汇聚一定数量的智能阀门控制器通信节点，再通过无线 GPRS/4G 进行数据传输。土壤墒情、田间气象站、虫情测报仪通过设备自带的 GPRS 通信模块上传数据到调度管理中心平台。

9.7.3.4 灌溉首部自动化监控系统

（1）系统构成

建设项目的首部自动化监控系统。首部自动化监控系统由首部控制柜、压力变送器、电动蝶阀、电磁流量计、液位计等组成，传输方式采用租用运营商专线。灌溉系统首部自动化监控系统结构如图 9-1 所示。

（2）建设内容

本智慧农业管理平台包括种质资源保护、基地管理、产品管理、种植管

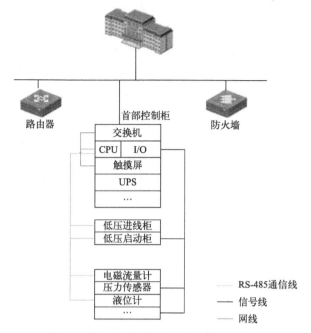

路由器　　　　首部控制柜　　　防火墙

交换机
CPU　I/O
触摸屏
UPS
…

低压进线柜
低压启动柜

电磁流量计
压力传感器
液位计
…

RS-485通信线
信号线
网线

图 9-1　灌溉系统首部自动化监控系统结构

理、智能检测、智能控制、环境监测、气象监测、作业报表、运营管理、安全管理、运营统计、数字地块、数据管理、智慧农机等服务模块。通过门户、客户端、移动客户端可以访问平台。门户为 Web 集成框架，集成各Web 组件提供的菜单界面。客户端基于客户端框架实现，通过客户端框架集成多个客户端组件形成完整的客户端。移动客户端基于移动客户端框架实现，通过移动客户端集成多个移动客户端组件形成移动端应用。业务组件基于核心服务和系统管理及通用服务、基础环境的能力实现自身业务能力。各组件提供接口进行功能调用。各类设备由设备接入框架、智能接入框架接入，运行管理中心提供平台运维能力。

① 智慧农业管理平台。智慧农业管理平台是基于互联网、物联网、大数据等技术手段，为农业生产和管理提供信息化支持的平台。它通过采集、传输、处理农业信息数据，实现农业生产全程监控，提高农业生产效率和农产品质量，降低生产成本，促进农业可持续发展。本设计按照集约化部署，所有软件系统部署在云端，符合独立部署或者云化部署的相关要求。云网资源服务包括云计算服务、安全服务、数据备份服务、链路资源服务。

② 首部控制系统。在首部控制系统中，通过智能土壤墒情仪、智能孢子监测仪、智能气象监测站、智能虫情监测站、智能杀虫灯、田间长势智能

视频监控等相关设备，可以实现土壤墒情、气象情况、作物生长状况和病虫害情况的实时监测和记录。通过数据分析和决策支持软件，农民可以了解农田的情况，并采取相应的措施作出灌溉、施肥、防病虫害等管理决策。

③ 田间智能灌溉系统。田间智能灌溉系统可以帮助生产者很方便地实现自动的水肥一体化管理。系统由无线灌溉控制器、全自动电动执行器（电动球阀）、无线智能网关、信号中继器、智能水肥一体机、变频控制柜、施肥罐（含搅拌电机）组成。实现智能化控制，包括实现智能化监测、控制灌溉中的供水时间、施肥浓度以及供水量。实时监测灌溉状况，当灌区土壤湿度达到预先设定的下限值时，电动球阀可以自动开启，当监测的土壤含水量及液位达到预设的灌水定额后，可以自动关闭电磁阀或电动球阀。可根据时间段调度整个灌区电磁阀或电动球阀的轮流工作，并手动控制灌溉和采集墒情。整个系统可协调工作实施轮灌，充分提高灌溉用水效率，实现节水、节电，降低劳动强度，降低人力成本投入。

④ 展厅展示系统。展厅展示系统以"数字化"为核心，使用多媒体大屏幕等设备，通过声音、图像、文字等多种形式，向参观者展示农副产品的品种、特色、质量、溯源等信息，让参观者仿佛置身于农田。造型展示内容包括农副产品的实物、模型、图片、标识等，通过真实、仿真、动态等多种形式，展示农副产品的形态和风味，以"地域"为主要划分依据，以"品质"为主要展示内容。

（3）系统功能

通过首部控制柜实现对水肥一体机、泵站电动机、电磁流量计、压力传感器、液位计等的数据采集和控制，实现站级控制。

① 采集电动机相关信息。

a. 采集三相电压、三相电流，电动机运行状态。

b. 将电动机保护装置遥测输出接点接入变频柜，实现对电动机遥测数据的采集。

② 采集流量信息。将电磁流量计通过 RS-485 接口接入首部控制柜，采集瞬时流量、累计水量等数据。

③ 采集压力信息。将压力传感器接入首部控制柜，采集压力数据。

④ 采集液位信息。将蓄水池液位计通过 RS-485 接口接入首部控制柜，采集液位数据。

⑤ 采集肥料浓度。通过水肥一体机实现对管道 EC 值、pH 值的监测。

⑥ 采集其他信息。支持各类传感器通过 RS-485 接口接入首部控制柜，实现信号采集、故障报警、运行状态监测等功能。

⑦ 控制电动机。将电动机保护装置遥控输入接点接入首部控制柜，对

电动机进行控制，实现对水泵的自动启停。

⑧ 数据通过租用运营商专线或无线 4G 网方式传输，实现控制中心对田间自动化监控系统的监控和控制。

（4）设备配置原则

首部控制柜：首部控制柜根据首部泵站水泵机组、阀门、传感器数量配置输入输出模块。

压力传感器：压力传感器根据首部水泵出水管数量配置，每条出水管布设 1 个。

液位计：对机井进行水位采集及进行阀门控制。根据机井水位，其通过自身的控制逻辑进行供水控制，实现机井供水自动化控制。因此，每眼机井近泵站一侧设置 1 个液位计。

电磁流量计：流量计根据首部出水口数量配置，1 台水泵机组出水口配置 1 个电磁流量计。

通过信息报送、查询、分析、汇总，项目管理信息处理网络化和灌溉管理信息化，全面推进用水信息化管理水平，提高系统工作效能和管理效率。

9.7.3.5　田间自动化控制系统

（1）电磁阀与电动阀比选

方案 1（水力电磁阀）：水力电磁阀是以管路系统上下游压力差 Δp 为动力，由导阀控制，使隔膜由液压差动操作，完全由水力自动调节，从而使主阀阀盘完全开启、完全关闭或处于调节状态。电磁阀利用电磁原理，由通电电磁线圈产生的电磁吸引力变化来调节隔膜上方控制室的压力值，进而控制阀门的启闭。电磁阀的优点：启闭迅速，具备一定的减压功能，适合在需要阀门快速、频繁启闭的小口径管道中使用。缺点：电磁阀线圈会受到电压变化的影响，比较容易损坏；开阀瞬间，水锤现象严重；启闭受水压影响，低压时无法启动；对管道的系统压力和水质要求较高，长时间使用后，电磁头易产生水垢，易导致阀门启闭失效。

方案 2（电动蝶阀）：电动蝶阀属于电动阀门和电动调节阀中的一个品种。电动蝶阀连接方式主要有法兰式和对夹式。电动蝶阀密封形式主要有橡胶密封和金属密封。电动蝶阀通过电源信号来控制蝶阀的开关。该产品可用作管道系统的切断阀、控制阀和止回阀。其附带手动控制装置，一旦出现电源故障，可以临时手动操作，不至影响使用。电动蝶阀的优点：启动无水锤现象，启闭不受介质和压力影响；使用电动机驱动阀瓣，可靠性高。缺点：不宜在空气湿度大的环境中使用。项目区方案比选优缺点对比见表 9-2。

表 9-2 方案比选优缺点对比

方案	内容	优点	缺点
方案 1	使用电磁阀	①启闭迅速,适用于高频率启闭 ②具备一定的减压作用	①水压低时,阀门无法启动 ②电磁头易产生水垢,容易损坏 ③电磁吸附易受外界干扰
方案 2	使用电动蝶阀	①启闭不受水压影响 ②启动无水锤 ③电动机驱动可靠性高 ④支持阀门启闭状态反馈	①不宜在空气湿度大的环境中使用 ②就地开关需要配置额外的开关盒

通过对项目区两种方案进行比选,确定方案 2 为本设计的优选方案。主要有以下几点原因:一是该项目为高标准农田建设项目,对阀门使用时的可靠性有较高的要求;二是考虑项目水源为露天蓄水池,首部辐射面积较大,阀门应具备可靠的驱动方式。

(2)系统构成

田间电动阀安装在各个系统的出地桩上,控制系统由电动阀、阀门控制器、智能无线网关等组成。

阀门控制器和电动阀安装在电动阀井内,一个阀门控制器最多可控制 4 个电动阀,阀门控制器内置锂电池。

阀门控制器通过硬线直接控制电动阀,实现电动阀启闭控制和状态监测。阀门控制器与智能网关采用 LoRaWAN 通信,智能网关实现无线数据的汇聚并透过 4G 实现与灌溉管理服务器通信。

田间自动化监控系统结构如图 9-2 所示。

(3)系统功能

田间智能节水灌溉按照"数据实时采集,水情远程监控,灌溉智慧决策,设施自动控制,用水高效节约,机制体制灵活,运行管护到位"的原则进行设计。

田间节灌设施的控制是通过田间已敷设的输水管道进行自动化监控以达到降低人员劳动强度,合理分配水资源的目的。由调度中心自动向无线阀控器发送指令,控制阀门开启和关闭,并将阀门真实工作状态反馈给调度中心,实施自动灌溉。同时在电动阀上配置开关状态监测装置,准确判断阀门开启状态。智能网关作为实现田间灌溉自动化控制系统的核心硬件设备,下载及手动输入的灌溉程序,通过控制田间电动阀的启闭从而控制灌溉。具体来说就是将每个独立灌溉子系统的首部和田间设备形成一个相对独立的监测及自动控制单元,并能单独操作控制。在此基础上将各灌溉子系统纳入调度中心进行集中管理,对首部及田间设备进行远程监控和调度,配合土壤墒情

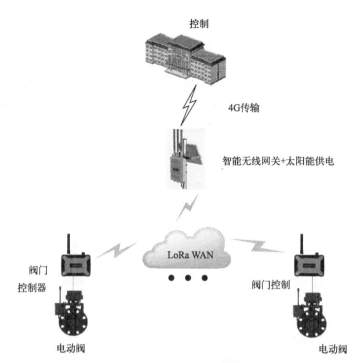

图 9-2 田间自动化监控系统结构

监测站实现自动化程度更高的精准灌溉。按调度中心下发的轮灌工作制度，自动开启第一组电动阀进行灌溉，达到所需灌水定额后，先开启下一组电动阀，然后关闭本轮轮灌电动阀，直到完成整个地块的灌溉任务。可以根据实际状况，针对需要补灌等情况，采用单阀或单轮灌组人工选择方式进行远程自动灌溉。

（4）设备配置原则

通过对近年来高效节水灌溉建设项目的投资规模、阀门灌溉单元面积以及亩均投资等数据的分析，考虑本项目高效节水灌溉建设的迫切性和必要性，根据系统田间地形、灌溉方式、种植结构等因素，合理布置田间管道。

本项目中田间自动化控制系统主要的布置原则如下。

a. 电动蝶阀。在保证管道经济流速、水泵扬程不变的前提下通过优化轮灌工作制度减少田间电动蝶阀的数量，将在每条支管上配置 1 个电动阀。

b. 智能阀门控制器。智能阀门控制器根据电控阀的布设方式进行配置，可实现 2 个阀门配置 1 个阀门控制器。

c. 智能无线网关。智能无线网关集中采集智能阀门控制器的信号。智能无线网关信号覆盖范围为半径 1km，且每个智能无线网关以收集 50 个智能阀门控制器信号为佳。

（5）设备功能与技术要求

① 电动蝶阀。本项目根据实际需求，通过在灌区布设电动阀的方式来实现远程阀门的开关，完成田间灌溉任务。电动蝶阀主要用于现代农业智能灌溉系统中（图 9-3），作为灌溉单元的最终执行部件，接收到开阀或关阀指令后驱动执行机构旋转，带动阀杆、阀瓣接通或截断管道中的水流。该项目使用的电动阀通过电缆直接连接到控制核心设备——阀门控制器（图 9-4），根据阀门控制器发送的控制信号来运行指令，实现灌溉阀门的自动启动和关闭。

图 9-3　电动蝶阀示意图　　　图 9-4　三通电动蝶阀控制器示意图

② 智能阀门控制器。智能阀门控制器是专为农田高效节灌而设计，具备阀门自动控制、阀组状态采集、压力/流量/墒情监测和 GPRS 无线通信等多项功能，主要用于接收智能网关发送的控制信号并回传信息，与电动蝶阀配套使用，可控制田间灌溉电动蝶阀的开启与关闭。

灌区内布设的电动阀门通过智能阀门控制器来实现远程开关状态的控制与物理状态的实时反馈。智能阀门控制器通过 LoRa 传输协议与网关进行通信，具有性能稳定、功耗低、传输距离远等特点。

在供电方式上，智能阀门控制器利用太阳能板以及电池供电，解决了农田无电源供电的问题，最终实现远程对阀门进行控制以及进行状态的采集。在保证设备低功耗的同时，集成了阀门状态监测传感器以及断线状态监测开关和电池电量检测装置，在设备出现异常故障时能够及时发送报警信息，提供可参考的辅助解决方案，保障田间灌溉设备的稳定运行。

在灌区管理人员进行灌溉作业时，通过灌区管理平台或者手机 App 将开启、关闭阀门的指令下发给网关，网关再将指令传送至智能阀门控制器，此时智能阀门控制器通过电缆给电动蝶阀一个控制信号来实现阀门启闭动作，同时通过阀门的状态反馈信息判断阀门当前过水状态，并反馈给云数据中心。

③ 智能无线网关（基站）。智能无线网关是基于低功耗广域网 LoRaWAN 协议的智能网关。该设备能够通过先进的 LoRa 无线通信技术汇聚田间智能无线阀门控制终端、田间压力传感设备、流量传感设备等的通信节点，将这些节点的实时数据通过自身带有的 GPRS/4G 移动通信模块上传到云数据平台，以此实现灌区灌溉设备数据的实时监测与远程控制。

智能无线网关为灌区自动化系统中的信号转发器，当灌溉半径大于 2km 时，需要架设智能无线网关进行控制信号的转发。设计中，智能无线网关作为滴灌自动化系统中的无线信号转发器，其工作机制为连续工作制，工作电压 12VDC，发送和接收功率 10mW，组网覆盖半径大于 2km，通信传输速率大于 9600bps，工作温度为 -20～70℃，最大可管理的控制器和信息采集装置数大于 60000 个。

9.7.3.6　田间数据采集监控系统

（1）系统构成

田间数据采集监控系统结构如图 9-5 所示。

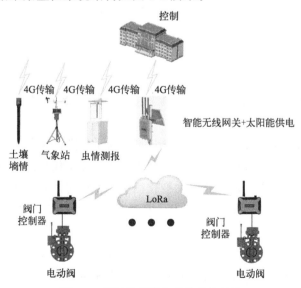

图 9-5　田间数据采集监控系统结构

（2）系统功能

土壤墒情传感器可实现固定地点多层土壤含水量数据的自动采集和无线上传。监测站点也可扩展为具有代表性的多要素旱情信息指标的试验站点，通过网络把数据传送至监测中心进行综合性试验分析。冬季土壤冻结期间仍可进行观测。

系统实时显示各监测站点数据，每隔 10s 更新一次，并可对各监测站点下发指令或设置参数，也可定时收取各监测站点的数据，数据存储格式为 Excel 或 PDF 标准格式，可供其他软件调用，与打印机相连后可自动打印数据；在电子地图上显示出相应位置的土壤含水量等信息；实现了对监测站数据实时监测、数据集中管理、远程控制、站点信息管理等功能；可实现 Web 发布、查询、统计分析、决策支持等信息自动化管理。

气象站采取 GPRS 无线数据通信网络来传输气象数据，灌溉管理云平台可以与气象站通过 GPRS 无线数据通信网络组成气象监测网络。

其主要特点及功能如下。

① 灌溉预报。通过农田气象信息实时预报作物耗水量，指导灌溉决策。

② 降水计量。准确计量项目区内的降水情况，指导灌溉，分析用水信息。

③ 生产指导。通过对积温和太阳辐射的计算分析，指导农事安排和病虫害预防。

④ 设备功能与技术要求。土壤墒情监测仪主要实现固定站无人值守情况下的土壤墒情数据的自动采集和无线传输，可以实现 24h 连续在线监测并实时将监测数据上传至云数据平台并储存分析。通过 GPRS 无线传输方式将土壤墒情监测数据实时传输到云数据平台后，生成报表，进行统计分析。同时，灌区工作人员可以对现场监测设备进行远程查看，及时准确地掌握监测站的土壤状况，从而更加全面、科学、真实地反映被监测区的土壤变化情况，提供有效的减灾抗旱指导。

本项目的墒情监测仪基于 FD 原理，将包围在传感器周围的土壤作为传感介质，将传感器连接至振荡电路上，当向传感器上施加高频电磁场时，电路的振动频率将随着土壤含水量的变化而变化，通过测量输出信号的振动频率，采用公式来计算土壤中的体积含水量，从而达到灌区土壤墒情监测的目的。

结合本项目灌区种植作物的实际情况（灌区种植作物为高粱，参考高粱主根系生长数据，自幼苗期至成熟期高粱主根系分布于 0～50cm 的土层中，故按照间距 10cm 土壤监测指标），使用 6 层式土壤墒情监测仪，即监测灌区 0~10cm、10~20cm、20~30cm、30~40cm、40~50cm、50~60cm 深土壤墒情。其主要功能有以下几点。

a. 墒情数据实时采集，GPRS 无线通信传输，用户可以通过手机或网页实时查看土壤有效储水量、土壤蓄水潜力、土壤饱和含水量、土壤田间持水量、作物日耗水量 E_a、作物系数 K_c、作物根系深度。

b. 提供历史至未来 7 日的参考蒸发蒸腾数据。

c. 作物缺水胁迫识别、预测，作物凋萎系数识别，作物水涝胁迫识别。

d. 监测多深度土壤冰冻、化冻状态。

e. 高频率数据汇报，由 32 位 ARM 处理器处理数据采集，时间间隔 5min~4h 智能可调。

f. 功能更新、数据采集频率等设置均通过远程无线方式完成。

g. 内置 GPS 及三轴加速传感器识别振动，记录设备移动轨迹。

h. 高强度稳定采集数据，充氮电路板保护，内置电池随墒情监测仪管体安装于土壤中，最长可独立工作 45d，可外接太阳能板持续供电。

多通道虫情测报灯专为农林虫情测报而研制，该灯利用现代光电数控技术，实现了虫体远红外自动处理、大小虫分离、全自动拍照、整灯自动运行等功能。在无人监管的情况下，能自动完成诱虫、杀虫、散虫、拍照、收集、排水等系统作业。可增设风速风向、环境温湿度、光照等多种传感器接口，并可通过 4G/5G 上传数据，以监测环境与病虫害之间的关系，广泛应用于种植业、林业、牧业等领域。

智慧农业气象站是一种能自动观测和存储气象观测数据的小型农业气象站，由气象传感器、气象数据采集仪及管理云平台、App 等部分构成，可监测温度、湿度、光照强度、雨量、风速、风向、土壤温度、土壤水分、大气压等参数，具有实时采集、无线传输、自动存储、超限预警、数据分析等功能。

智慧农业气象站为太阳能＋充电电池结合的供电模式，拆卸更换方便。太阳能板供电经济、环保、安全，更适用于种植业、林业、牧业等野外科研基地及产业化基地。

9.7.3.7 视频监控系统

(1) 首部泵站视频监控系统

本项目建设首部泵站视频监控系统。在首部泵站室内和室外安装视频摄像头，对泵站内部设备、泵站外部环境进行安防实时监控。

① 系统组成。本项目首部泵站视频监控系统总体上分三个部分：前端视频采集存储显示、传输通道、后台显示。视频采集主要设备有摄像头、网络存储设备 NVR、工作站。摄像头完成对目标点的视频采集，通过

NVR 对网络视频信号进行存储，工作站进行显示与控制，监控数据留存 45d。

② 视频监控点。首部泵站在室内设置 1 个视频监控点，在室外设置 1 个视频监控点。

（2）田间视频监控

本项目在田间建设 2 套视频监控设备，对项目地块的阀门控制器、无线网关及作物进行安防实时监控。

① 系统组成。本项目田间视频监控系统采用 4G 传输，太阳能供电。每套设备包括监控立杆、低功耗网络球机、太阳能供电设备、物联网卡及辅材。监控数据留存 45d。

② 视频监控点。田间视频监控在 1 号系统设置 1 个视频监控点，在 2 号系统设置 1 个视频监控点。

9.7.3.8 控制中心

（1）系统结构

本项目通信架构遵照经济实用、技术先进、扩展方便、统一规划、分期实施的原则建设。

对于网络传输链路的建设，考虑到灌区工程通信业务宽带化发展方向和地形条件等多方面因素，以及业务对带宽需求的因素，本工程通信网络采用租赁运营商专线的方式。在项目区新建系统的调度首部控制中心，配置路由器、防火墙、交换机、服务器、工作站、屏幕、打印机、UPS 及网络摄像头等设备。

（2）建设内容

本项目调度首部控制中心设置工作站 1 台、拼接大屏 6 台、全功能视频矩阵服务器与分配系统 1 套、网络交换机 1 台、视频服务器 1 台、操作台 1 套、防火墙、路由器 1 个、UPS 不间断电源 1 台、网络硬盘录像机 1 台等。

（3）系统功能

软件系统部署在调度首部控制中心，可通过设置分级权限，实现对项目区的综合调度。

（4）设备配置

设备配置见表 9-3。

表 9-3 设备配置

工作站	商用塔式主流计算机（CPU I7、内存 8GB、硬盘 1TB、23in 液晶显示器）	台	1
操作台	2 个工位，2 把转椅	套	1

续表

大屏显示器	70in	套	1
拼接大屏	46in、3.5mm 拼缝	台	6
整体工业控制机柜 （6块拼接屏部分）	定制液晶拼接专用支架，采用加厚五金固件加工而成，坚固耐用，不易变形，耐腐蚀，防静电	套	1
全功能视频矩阵服务器与分配系统（6个屏）	最大支持16路高清信号输入、16路高清信号输出，可实现拼接显示、单屏显示及组合显示	套	1
视频服务器	42U 标准视频服务器	台	1
路由器	WAN 接入千兆网口；上网行为管理设置为支持；内置 AC 功能设置为支持	个	1
网络交换机	包转发率为18Mbps；交换容量为336Gbps，8 个 10/100/1000BASE-T 以太网端口；4 个千兆 SFP	台	1
网络硬盘录像机	支持萤石云；视频输出：1 路 HDMI，1 路 VGA；视频接入路数：16 路盘位，1 个 SATA；单盘容量：8TB；解码能力：6×1080p	台	1
硬盘	容量 6TB	块	2
防火墙	2×GE WAN＋8×GE Combo＋2×10GE SFP，1 个交流电源，含 SSL VPN100 用户	—	1
UPS 不间断电源	额定功率：1600W；输入输出制式：单项输出/单项输入；输入插座：10A；主路输入：额定输入电压 220/230/240VAC，输入电压范围 110～300VAC；输出：输出制式 L＋N＋PE；输出插座：4 路国标插座(10A)	台	1
网络球机	传感器类型：1/2.8″ProgressiveScanCMOS；有效像素：200 万像素；水平解析度≥1000TVL；增益控制：手动/自动；20 倍光学变焦；分辨率 1920×1080；水平范围：360°连续旋转；通信接口：RJ45 10Mbps/100Mbps 自适应以太网口；红外照射距离：≥150m	套	2
室外摄像头球杆	4m 金属立杆，DN100	套	1
辅材	包括电源线、信号线、网线等，KBG 管、PVC 穿线管，线槽、螺钉等	批	1
光纤	4 芯光纤	m	500
专线	20Mbps 外网宽带接入	年	1

9.7.3.9　信息化系统建设

（1）灌区一张图

灌区一张图负责支撑全区农业信息化应用的运营，并作为区级农业灌溉管控、运行监管和成果展示的中心。灌区一张图提供行业监管服务，一张图展示区域灌溉全貌，包含区域农业生产面积、条田数量、设备总数、气象信息、大田监控信息、设备告警信息、各泵房流量、压力信息、水电能耗等信息，为领导决策提供全方位的支持。

（2）高效节水灌溉管理平台

在农业智慧化管理方面，搭建高效节水灌溉管理平台，利用互联网、物联网和大数据等现代信息技术成果，围绕高效节水灌溉业务，促进农业生产精准灌溉，提高农业现代化水平。平台介绍如下。

① 基础配置。基础配置主要是对设施基础进行系统配置，对农场涉及的设备、条田、水源等信息进行采集和关联，通过绑定设备、条田、水源等信息，最终达到农场灌溉设备的远程控制以及传感器数据的实时采集。

② 智能灌溉。智能灌溉板块可查看区域农场整体数据，包含条田数据、设备安装数据，以及农场关注的气象数据、墒情数据、水源数据等农场统计信息，可根据农场实际情况，对水泵、阀门、水肥机等设备进行远程控制。

③ 轮灌策略。轮灌策略主要解决多田块同时灌溉、水压不足的问题，用户可对地块执行轮灌策略，通过系统设置，实现分时分段轮灌的控制场景。

④ 联动控制。联动控制主要为农场精细化管理提供支撑，可根据传感器数据联动控制器进行自动控制。

⑤ 实时监控。实时监控主要实现项目地区摄像头的画面展示以及传感器数据的实时上传、记录及展示。

⑥ 预警管理。预警管理实现对农场多方面的预警信息的提醒与查看，对预警规则的配置进行管理，生成的预警消息进行展示。

⑦ 日志管理。日志管理主要记录对设备的控制情况，包含操作人、操作时间、是否操作成功等信息，并实时监控农户用水情况。

⑧ 能效分析。对区域灌溉用水用电的数据进行统计，用柱状图与曲线图展示趋势，用表格形式记录流量数据。

⑨ 水费统计。对区域用户灌溉用水的数据进行统计，根据区域水价计算用户需缴水费，并推送至用户端，进行水费缴纳提醒。

⑩ 统计分析。区域灌溉使用系统后进行数据的整体统计分析，包含农场资源、设备情况、灌溉数据、气象统计、设备维修等信息的统计分析。

⑪ 灌溉 App。App 的智能灌溉板块可根据农场实际情况，对水泵、阀门、水肥机等设备进行远程控制；传感器数据的实时上传、记录，进行监控

展示；对项目地摄像头的画面进行实时展示；对农场多方面的预警信息进行提醒与展示，在 PC 端对预警规则配置后，当达到预警条件时，App 端可推送预警消息进行预警展示。

9.8　智慧农业保障措施

（1）加强组织领导

加强协调指导、明确责任、强化措施、搞好服务、确保实效。专门成立智慧农业建设项目工作领导小组。

领导小组下设办公室，办公室设在县农业农村局，办公室主任由县农业农村局局长担任，负责方案的制定，组织项目实施、督导、验收等工作；县财政局负责审核资金的安排使用，及时拨付补助资金，配合县农业农村局做好实施方案的编审工作。

（2）做好信息报送

做好智慧农业建设项目信息报送工作，加大智慧农业建设项目的信息宣传工作，安排专人负责信息宣传工作，让广大农户知晓高效节灌的好处，使项目推广工作更加顺利地开展。

（3）抓好监督落实

加强项目实施有关资料的收集、整理和归档。要切实加强项目建设工作的督促检查，组织专门力量定期或不定期到项目区进行实地检查，及时发现问题、解决问题，推动项目建设工作顺利开展，确保建设成效。

（4）严格财务管理

在项目资金使用与管理上，要强化监管。实行专账核算、专款专用、专人管理，并严格按照批复方案进行列支，杜绝挤占、挪用。所有费用的支出，严格按照有关规定管理。加强对资金使用的检查和监督，同时接受上级有关部门的检查，杜绝改变资金用途等违反财经纪律的问题出现。

（5）严格项目验收

在项目实施过程各个阶段严把质量关，项目领导组和专家组在项目实施期间不定期深入田间地头和承担单位一起检查项目实施情况，并根据技术标准实地进行质量考核验收。

（6）搞好绩效考核验收

根据新疆维吾尔自治区农业农村厅制定的项目实施方案要求和考核办法，组织专家和技术人员严格执行绩效考核程序，做好智慧农业示范基地建设项目考核验收工作。

9.9　项目风险与风险管理

9.9.1　风险识别和分析

（1）风险识别

风险识别是指对尚未发生的、潜在的以及客观存在的各种风险进行系统地、连续地预测、识别、推断和归纳，并分析产生风险的过程。

风险识别的定义包括以下含义：感知风险和识别风险是风险识别的基本内容；风险识别不仅要识别所面临的风险，更重要的也是最困难的是识别各种潜在的风险；风险识别是风险管理过程中最基本和最重要的程序。

技术风险识别是技术风险管理的基础，也是一项复杂的工作。其复杂性在于技术风险的隐匿性、复杂性和多变性；风险识别的质量与风险管理者的管理素质和风险意识密切相关；风险识别应全面深入，不但要识别显性风险，更重要的是识别潜在风险。

要分析风险是静态风险还是动态风险，是可控风险还是不可控风险。只有全面正确地识别风险投资活动所面临的技术风险，才能奠定风险管理的良好基础。

（2）风险因素分析

① 组织风险。组织风险主要包括由于组织内部成员对目标未达成一致，管理高层对项目不重视，工程参与人员知识与技能欠缺、团队合作精神不足、人员激励机制不当等因素导致建设队伍不稳定，建设资金不足，与其他项目存在资源冲突等。

② 业务风险。业务变化可能产生的风险主要包括业务流程的改变、预算科目的变化等。

③ 技术风险。技术风险是由项目技术本身的不足及可替代的新技术出现等给项目带来的。技术风险评估包括下面几个方面。

a. 技术的先进性。技术的先进性是技术被采用的前提，独有、先进的技术是提高管理效率、改善服务能力的关键因素。

b. 技术的可替代性。当替代技术完全能实现同样的功能，同时在可靠性及成本等方面更胜一筹时，技术风险就加大了。

c. 技术的可靠性。在系统设计之前，必须确认其配套的工程技术、产品技术、信息技术和系统技术等已经完善，达到可靠性标准。

d. 技术的适用性。技术的适用性描述技术适用的难易程度和广泛性。

当一项技术可以广泛应用时，技术风险必然降低；反之，如果技术的适用面狭窄，适用条件苛刻，那么风险必然增加。

e. 系统风险。网络信息技术飞速发展，从概念到技术到应用不断推陈出新，项目的开发建设与之相比，不可避免地具有一定的滞后性。另外，任何系统都无法保证不存在任何漏洞，尤其是通过互联网访问的系统。应用平台安全和网络安全是两个重点需要关注的风险要素。

④ 管理风险。管理风险主要包括项目管理的基本原则使用不当，计划草率、质量差，进度和资源配置不合理等。

⑤ 系统接口以及数据传输风险。新系统与原有系统存在接口问题，不能组成统一的运行平台。如数据库方面，可能新建的数据库和其他系统的数据库或者其他单位的数据库由于异构的问题不能进行数据传输和共享。

9.9.2　风险对策和管理

（1）项目的风险防范对策

为确保工程成功，将在本项目建设中采取有效的风险管理，消除各类风险的不良影响，确保实现工程建设目标。

本项目的风险防范主要侧重于组织风险、管理风险、业务风险和技术风险四个方面。

① 项目组织风险及防范对策。成立了以市综治办主要领导及各相关部门领导为决策核心的决策机制，将有效地保障本项目顺利建设。

② 项目管理风险及防范对策。规范高效管理本项目：为确保工程管理的高效率，领导小组将对项目进行有效策划，制定并落实严格的项目实施具体计划，应用先进管理工具和方法提高进度计划管理、跟踪水平，同时将借鉴行业项目管理实践的经验，合理估算项目工作量，明确项目间依赖关系和先后顺序，突出关键项目，进一步分解项目工作任务，使每个里程碑阶段均有工作量估算、时间进度以及可操作、可管理和可检查的交付物。

为了避免在工程建设过程中对服务商管理、协调的不力，领导小组将加强全过程的质量控制，在招标书、合同等文件中明确服务商应遵循的质量管理体系，明确项目工作范围，明确系统边界、需求、约束条件等前置条件，引进监理公司进行工程监理，引进总集成商进行工程集成。

③ 项目业务风险及防范对策。本项目应用系统建设采用可扩展性原则。在设计项目时对未来应用需求的变更做了充分的考虑，在系统设计策略和系

统架构设计中采用系统间耦合的设计原则，把系统的可扩展性放在了重要地位。

④ 项目技术风险及防范对策。全面落实信息系统安全体系：领导小组将全面组织落实本项目安全体系方案，安全保障系统、统一身份认证系统等先于其他应用项目完成。对本项目各应用系统，强制要求按照安全设计方案的要求，采用身份认证，对重要数据进行加密、签名，加强安全记录和审计。在应用系统运行维护过程中，建立自上而下的有效的安全管理制度，并严格执行。

（2）数据迁移风险分析及应对措施

面对如何从旧有系统中迁移数据的挑战，如果没有一个合适的指导策略，数据迁移可能会存在风险，其中一个最大、最普遍的问题就是在数据迁移过程中的数据完整性风险。

为避免该风险，应在实施数据迁移项目前，充分理解评估从旧有系统迁移数据引起的关联影响。基于旧有数据迁移的风险评估，确定数据迁移策略来确保全程的数据的完整性、合规性。

为了避免备份文件的损坏，在备份过程中将数据库的控制文件、日志文件同时备份，并将数据文件备份多份，以保持数据的完整性。在恢复完毕后，由用户组织对 HP 生产环境中的业务进行测试。

（3）系统迁移风险分析及应对措施

服务器配置：服务器中间件在新的服务器环境中的运行状况是否稳定，需要额外关注。

测试环境：由于涉及政务云平台的部署，服务器测试也必须额外关注。

真实环境与测试环境之间的差异：在测试环境中进行数据迁移，数据量、并发访问数等都与真实环境不同。在用户真实环境中进行数据迁移时，要严格按照用户原有的环境进行，不做任何改变。

实施过程应对措施：例如服务器硬件环境主要是从原有服务器向政务云平台迁移，云平台支持对原有服务器硬件环境和操作系统环境的虚拟，可以降低迁移的难度。

迁移前，将对迁移方案进行评估以确保迁移成功。首先勘察现有系统的架构和资源使用状况，评估过程必须包含以下信息和内容。

① 现有系统支撑的服务数量以及在服务器中的分布情况。

② 现有物理服务器占用资源状况，包括占用 CPU、内存、磁盘和网络连接的状况。

③ 为保证迁移成功，目标虚拟机规格应不低于原物理机标准。

④ 当前的物理环境是否支持虚拟化、是否支持资源扩展，因为在迁移

之前必须在物理服务器上完成虚拟化。

⑤ 对当前的存储容量和资源利用率进行评估，需在目标系统中规划好迁移需要的存储空间，需明确现有存储空间如何利用。

9.10 环保、消防、职业安全卫生

（1）环境影响和环保措施

本项目为信息工程，属于无污染项目。在项目运作过程中对周围环境基本不造成污染，项目运作过程中基本没有有害气体、废渣、废水排出，所采用的设备也不产生电磁污染。项目基本不产生设备噪声源，不会对周围环境造成危害。

本项目拟采用以下几个措施实现对环境的保护。

① 在系统软硬件选购时，注意选择节能环保，同时具有稳定可靠、环境适应性好、故障率低、易于维护特性的产品，以降低建设成本和运行成本，兼顾系统使用人员的身体健康。

② 应用系统开发时，考虑采用易于管理、易于维护、易于升级、占用运行资源少、占用存储资源少的理念来开发，以节省资源与成本。

（2）消防措施

在项目建设中将遵循"预防为主，消防结合"的方针，严格贯彻执行国家《建筑设计防火规范》（GB 50016—2014）。在设备选购、建筑装修等设计中采取以下措施。

① 严格按照国家规定选购符合国家标准或许可使用的设备（如空调、不间断供电电源等）。

② 建筑物按防火规定设置防火门、疏散通道、消防楼梯、安全出入口、火灾自动报警系统等，建筑物内部装修选用不燃性和难燃性材料。建筑内设消火栓系统，各区域配置适量的手提式灭火器。

③ 建筑物内外严格按照国家消防规定设置消防设施、通道和各种指示标志。

（3）职业安全和卫生措施

本项目建设将贯彻"以人为本"的原则，严格按照国家有关规定，充分考虑职业安全和卫生。

① 装修材料采用不释放有害气体的环保材料。

② 用电设备均采用符合国家安全、卫生标准的设备，并采取安全接地、短路保护、过电流保护等措施。

③ 机房等场所设防静电地板，确保人体和设备免受静电危害。

9.11 项目建设可行性

9.11.1 政策保障

随着国家治理体系和治理能力现代化进程的加快，特别是贯彻落实习近平总书记关于社会治理的重心必须落到城乡社区的指示，党的十九大报告中指出要"加强社区治理体系建设，推动社会治理重心向基层下移，发挥社会组织作用，实现政府治理和社会调节、居民自治良性互动。"党和国家对社区建设越来越重视，这为加快我国城乡社区服务体系建设、促进城乡基本公共服务均等化提供了有利条件。同时，我国社会的主要矛盾已经转化为人民日益增长的美好生活需要和不平衡不充分的发展之间的矛盾。随着新型工业化、信息化、城镇化、农业现代化以及人口老龄化的加速推进，社会结构日益多元化，社会需求日益多样化，对城乡社区服务体系建设提出了新的更高的要求。必须全面推进城乡社区服务水平和服务能力的整体提升，为推进社区治理体系和治理能力现代化、统筹城乡经济社会发展、促进社会和谐稳定奠定基础。

为增强城乡社区服务功能，完善城乡社区服务体系，提高城乡居民生活水平，应坚持以习近平新时代中国特色社会主义思想为指导，全面贯彻党的二十大精神。由于信息化建设的特点及较高的专业知识要求，项目的建设和实施必须在强有力的组织领导下进行，并依托具体的实体来进行管理和实施工作，以确保项目建设如期完成。

9.11.2 技术保障

系统建设的技术路线坚持"需求为导向、应用促发展，统筹规划、科技支撑，分工负责、持续发展"指导思想，建立安全与业务的支撑环境，形成上下关联、信息共享、规范标准的信息化系统。

在系统的设计、开发和运行过程中，采用下列成熟技术路线。

① 基于 SOA 设计，采用 Portal 门户技术进行集成展示，采用组件技术、数据库技术、多层 B/S 应用结构体系使整个应用系统构建在先进、高效的技术架构之上，体现先进性、可扩展性、可维护性和可移植性。

② 客户端为纯浏览器，无需安装应用软件和插件，软件升级时只对服务器进行升级，兼容目前的主流浏览器。动态交互技术与静态网页技术相结

合。支持全站信息检索。

③ 采用 Web Service。

④ 利用 XML 作为系统接口的数据交换标准，进行信息资源整合。

⑤ 采用应用服务器和组件开发技术提高系统的灵活性和可扩展性。

⑥ 支持 Windows、Unix、Linux 等主流操作系统。

⑦ 支持 Tomcat 等主流应用服务器中间件。

⑧ 支持 Oracle、MSSQLServer、DB2 等大型主流关系数据库。

⑨ 支持多种流行服务器软硬件平台。

9.12　经济及社会效益

① 环境生态效益显著。强化农田水土保持，显著改善农田微气候，有效防风固沙，增加林木蓄积量，从而优化农村田园景观，为乡村居民打造生态宜居的绿色屏障。

② 粮食安全得到有力保障。通过提升水土资源利用效率，显著增强粮食生产能力和防灾减灾能力，确保旱涝保收、稳产高产，满足国家谷物自给自足和口粮安全的需求。同时，高标准农田建设推动农业向高质量、规模化、专业化、标准化发展，助力乡村振兴，并激发种粮农民的生产积极性。

③ 智慧农业引领现代农业发展。借助智慧农业管理平台及终端设备，实现生产环境的动态监测、生产要素的智能控制、生产资源的高效利用，显著减少人力成本，提高农业生产效率。同时，通过区块链技术确保育种、制种数据的真实性和可追溯性，为智慧农业管理平台提供可靠的数据支持和社会化服务。

④ 数字化管理助推农业转型升级。通过项目建设，岳普湖传统农业发展模式得到改造和提升，实现农业生产经营的数字化管理。利用大数据、物联网和现代传感技术，对农业生产的全过程进行精准的信息采集、处理与反馈，建立专家决策系统，提升农业生产经营的精准化和数字化管理水平，加速现代农业的发展步伐。

⑤ 经济效益与社会效益双赢。智慧农业的实施不仅完善了项目区相关设施，还通过科学管理和规范化运作，提高了项目区的经济效益。同时，这一举措对当地产业发展具有积极的推动作用，产生了显著的社会效益，为当地经济社会的可持续发展注入了新的活力。

9.13 小结

本章深入剖析了智慧农业的建设背景，明确目标、细化内容，并展望了其丰硕的预期成果。智慧农业作为现代农业的先锋领域，融合物联网、人工智能、遥感与信息系统开发等一系列技术，旨在全方位提升农业生产效率与潜力，同时实现资源高效利用与人力成本优化。通过详尽阐述智慧农业的总体设计蓝图、具体建设任务、坚实保障措施及全面风险管理策略，本章为智慧农业项目的实施提供了建设指南。综上，得益于政策的大力扶持与技术的持续改进，智慧农业项目不仅可行性极高，更展现出蓬勃的发展前景，无疑将成为推动我国农业现代化跃上新台阶的关键力量。

第10章

研究结论与展望

10.1 研究结论

新疆水资源相对贫乏，提高新疆农业灌溉用水效率，对缓解新疆水资源紧缺，保证农业可持续发展和促进边疆社会经济稳定发展具有重要意义。随着滴灌管网逐步优化、改进和更新，大田滴灌系统模式在短时期得到了大面积的应用，在滴灌推广普及过程中存在着各种应用场景，本书分别以这些应用场景为研究案例，结合遗传算法理论，通过跨学科交叉研究，结合滴灌领域水力计算的特殊性，进行了遗传算法在滴灌轮灌组场景中的手动控制、自动控制和控制方式等方面的应用研究，并得到了良好的研究结果。

（1）主要研究结论

① 本研究采用智能算法来求解轮灌组单目标划分问题，依据《微灌工程技术标准》（GB/T 50485—2020）及轮灌组划分原则，提出了基于流量均衡的数学模型及约束条件。通过分析支管空间分布，确定了滴灌问题的邻域特征，并采用传统遗传算法（genetic algorithm，GA）、贪心遗传算法（Greedy-GA）、泰森多边形遗传算法（Voronoi-GA）和网格遗传算法（Grid-GA）分别求解模型。本研究对提高滴灌工程设计效率和促进轮灌工作制度有效运行有着重要的意义。

② 本研究提出了一种考虑流量均衡和连通度指标的多目标优化模型。利用轮灌组领域知识，确定问题的变邻域特征及方法。结合遗传算法全局搜索和变邻域搜索（VNS）局部搜索能力，将 VNS 嵌入非支配排序遗传算法（NSGA-Ⅱ）中建立混合遗传算法来优化模型。采用 3 个真实案例验证算法性能，明确流量标准差与连通度指标负相关，标准差精度由多种因素共同

决定。

③ 本研究分析自动化滴灌轮灌组划分存在的问题和划分原则，提出基于流量均衡数学模型及改进的混合遗传算法 GPSGA。为提高算法效率以及避免"空组"等问题，建立不可行解修复算法、惩罚函数（罚函数）、模拟退火等机制。3 组不同规模案例验证表明 GPSGA 平均标准差均满足流量均衡，符合工程需求，能够有效解决自动化滴灌轮灌组划分问题，具有较好的工程应用价值。

④ 针对自动化滴灌轮灌组与支管区域用水需求匹配问题，计算各支管施水时间处方图，建立基于轮灌组流量均衡和施水时间最短的多目标优化模型。3 组仿真数据验证表明：建立的模型和算法有效，既解决了传统灌溉方式施水无法对接用水需求的问题，又缩短了整体施水时间，实现了节约用水的目的，具有较好的应用价值。

（2）本研究创新之处

① 改变传统轮灌组手工计算效率低的问题，提出了基于智能算法的轮灌组优化模型和算法，并把它应用到不同的滴灌应用场景中。

② 提出了基于流量均衡的优化模型及其约束，并采用改进的遗传算法优化和评价模型。

③ 提出了离散度、集中度等指标用于评价支管分布状态。

④ 提出了一种自动化滴灌精准施水的控制方法，将自动化滴灌轮灌组与支管区域用水需求匹配，建立轮灌组流量均衡和施水时间最短的多目标优化模型，为今后自动化滴灌精准施水提供了一种新的思想和方法。

10.2　研究展望

党的十八大以来，党中央、国务院高度重视数字农业农村建设，作出实施大数据战略和数字乡村战略、大力推进"互联网＋"现代农业等一系列重大部署安排，各地区、各部门认真贯彻落实，大力推进数字技术在农业农村中应用，取得明显成效。随着产业数字化快速推进，智能感知、智能分析、智能控制等数字技术加快向农业农村渗透，农业农村大数据建设不断深化，市场监测预警体系逐步完善，农产品质量安全追溯、农兽药基础数据、重点农产品市场信息、新型农业经营主体信息直报等平台建成使用，单品种大数据建设全面启动，种业大数据、农技服务大数据建设初见成效。当前是推进农业农村数字化的重要战略机遇期，大力提升数字化生产力，抢占农业农村数字化制高点，对实现乡村全面振兴具有重要意义。

以新疆天业集团为例，其作为农业领域的领军企业，近年来积极投身于多个农业团场的大规模土地资源整合实践中。然而，其目前所管理的数十万亩农田显著的离散化特征给管理工作带来了严峻挑战。首先，由于农田广泛分布于上百个农业团场，离散化分布显著增加了人员管理和农业设备调配的难度，阻碍了农业生产组织的高效运作，难以最大化利用资源，影响了农业生产的效率和成本效益。急需建立一个统一的信息和资源共享平台，通过引入先进的农业物联网技术、大数据分析等信息化手段，实时掌握各团场的人员和设备运行情况，实现快速响应和高效调度，实现对地块、人员、生产流程等各个环节的全面监控和管理。其次，各团场在农业设备的采购和管理上，设备种类繁多、品牌杂乱。这不仅增加了农户的采购成本，还使得设备的维护和保养工作变得异常复杂，难以形成统一的管理体系。同时，由于管理和调度机制的不统一，各团场间的生产条件和作业标准难以统一，农产品在质量和产量上也存在显著差异。这种碎片化的管理方式，难以发挥规模经济的优势，降低了整体效率。因此，需要制定统一的设备标准和规划，降低采购成本和维护难度，实现对农业设备的有效管理，推动农业生产的标准化和现代化。最后，商业化信息平台在产品销售和技术服务中扮演着举足轻重的角色。然而，现有销售渠道的碎片化不仅增加了销售成本和市场开拓的难度，还使企业难以提供及时、高效的技术支持和售后服务，从而影响客户满意度和忠诚度。随着市场竞争的加剧，客户对设备和服务的质量要求日益提高，技术支持和售后服务已成为客户选择设备的重要考量因素。因此，通过技术服务平台，为客户提供及时、专业的技术支持和售后服务，解决客户在使用过程中遇到的问题，成为提升客户满意度和忠诚度的关键所在。

因此，针对现有数十万亩大田带来的管理难题，需要从以下几个方面开展研究：一是通过收集和分析地块数据，实现资源的优化配置和合理利用；二是利用信息化手段提高信息传递效率，加强各灌区之间的资源共享和协作调度，进而提升运营效率；三是推动农业生产的智能化和精准化建设，利用先进专业模型、算法、设备等提高农业生产的质量和效益；四是提升农业专业服务和追溯管理水平，通过聚集周边农户和农企，共同提升市场竞争力；五是建设一个统一的商业服务平台，通过平台整合各团场的农业设备资源，实现设备的统一采购、调配和管理，降低采购成本，提高设备利用率，提供农产品销售和服务的统一窗口，形成统一的品牌形象和销售策略。

综上所述，在智慧农业信息化平台建设中，可重点构建智慧农业信息化群，解决农田离散化带来的农业设备采购与管理、农产品销售与服务等方面的问题，推动农业生产的标准化、现代化和可持续发展。

10.2.1 设计思路

（1）制定并完善农业产业体系标准，促进信息标准化

结合生产建设兵团生产实际，制定符合需求的农业产业体系标准，涵盖土地管理、种植技术、养殖技术、农产品加工等，确保生产规范化。同时，建立农业信息标准化体系，明确信息分类、编码、存储、传输等标准，加强信息平台共享互通，提高信息利用效率。

预期目标：建立完善的农业产业体系和信息标准化体系，降低设备采集维护成本，提升企业盈利水平，推动产业可持续发展。

（2）构建农业综合服务平台为农业产业体系提供基础支撑

开展平台架构设计，首先明确功能模块与数据流程，确保平台能够满足农业生产、管理、服务等多方面的需求。其次，整合农业生产过程中的各类数据，利用先进的农业物联网技术和大数据分析手段，实现农业生产全过程的实时监控与精准数据分析，为农业生产决策提供科学依据。

预期目标：构建一个功能全面、高效协同的农业综合服务平台，有助于实现农业资源的优化配置和高效利用，提升农业生产的效率和质量。

（3）构建信息共享机制，促进农业生产协同化

建立覆盖农业生产、管理、销售的信息共享平台，实现实时信息更新与共享。平台应具备数据整合、分析、可视化等功能，为农业相关人员提供全面的信息支持。制定信息共享标准，确保信息准确一致，并加强标准宣传和培训。基于平台探索产业链、区域、技术等方面的协同机制，促进各环节紧密合作。

预期目标：通过本研究建立高效信息共享和农业协同化机制，实现信息快速流通和有效利用，提升农业组织化、专业化水平，有利于降低生产成本，增强市场竞争力。

（4）引入专业模型、算法，推动农业生产智能化

首先针对农业生产的实际需求，精准选取适用的专业模型与算法，为精准农业管理提供科学依据。其次，全面收集农业生产过程中的气象、土壤、作物生长等数据，为模型与算法的应用提供坚实支撑。最后，基于这些模型与算法，构建模型、算法接入规范和接口，实现智能决策能力无缝接入平台，推动农业生产智能化、精准化。

预期目标：构建高效、智能的农业生产管理系统，实现农业生产的精准化、智能化管理，促进农业的转型升级，为农业的可持续发展注入动力。

10.2.2　总体技术架构

基于上述研究思路，形成如图 10-1 所示总体技术框架。

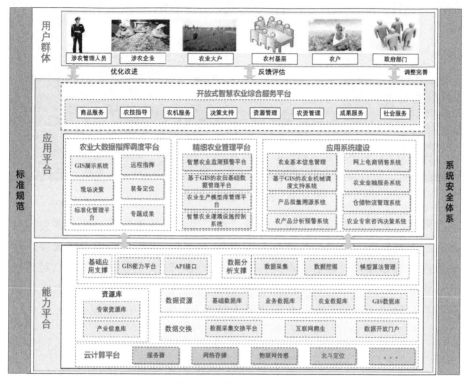

图 10-1　总体技术框架

（1）农业大数据指挥调度平台

功能说明：融合遥感监测、精准气象、物联网监测、农学模型、大数据分析挖掘、人工智能、云服务等技术，建立天空地一体化网络服务平台，直观展示农田各项环境参数，为农业从业者，包括农户、农企和农业管理部门提供农地信息精准管理、作物长势动态监测、精准气象格点预报、农业灾害预警防治、种植环境定量评估、智慧种植指导建议等服务，实现信息资源的实时共享与高效利用。解决离散化农田区域大、查看难、人员杂等问题，实现对农业生产过程的全方位掌控，提升农业生产的整体效率和效益，如图 10-2 所示。

（2）智慧农业监测预警平台

功能说明：农业基础数据平台的建设旨在整合、分析和利用农业领域的基础数据资源，为农业生产、科研、政策制定等提供有力支持。通过部署传

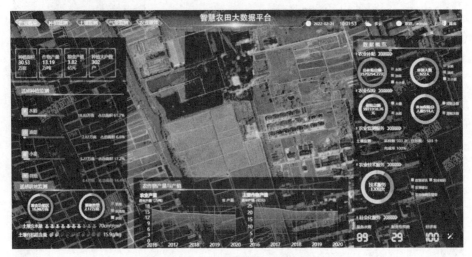

图 10-2　农业大数据指挥调度平台

感器网络，实时监测农田土壤、气象、水质等农业基础数据，结合多渠道收集农田土壤信息、作物生长数据、气候环境数据、农机设备使用情况等。这些数据经过标准化处理后，形成一个全面、统一的农业数据资源库。对整合后的农业基础数据进行深入分析和挖掘，为农业生产者提供精准的市场预测、产量预估、种植策略优化等决策支持服务，如图 10-3 所示。

图 10-3　智慧农业监测预警平台

（3）基于 GIS 的农田基础数据管理平台

功能说明：基于 GIS 的农田基础数据管理平台是一个集成了地理信息系统（GIS）技术的综合性平台，专注于大田数据的采集、展示和分析。功能主要包括遥感数据采集、地图可视化、实时动态监测、空间分析、数据统计与挖掘等。系统利用卫星遥感、无人机以及手持终端等方式获取农田区域的影像数据，支持农田现场的实时数据采集，如土壤湿度、温度、作物生长情况。通过 GIS 技术将地形地貌、农田布局、作物分布等农田数据以地图形式展示，并利用 GIS 的空间分析功能对采集的农田数据进行统计分析，提取有价值的信息和规律，根据分析结果为农田管理提供决策支持，如种植结构调整、施肥方案优化、病虫害防控策略等，如图 10-4 所示。

图 10-4 基于 GIS 的农田基础数据管理平台

（4）农业服务标准化管理平台

功能说明：开放式农业服务标准化管理平台是一个旨在提升农业服务质量和效率的综合性平台，该平台通过标准化管理，实现农业服务的规范化、统一化和高效化，主要包括服务资源整合、在线服务申请与调度、数据分析与决策支持等核心功能。平台通过整合各类农业服务（包括农机服务、农资供应、农产品销售等）为用户提供一站式服务。其中，标准接口建设包括异构设备、模型与算法的数据接口和 API 接口标准化。制定统一的数据接口标准，实现与其他农业相关系统的无缝对接，并供第三方开发者使用，通过建立统一的模型与算法集成框架，确保平台能够充分利用各种模型和算法的优势，提供精准、高效的决策支持，如图 10-5 所示。

（5）农业生产模型库

功能说明：专业农业生产模型库建设是一个综合性的项目，旨在集成和整合农业领域内的各类模型，为农业生产、科研、政策制定等提供有力的支

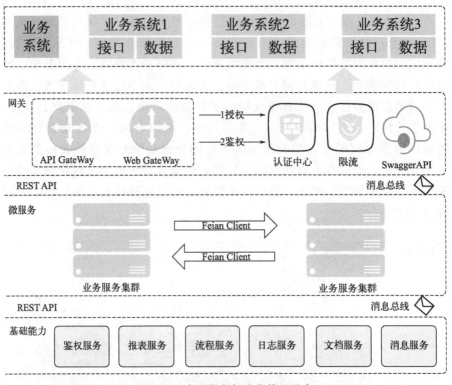

图 10-5　农业服务标准化管理平台

持。对现有的农业模型资源进行梳理和分类，包括作物生长模型、土壤肥力模型、气候影响模型、农机作业模型等。研发模型库模型分类、数据组织、接口设计等系统架构，确保模型库能够方便地管理和存储各类模型，并提供易于使用的接口，以便用户能够快速地找到和应用所需的模型，并提供模型验证与优化、模型查询与下载服务。专业农业生产模型库建设是一个系统性的工程，需要明确目标、梳理资源、制定架构、标准化整合、验证优化、开发平台、加强维护及促进应用等多个环节的协同推进。通过建设专业农业生产模型库，可以为农业生产和管理提供有力的模型支持，推动农业领域的数字化、智能化发展。

（6）智慧农业灌溉设施控制系统

功能说明：综合运用物联网、大数据、云计算与传感器技术，对农业生产中的环境温度、湿度、光照强度、土壤墒情等关键参数进行实时监控与分析。通过精准采集传感器的数据，平台能够智能地判断土壤需水量，并自动启动浇灌程序。当达到预设的阈值时，系统将自动停止浇灌，从而实现精准灌溉和节约用水的双重目标。平台还具备数据可视化、远程控制和智能预警功能，用户可通过界面直观了解各项环境参数和灌溉状态，随时随地对灌溉过程进行监控和调整，确保农业生产的安全与高效，如图 10-6 所示。

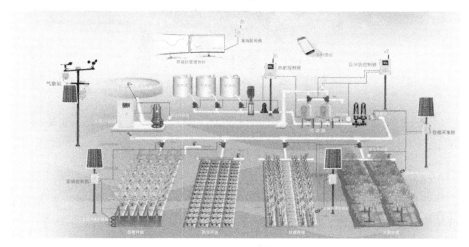

图 10-6　智慧农业灌溉设施控制系统

（7）农业专家咨询决策系统

功能说明：农业专家咨询子系统是一种基于计算机技术和人工智能的农业信息处理系统，其主要目的是通过收集、处理和分析农业领域的相关数据，为农民、农业工作者和决策者提供有关农业生产、管理和决策的建议和指导，包括识别出影响农业生产的关键因素，预测作物生长趋势，评估不同管理策略的效果等，根据分析结果为农民提供具体的农业生产指导，如播种时间、施肥量、灌溉频率等。对于农业决策者来说，系统可以通过数据分析和预测制定更加科学、合理的农业政策和发展规划，提高决策的准确性和效率。

（8）基于 GIS 的农业机械调度支持系统

功能说明：基于 GIS 的农业机械调度支持系统是一个集成了 GIS 技术、空间信息技术以及农业机械化设备的调度系统。系统通过集成传感器和物联网技术，能够实时感知农机设备的作业状态，包括作业进度、效率、能耗等关键指标，结合基于农机资源的实时位置和作业状态，运用空间信息技术和算法模型为调度人员提供科学的调度决策支持，包括推荐最优的农机调配方案、最大化农机资源的利用效率和作业效果。系统的建设可为农机资源的合理调度和高效利用提供有力的支持，有助于提升农业生产的智能化和精细化水平，如图 10-7 所示。

图 10-7　基于 GIS 的农业机械调度支持系统

（9）网上电商销售系统

功能说明：网上电商销售系统的功能涵盖了商品展示、搜索、购物车、订单管理、会员管理、营销、支付、物流、数据分析及售后服务等多个方面，形成了一个全面、高效的在线销售平台，为企业和用户提供了优质的电商体验，具体功能包括商品展示与搜索、产品详情与推荐、购物车与结算、订单管理与追踪、会员管理与营销、支付与物流对接、数据分析与报告以及售后服务与咨询等。同时，在建设过程中要注重系统的可扩展性、可维护性和稳定性等，能够根据具体业务需求和市场变化，不断调整和优化系统功能，确保系统能够持续满足用户需求并提升业务效益。

10.3　研究的不足之处及进一步研究方向

纵观全书，在今后的工作中，笔者认为值得进一步研究的方向可能包括以下几个方面。

① 关于滴灌领域知识方面的问题。这方面知识有极强的专业性，本书所涉及的轮灌组只是滴灌领域中的一小部分，轮灌组还有很多其他的应用场景需要挖掘和探索。轮灌组模型建模过程中还有一些不完善，还可以研究增加更多的约束条件，提供更复杂的案例以提高算法的普适性等。这些需要在今后的研究中进一步完善，从而进一步提高模型的实用型。

② 关于遗传算法理论方面的研究。伴随人工智能在各应用领域不断应用与挖掘，遗传算法理论也在不断完善和拓展。本书侧重于针对若干场景中的应用研究，对有关理论研究涉及较少，且由于轮灌组问题相关研究少，缺乏与其他遗传算法等智能算法的对比。随着轮灌组问题研究的不断深入，加强和完善遗传算法在这一领域的理论研究是笔者今后研究的重要方向。

③ 由于涉及水力计算标准等问题，本书建模的核心模型是流量均衡的。今后研究中，利用好滴灌领域相关知识、探索研究其他场景条件下的优化模型和算法、更好地平衡收敛速度和优化精度，需要进行更多的探索和研究。

10.4　小结

随着国家数字乡村战略的深化和推进，智慧农业正迎来前所未有的黄金发展期。本章深入剖析了新疆滴灌轮灌组划分问题及研究成果，并基于此提出了智慧农业应紧密围绕资源优化配置、信息化建设、标准化管理与智能化生产四大核心领域展开，全面推动农业现代化进程。技术架构方面，构建了集农业大数据指挥调度、智慧监测预警、GIS 农田数据管理、服务标准化管理等多功能于一体的综合性平台体系，充分展现了智慧农业的集成化、智能化优势，为农业现代化的实现奠定了坚实的技术基础。展望未来，随着研究的不断深入与技术的持续创新，智慧农业建设将取得进一步突破，为实现农业高效、可持续发展贡献力量。